城市地理信息系统应用案例分析

许小兰　伍杨屹　焦洪赞　于卓　编著

图书在版编目(CIP)数据

城市地理信息系统应用案例分析 / 许小兰等编著 . --武汉 ：武汉大学出版社，2024. 7. --ISBN 978-7-307-24443-6

Ⅰ. TU984

中国国家版本馆 CIP 数据核字第 2024ZP0290 号

责任编辑:任仕元　　责任校对:汪欣怡　　版式设计:韩闻锦

出版发行:**武汉大学出版社**　（430072　武昌　珞珈山）

（电子邮箱:cbs22@ whu.edu.cn 网址:www.wdp.com.cn）

印刷:武汉图物印刷有限公司

开本:787×1092　1/16　印张:13.5　字数:292 千字　插页:1

版次:2024 年 7 月第 1 版　2024 年 7 月第 1 次印刷

ISBN 978-7-307-24443-6　定价:50. 00 元

前　言

本书是一部针对城市规划与管理专业人士、学者及学生打造的GIS综合应用教程，旨在助力他们高效运用GeoScene Pro软件应对各种城市规划场景。本书通过深入剖析一系列精选案例，如校园地图制作、地形图生成、日照分析、最佳路径规划等，展示了GeoScene Pro在实际城市规划与管理中的强大功能，为读者提供了具体且实际的学习路径。

本书的核心不仅在于软件操作，更在于搭建理论知识与实际应用之间的桥梁。GIS在城乡规划中具备广泛适用性，本书详细阐述GeoScene Pro软件的关键功能，通过多个案例展示了这些功能在不同场景下的应用，使读者能够理解和运用这些工具解决实际问题。在介绍每个案例时，本书详尽阐述了从项目启动阶段至最终成果的全过程，包括数据源选择与获取、数据处理的效率与有效性、GeoScene Pro中的分析工具，以及如何将分析结果转化为实际可行的规划建议。本书旨在帮助读者不仅学会软件操作，而且能理解其在解决现实世界问题时的应用价值。

此外，本书还提供逐步的操作指南和详细的案例分析，助力读者逐步理解、掌握GeoScene Pro软件，降低GIS技术的学习难度。各章节设计为相对独立的单元，读者可根据自身需求和兴趣选择学习特定章节。

总之，本书作为一本实用教材，旨在提升城市规划专业学生、技术人员在GIS应用方面的技能。通过本书的学习，读者不仅可以掌握GeoScene Pro软件的操作技巧，还能深入理解其在各种城市规划场景中的应用价值，从而让自己在实际工作中游刃有余。

特别感谢易智瑞信息技术有限公司的张聆、李莉、刘勇等领导和技术人员给予的大力支持。

感谢武汉大学李许铖、鲍冬婷、吴嘉欣、曾佳颖、高于椒、高兴昌、何哲慧、宋欣蓓、韩书缘、王宸烁、周睿彬、闫璐雨等同学对本书的写作提供的协助；感谢武汉大学城市设计学院2021级城乡规划专业学生对本书操作步骤进行的验证。

鉴于编者水平有限及时间紧迫，书中难免存在疏漏，敬请读者批评指正。

许小兰

2024年5月

目　　录

GeoScene Pro 软件介绍

一、GeoScene 平台概览

GeoScene 是易智瑞信息技术有限公司在国际领先的 GIS 引擎的基础上针对中国用户打造的智能、强大的新一代国产地理信息平台。平台以云计算为核心，并融合各类最新 IT 技术，提供了丰富、强大的 GIS 专业能力。

GeoScene 具备 GIS 技术的前沿性、强大性与稳定性等特点，并面向国内需求，在国产软硬件兼容适配、安全可控、用户交互体验等方面具有得天独厚的优势。

二、GeoScene 平台体系

GeoScene 平台产品组成丰富，从云端到客户端，再到平台扩展开发，为不同的应用模式与业务场景以及不同的用户角色，提供了完整、灵活的选择空间。

1. 云端提供强健的线上、线下云 GIS 基础设施

GeoScene 提供公有云平台 GeoScene Online 和服务器产品 GeoScene Enterprise。

GeoScene Online 是易智瑞在线运营维护的公有云平台，为用户提供了一个基于云的、完整的、协作式的地理信息内容管理与分享的工作平台。用户可随时随地通过各种终端设备访问、使用平台资源与能力。

GeoScene Enterprise 可帮助用户在自有环境中搭建地理空间云平台，它提供了一个全功能的制图和分析平台，包含强大的 GIS 服务器及专用基础设施，方便用户组织和分享工作成果，使用户可随时、随地、在任意设备上获取地图、地理信息及分析能力。

2. 丰富的客户端应用，覆盖多元业务场景

GeoScene 覆盖三大主流客户端，从产品形态及应用场景来看，包括即用型以及定制开发两大类。

其中，即用型桌面端提供 GeoScene Pro，适用于专业 GIS 人群以及专业 GIS 工作；Web 端提供 Map Viewer、Scene Viewer、GeoAnalytics Plus、地图故事等应用，组织中的业

务人员可以快速上手，实现制图与可视化、大数据挖掘分析、搭建轻量级应用等工作；移动端提供离线数据采集应用等相关产品。

同时，GeoScene 还面向开发人员，提供多种开发 APIs，以满足业务定制化需要：提供 JavaScript API、Runtime SDKs 等 Web、桌面、移动端丰富 APIs，帮助用户实现应用创新，开创无限可能。

三、GeoScene Pro 软件简介

GeoScene Pro 是新一代国产地理空间云平台的专业级桌面软件，不仅拥有强大的数据编辑与管理、高级分析、高级制图可视化、影像处理能力，还具备二三维融合、人工智能、知识图谱、数据治理、大数据分析等特色功能。同时，GeoScene Pro 可与 GeoScene 地理空间云平台无缝对接，实现与云端资源的高效协同与共享。

四、GeoScene Pro 软件核心能力

1. 数据管理与编辑

数据管理和编辑能力是 GeoScene 平台的基础能力之一，其通过一整套用于存储、编辑、评估和管理的工具确保了数据的完整性和准确性。

GeoScene Pro 允许使用适合用户工作流的方法存储 GIS 数据，支持在单用户和多用户编辑环境中管理地理空间数据，提供适合的编辑工具、行业模板、域和子类型，简化编辑过程并保障数据完整性。GeoScene Pro 还包含一整套用于检查空间关系、连通性和属性准确性的工具。

2. 2D 与 3D 融合

2D 与 3D 融合是 GeoScene Pro 软件的重要能力之一。使用 GeoScene Pro，可以在同一个工程中加载和显示 2D 与 3D 数据，实现 2D 与 3D 数据的浏览、编辑、制图可视化等操作。通过 2D 和 3D 视图的联动，极大地提高了信息获取的效率。GeoScene Pro 还提供了丰富的 2D 和 3D 数据编辑工具，可以创建图层和要素、添加属性信息、进行数据更新以及符号化渲染等。

3. 高级制图与可视化

GeoScene Pro 在制图与可视化能力上兼具通用性与创新性，提供功能丰富的符号化系统，用于创建精美地图，包含特定行业的制图模板，实现自动化快速配图，使得制图可视化成果兼具美观性、交互性和信息性。同时，注重制图可视化功能界面设计，使用起来更

加简单、方便，极大地提高了制图工作效率。此外，GeoScene Pro 还拥有更多高级的可视化能力，例如动画制作、使用动画符号、动态要素聚合、建立时空立方体等。

4. 空间分析

空间分析能力是 GeoScene 平台的核心能力之一。空间分析借助地理学的视角来理解整个世界，例如探究事物的空间分布规律以及事物间的空间关系，洞悉空间分布模式，预测事物的空间变化情况，进而帮助决策。GeoScene Pro 软件包含极其丰富的分析工具，这些工具多达 1200 多种，既可以帮助解决基础的问题，诸如最优路径、选址、变化监测等，还可以结合先进的 IT 技术，突破创新，提供如矢量及栅格大数据分析、人工智能等高级分析功能，满足用户各种空间分析需求。在性能上，GeoScene Pro 软件支持跨多个进程并利用多核优势进行并行计算，提高了地理信息处理效率。

5. 影像处理

GeoScene Pro 作为 GeoScene 地理空间云平台桌面端的重要入口，不仅能够实现对单景影像的基本处理，还能够通过镶嵌数据集方式对多景影像实现存储、管理、实时处理和共享。GeoScene Pro 还能够利用 GeoScene Image Server 提供的栅格大数据分析能力，极大提高海量影像数据的处理效率，并能够将处理结果便捷共享到平台。

GeoScene Pro 影像处理的能力具体体现在：管理来自多个源的影像，这些源包括卫星、航空和无人机、全动态视频、高程、雷达等；可执行要素提取、科学分析、时间分析等操作来分析影像；动态处理功能可防止数据重复并减少需要存储的影像数量，可轻松更新和处理新影像，包括正射校正、全色锐化、渲染、增强、过滤和地图代数功能；支持立体测图和透视模式解译影像。

6. GeoAI

GeoScene Pro 与人工智能持续紧密融通，实现了人工智能与地理空间的结合。GeoScene Pro 集成了主流的机器学习框架，实现了遥感影像分类、空间数据聚合与预测分析；内置先进的机器学习和深度学习的方法与模型，包含样本制作、模型训练和推理全流程，支持影像地物分类、目标检测、视频识别、点云分类、要素分类、对象追踪，为空间环境系统提供了强有力的支持，可以更准确地洞悉、分析和预测周围环境。

7. 知识图谱

知识图谱以结构化的方式描述客观世界中的实体、概念、事件及其之间的关系。GeoScene Pro 融合知识图谱技术，能够探索与分析空间和非空间、结构化和非结构化数据，以提高决策制定的速度。软件使用地图、链接图表、直方图和实体卡片等多种视角将知识图谱中的信息可视化，以解决空间和非空间问题。对于带有空间属性的实体，软件还支持利用已有的地理处理工具进行空间分析。

8. 连接与共享

协同工作是 GeoScene Pro 的重要能力，可以把数据、分析结果、地图、文件甚至整个工程在组织内部进行打包共享，方便多部门协同工作；也可以将图层和地图发布为 Web 端图层、服务等类型，通过浏览器或移动设备就可以轻松访问和使用地图资源，并将其作为访问对象，构建 Web 端应用程序。

五、GeoScene Pro 软件扩展模块

1. 扩展模块简介

GeoScene Pro 提供功能众多的扩展模块，扩展模块与 GeoScene Pro 无缝集成，可提高生产力和分析能力。扩展模块独立于核心产品，需单独购买和授权。获取扩展模块授权后，可以使用相应的地理处理工具。

2. 三维分析扩展模块

三维分析工具箱用于在三维(3D)环境中创建、显示和分析 GIS 数据。支持创建和分析以栅格、Terrain、不规则三角网(TIN)和 LAS 数据集格式表示的表面数据；允许将各种格式数据转换成三维数据；提供将多源三维数据(如手工精细模型、倾斜模型、BIM、点云等)转换成指定格式的能力；包含几何关系和要素属性分析、栅格和各种 TIN 模型的插值分析以及表面属性分析。

3. 地统计分析扩展模块

地统计分析扩展模块提供了用于高级表面建模和数据探索的工具。支持用户使用多种不同统计方法创建插值模型，以确定趋势、空间差异、聚类。地统计分析模块还支持对模型进行交叉验证或采用其他诊断方式进行评估。

4. 栅格空间分析扩展模块

栅格空间分析扩展模块用于创建和分析栅格数据以及执行栅格和矢量数据集成分析。通过此扩展模块，可以使用多种数据格式来组合数据集、解释新数据和执行复杂的栅格操作。例如 Terrain 分析、地表建模、表面插值、适宜性建模、水文分析、统计分析和影像分类。

5. 网络分析扩展模块

网络分析扩展模块提供基于交通网络的分析工具，用于解决复杂的配送问题。可配置

表示道路网络要求的交通网络数据模型，分析最短路径，为整个车队规划路线、计算行驶时间、定位设施以及解决其他与交通网络相关的问题。

6. 影像分析扩展模块

影像分析扩展模块可提供用于可视化、测量和分析影像数据的工具。提供在影像空间处理倾斜影像、执行影像分类、解译具有立体映射功能的 3D 要素数据、利用各种影像处理工具和函数分析影像数据的能力。

实验一　校园地图的制作——以武汉大学为例

一、实验目的和意义

随着高校校园建设逐步推进，许多高校不断吸引着众多慕名而来的校外游客参观游学。而在参观校园的过程中，一幅校园地图是必不可少的，通过地图的指引游客可以精准地找到每一个目的地所在的准确位置。除此之外，在校园建设过程中，通过校园地图可以进行布局合理性分析、人群聚集性分析，可以说没有校园地图就没有校园的逐步完善。因此，为了更好地推进校园建设，给游客更好的参观体验，校园地图的制作必须将科学与艺术相结合，在保证数据精准的同时也要不失美观。

二、实验内容

(1)学习 GeoScene Pro 中的项目工程创建、图层要素添加；
(2)学习图层显示顺序的排列逻辑；
(3)学习符号系统中的分级符号；
(4)学习道路线画交会的处理方式；
(5)学习要素注记的添加；
(6)学习地图整饰部分的设计。

三、实验数据

本实验以武汉大学为例，相关数据见表 1.1。

表 1.1　　**实验数据表**

数　据	类　型	数据格式
校门位置	点要素	校门 . shp
武汉大学各级道路	线要素	道路 . shp

续表

数　　据	类　　型	数据格式
武汉大学校园范围	面要素	Whu 边界 . shp
武汉大学建筑用地	面要素	Whu 建筑 . shp
武汉大学体育场所	面要素	Whu 体育 . shp
武汉大学校外栈道	面要素	Whu 栈道 . shp
武汉大学闲置场所	面要素	Whu 空地 . shp
武汉大学广场	面要素	Whu 广场 . shp
武汉大学娱乐场所	面要素	Whu 娱乐场所 . shp
武汉大学自然要素	面要素	Whu 自然 . shp
武汉大学土地利用	面要素	Whu 土地利用 . shp

四、实验流程

在 GeoScene Pro 中进行校园地图制作，首先要创建新的工程，将所有数据导入工程之中，根据不同要素的重要性和压盖关系调整要素图层之间的顺序，将包含多种分类信息的要素符号进行分级设计。在符号设计过程中要注意其现实意义，选择合适的表示方式。最后在校园地图中添加整饰要素，包括指北针、比例尺、图例、图名等必要的信息，完成地图制作的最后步骤。

具体实验操作逻辑过程如图 1.1 所示。

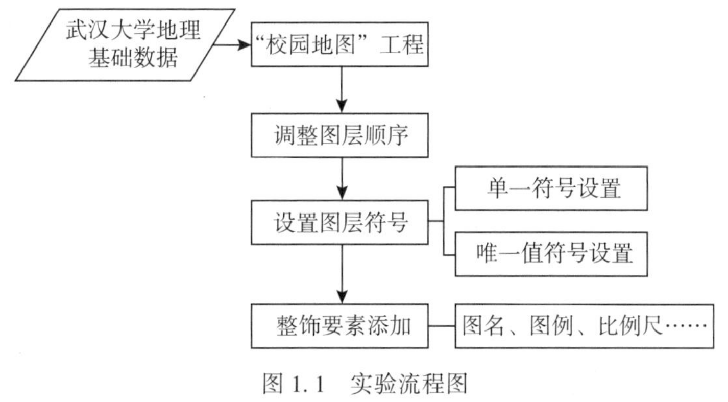

图 1.1　实验流程图

五、操作步骤

(1)打开 GeoScene Pro，点击【新建文件地理数据库(地图视图)】，命名为“校园地图”。

(2)单击导航栏中的【添加数据】(图 1.2)，选择数据文件中的武汉大学的相关要素文件，点击【确认】，向地图中添加地理基础数据(图 1.3)。

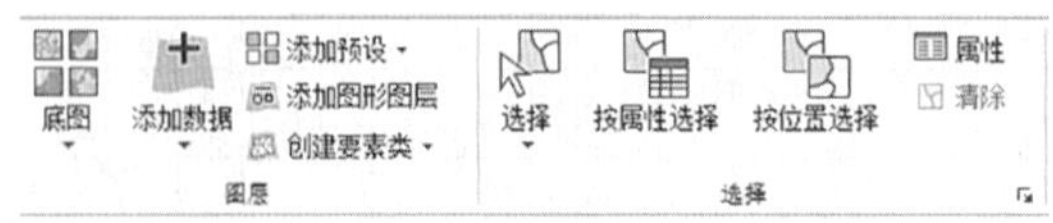

图 1.2　【添加数据】步骤导航栏

图 1.3　武汉大学地理基础数据

(3)在左侧的【绘制顺序】【地图】中调整要素图层顺序，根据表 1.2 所示顺序进行重新排列，保证要素之间的压盖关系合理(图 1.4)。

表 1.2　**要素顺序**

数据	类型	优先级
校门位置	点要素	0
武汉大学各级道路	线要素	1
武汉大学建筑用地	面要素	2
武汉大学体育场所	面要素	3
武汉大学校外栈道	面要素	4
武汉大学广场	面要素	5

续表

数据	类型	优先级
武汉大学自然要素	面要素	6
武汉大学土地利用	面要素	7
武汉大学空地	面要素	8
武汉大学边界	面要素	9

图 1.4　武汉大学地理基础数据(重新排列后)

(4)在【地图】中选择“Whu 边界”这一要素，右键单击图层后选择【符号系统】(图 1.5)，在符号系统中左键单击【主符号系统】【符号】的对应图框(图 1.6)，将【外观】【颜色】调整为无颜色，【轮廓颜色】调整为黑色，【轮廓宽度】调整为 0.5mm，最后点击【应用】(图 1.7)。

图 1.5　设置边界符号 1

图 1.6　设置边界符号 2

图 1.7　设置边界符号 3

(5)在【地图】中选择“Whu 建筑”这一要素，右键单击图层后选择【符号系统】，在符号系统中左键单击【主符号系统】，将单一符号更改成唯一值，将【字段 1】设置为“fl”字段，完成之后可以点击色带调整对应类型的颜色，也可以在下方的操作栏中单独调整某一个值的颜色(图 1.8)。

(6)按照与(5)中一样的方法，将“Whu 自然”分为植被覆盖与水体，将“道路”划分为机动车道与人行道，将“Whu 土地利用”分为植被与其他，再将两个植被的颜色设置为同一个颜色。

(7)针对路网的符号设计需要考虑双线路的交叉路口的情况，在右侧的符号系统的工具栏中选择【符号绘制顺序】，开启符号图层绘制按钮就可以保证交叉路口不会出现道路压盖的问题(图 1.9)。

图 1.8　唯一值符号设置

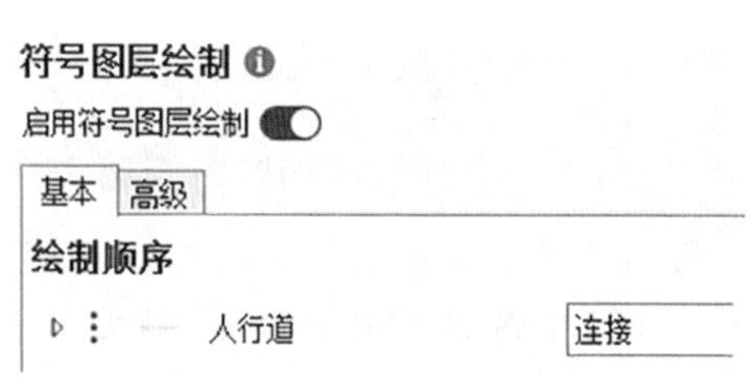

图 1.9　道路符号设置

(8)右键单击“建筑”图层选择【标注】，添加校门的注记，选择【转换标注】【标注转换为注记】(图 1.10)，再根据实际情况进行调整，添加校门注记。

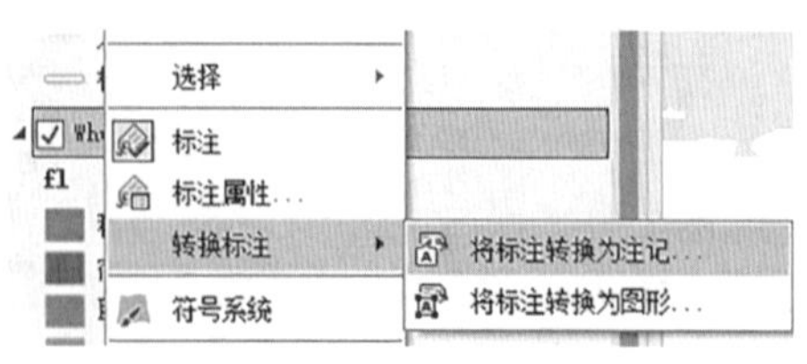

图 1.10　注记添加

(9)由于建筑名称过于冗杂，选择重要的建筑物名称进行标记，如选择教学楼、院办、体育场、食堂等地方进行标注，其他地方可以省略，在工具栏中选择【编辑】工具，使用【注记】框选需要删除的标注后，点击【删除】(图 1.11)即可。

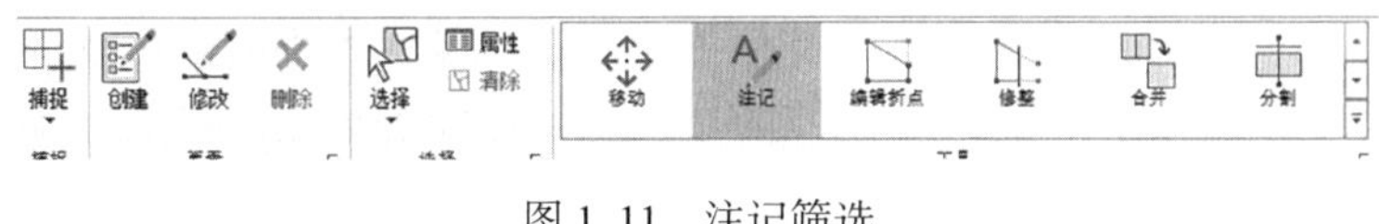

图 1.11　注记筛选

(10)对于校门和重要山体的注记可按类似的方式进行添加。

(11)在工具栏中选择【插入】【新建布局】，选择“竖版 A3”(图 1.12)。

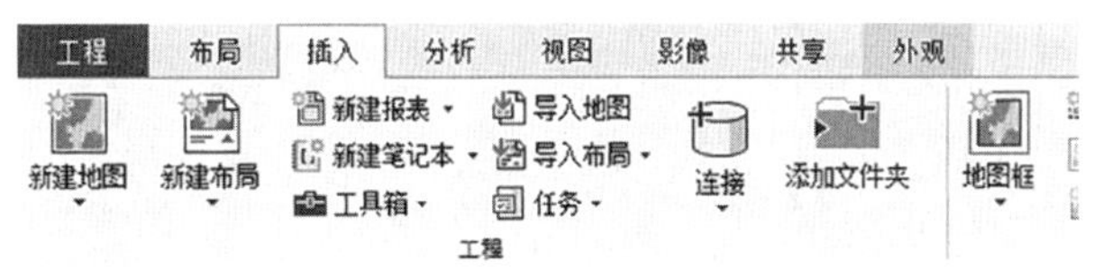

图 1.12　新建布局

(12)在工具栏中选择【地图框】并添加之前处理过的地图。

(13)在工具栏中选择指北针、比例尺、图例。

(14)在工具栏中选择矩形文本框来添加图名。

(15)在添加的图例中选择【转换为图形】(图 1.13)，根据显示的重要程度进行排列，将最重要的排到最前面。

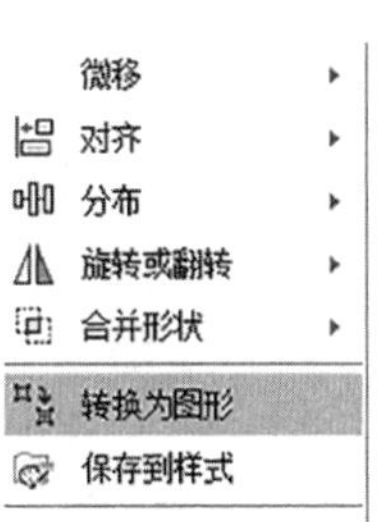

图 1.13　图例调整

六、总结与思考

本实验以武汉大学为例，设计了一幅校园地图，从数据的导入开始，到数据处理、符号设计、地图辅助要素的添加都在本实验中得到练习，最终得到如图 1.14 所示的成果图。在实习过程中，针对数据属性表中的乱码，可以通过添加文件的方式将编码方式进行调整，在设计过程中更应该注意每一种符号所表达的含义与地理实体之间的联系关系。在符号设计中应当保证重要的物体更加明显，特殊的要素如植被、水体的颜色应该符合常理。在最后的整饰环节，应当保证地图的比例尺固定为整数，并且保证医学部和其他学部应出现在同一幅图中。如果无法保证，则应该重新添加一张医学部的附图进行表示，并且还应该配上一张武汉大学全览图来展现医学部与其他学部的位置关系。本次实习中，为了更好地凸显武汉大学的主体地位，将其余地方的建筑物设计成了灰色，在实际操作过程中也可以直接将其删除。

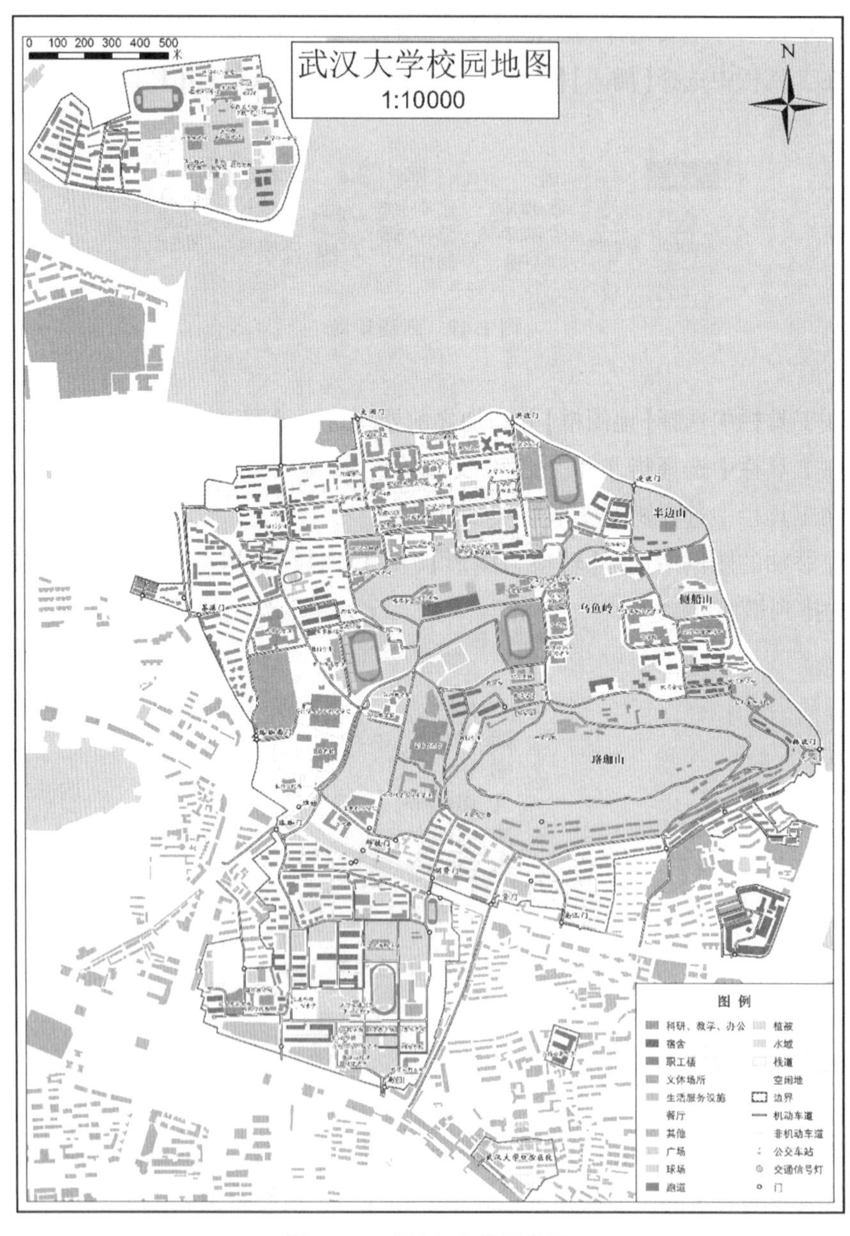

图 1.14 武汉大学校园地图

本次实习的数据来源于 OSM，其数据的准确性并不能得到很好的保障，因此如果需要更加准确的地图，可以登录武汉大学官网搜索校园地图，根据上面的地图对本地图进行要素的修改、删除与添加。

实验二　利用 DEM 数据生成等高线分明的地形图

一、实验目的和意义

地形图是地理信息系统中的重要工具，它们提供了对地势和地形的清晰可视化。通过制作地形图，规划部门可以更好地理解城市的地形，包括山脉、山谷、河流、湖泊等地貌特征。通过利用 DEM(Digital Elevation Model，数字高程模型)数据生成等高线分明的地形图，不仅可以提供有关地形和水资源管理等关键信息，更能清晰展现地势变化，有助于深入规划和管理城市的发展和环境资源的合理利用。本实例的意义在于培养学生制作和解释地形图的能力，促进他们在地理信息系统领域的能力和认识的提升。

二、实验内容

(1)了解 DEM 数字高程数据的下载和使用方法；
(2)学习按掩膜提取的方法实现对数据的选取；
(3)学习 GeoScene Pro 中等值线、简化线、平滑线等空间分析的操作；
(4)学习 GeoScene Pro 对数据属性表的修改、对等值线高度的注记；
(5)学习 GeoScene Pro 中山体阴影的设置和符号系统的修改；
(6)通过制作等值线分析图，掌握解决类似实际应用问题的能力。

三、实验数据

本实验相关数据见表 2.1。

表 2.1　　实验数据表

数据	类型	数据格式
某地的数字高程数据	DEM 数据	ASTGTMV003_N31E114_dem. tif

四、实验流程

可按如下流程在 GeoScene Pro 中制作等高线既视感的地形图。首先，利用网络下载所需地区的 DEM 数字高程数据，选取地势变化明显的区域作为底图，分别采用等值线、简化线、平滑线工具创建较为美观的等值线网络。其次，使用属性表中的字段计算器对数据进行处理，再使用注记工具对等值线进行高程注记。结合当地的太阳高度角与方位角，生成山体阴影可以使地形图更具立体感。最后，通过修改符号系统中的配色方案、线条粗细等，对成图进行美化。

具体实验操作逻辑过程如图 2.1 所示。

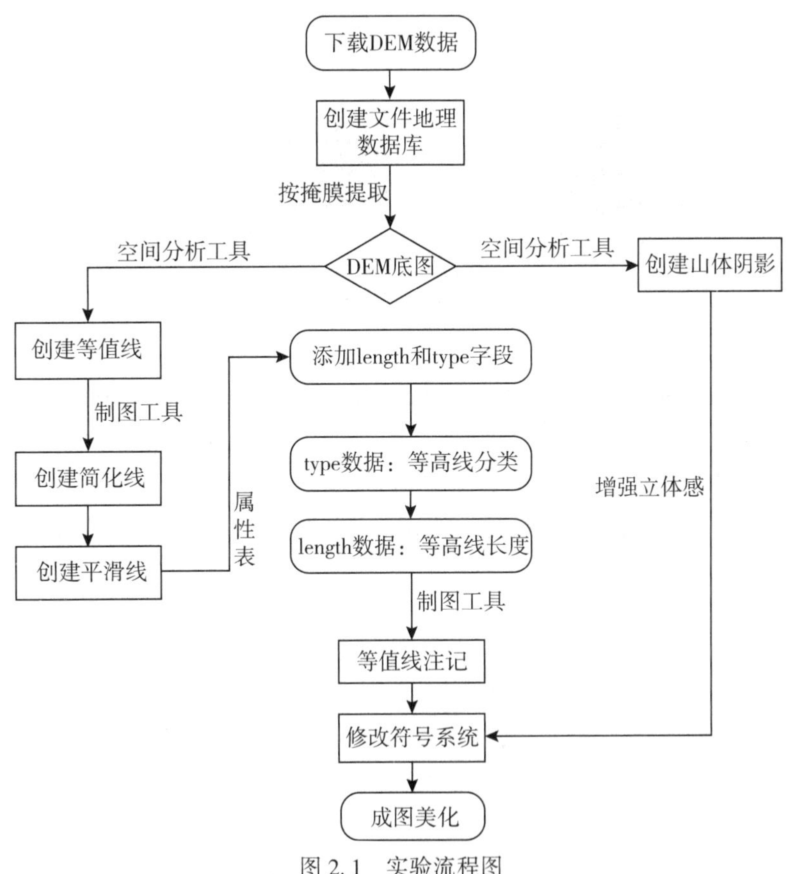

图 2.1　实验流程图

五、操作步骤

(1)获取数据。在“地理空间数据云”(https：//www. gscloud. cn/search)网站中可以下载得到所需要的 DEM 数据。本实验以湖北省武汉市为例，在【数据集】中选择【DEM 数字高程数据】【GDEMV3 30M 分辨率数字高程数据】，在【空间位置】中依次选择“行政区”“湖北省”“武汉市”，可以根据个人兴趣选择“时间范围”与“月份”。点击【检索】后，挑选数据标识为“ASTGTMV003_N31E114”的数据(图 2.2)进行下载(图 2.3)。

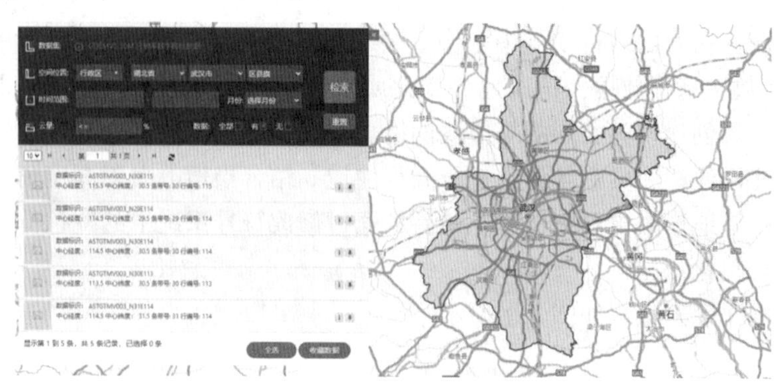

图 2.2　在网站下载 DEM 数据

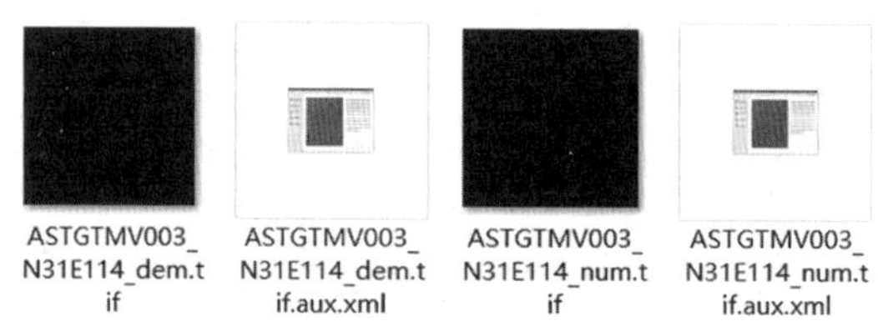

图 2.3　下载的数据

(2)打开 GeoScene Pro，单击【新建文件地理数据库(地图视图)】，命名为“MyProject. gdb”，存储位置可设置为“F：\ geoscene \ 实践题：地形图”。

(3)单击导航栏中的【添加数据】(图 2.4)，选择文件夹“F：\ geoscene \ 实践题：地形图 \ 数据”中的“ASTGTMV003_N31E114_dem. tif”数据，点击【确认】，向地图中添加武昌区的 DEM 数字高程数据(图 2.5)。

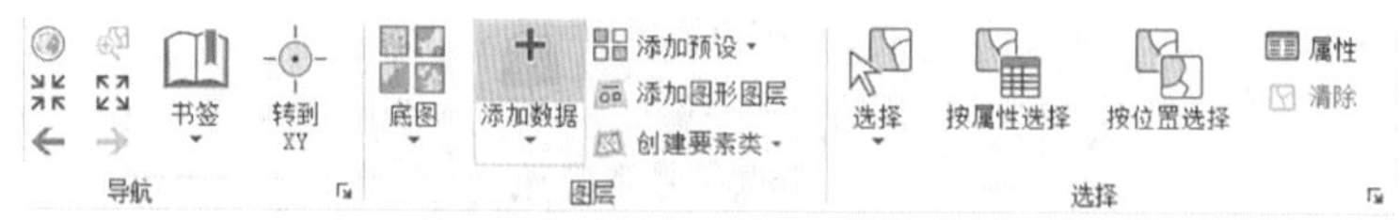

图 2.4　“添加数据”步骤导航栏

(4)按掩膜提取。由于上述通过大区域提取出来的 DEM 数据较大，生成的等高线分布较密集，效果不直观，且电脑运算和显示负担大、耗时长，不妨对其进行部分选取。单击导航栏【视图】【地理处理】，右侧即可出现【地理处理】工作界面。依次点开【空间分析工具】【提取分析】【按掩膜提取】(图 2.6)，设置【输入栅格】为“ASTGTMV003_N31E114_dem. tif”，【输入栅格数据或要素掩膜数据】选择“按掩膜提取　输入栅格数据或要素掩膜数据(面)”，【输出栅格】选择“Extract_ASTG”(此为系统自动填入)(图 2.7)，选择黑白分明的区域进行小范围选取(图 2.8)。

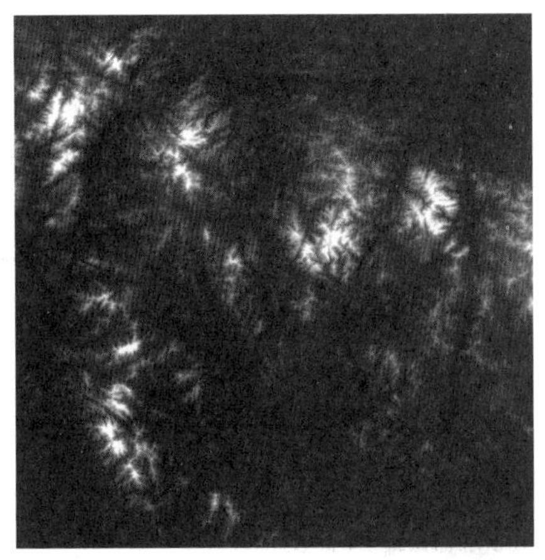

图 2.5　武汉市某处 DEM 数字高程数据

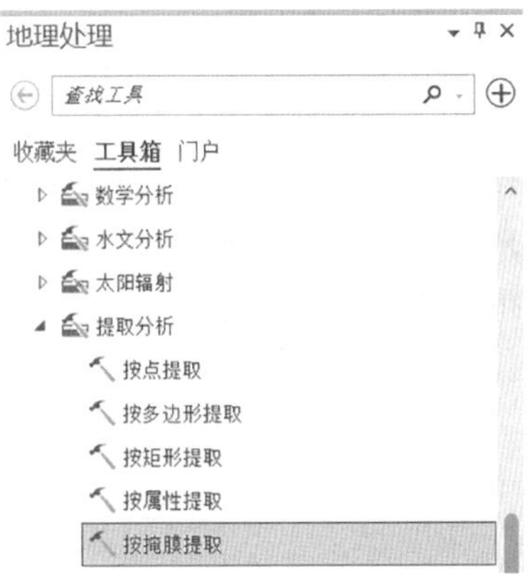

图 2.6　在【地理处理】界面中选择【按掩膜提取】工具

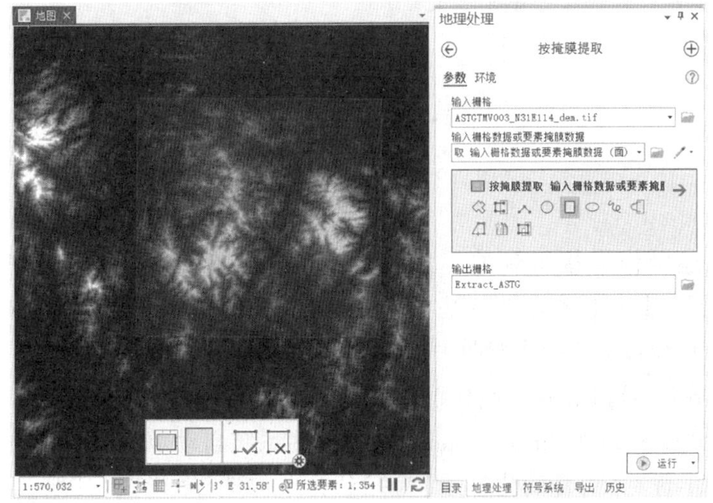

图 2.7　利用【按掩膜提取】选取一处矩形区域

图 2.8　选取后的小范围 DEM 数据

(5)生成等值线。依次点击【空间分析工具】的【表面分析】【等值线】工具，设置【输入栅格】为“Extract_ASTG”，【输出要素类】为“Contour_Extract”(此为系统自动填入)，【等值线间距】为“50”，其他参数保持默认(图 2.9)。等值线间距越大，则生成的等值线越稀疏，对实际高程情况的反映越粗略；等值线间距越小，则生成的等值线越密集，会给观察和后续操作带来压力。由于示例数据中等高线数值范围为 7~823，为使等值线密度合理，设置等值线间距为 50m。可以通过多次尝试来寻找一个合适的等值线间距。

图 2.9　设置【等值线】工具

(6)通过上述操作直接得到的等值线杂乱生硬，不适合作为分析图直接输出(图 2.10)。【简化线】工具可以在不改变基本几何形状的情况下，通过移除相对多余的折点来简化现有线条，将线条上的细小弯曲去掉，并保持等值线的基本形状不变。在【地理处理】界面中点击【制图工具】【制图综合】【简化线】工具，设置【输入要素】为“Contour_Extract”，【输出要素类】为“Contour_Extract_SimplifyLin”(此为系统自动填入)，【简化算法】为“保留关键点(道格拉斯-普克)”，【简化容差】为“25”，单位选择“米”，其他参数保持默认(图 2.11)，即可对图面上的等值线进行简化(图 2.12)。可以通过多次尝试来寻找一个合适的简化容差。

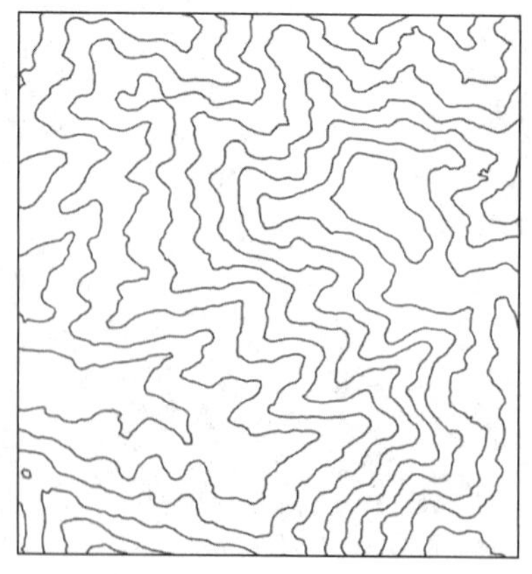

图 2.10　等值线局部结果

图 2.11 设置【简化线】工具

图 2.12 简化线局部结果

(7)由图 2.12 可以看到，简化后的线在折角处依然生硬，尤其一些锐角的地方显得十分尖锐。使用【平滑线】工具可以使其变成圆角，达到相对自然的效果。平滑方式有两种：PAEK 和 BEZIER 曲线。PEAK 需要输入平滑容差，不同容差平滑的程度不同，相对不易产生交叉现象。BEZIER 曲线生成的曲线更光滑、美观，但变形也相对较大，容易产生交叉。在【地理处理】界面中依次点击【制图工具】【制图综合】【平滑线】工具，分别设置【输入要素】为"Contour_Extract_SimplifyLin"，【输出要素类】为"Contour_Extract_SimplifyLin1"(此为系统自动填入)，【平滑算法】选择"指数核的多项式近似(PAEK)"，【平滑容差】为"200"，单位选择"米"，其他参数保持默认(图 2.13)，即可对图面上的简化线进行平滑(图 2.14)。可以通过多次尝试来寻找一个合适的平滑容差。

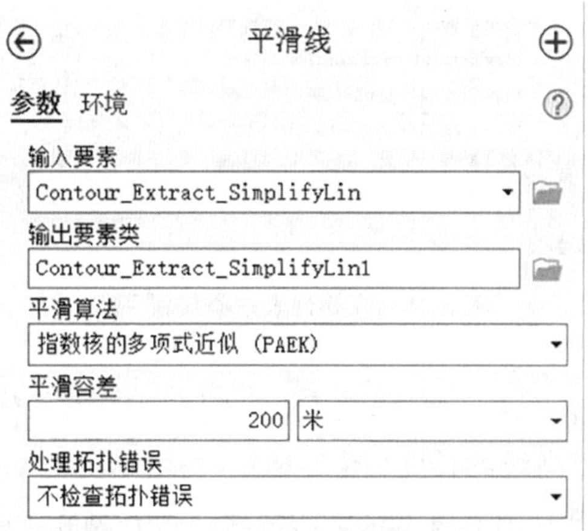

图 2.13 设置【平滑线】工具

图 2.14　平滑线局部结果

(8)添加新字段。为了方便用于后续给首曲线和计曲线分类，在左侧图层界面选中【平滑线】操作后的数据“Contour_Extract_SimplifyLin1”，右键单击打开【属性】，重新命名为图层“等高线”，右键单击打开【属性表】，点击【添加】进入【字段视图】，添加两个新字段：浮点类型的“Length”和短整型的“type”，分别用于存储每条等高线的长度和类型(图 2.15)。

MyProject - GeoScene Pro

等高线　字段：等高线 ×

当前图层　等高线

可见	只读	字段名	别名	数据类型	允许空值	突出显示	数字格式
☑	☑	OBJECTID	OBJECTID	对象 ID	☐	☐	数字
☑	☐	Shape	Shape	几何	☐	☐	
☑	☐	Id	Id	长整型	☐	☐	数字
☑	☐	Contour	Contour	双精度	☐	☐	数字
☑	☐	InLine_FID	InLine_FID	长整型	☑	☐	数字
☑	☐	SimLnFlag	SimLnFlag	短整型	☑	☐	数字
☑	☐	MaxSimpTol	MaxSimpTol	双精度	☑	☐	数字
☑	☐	MinSimpTol	MinSimpTol	双精度	☑	☐	数字
☑	☑	Shape_Length	Shape_Length	双精度	☑	☐	数字
☑	☐	length	length	浮点型	☑	☐	数字
☑	☐	type	type	短整型	☑	☐	数字

单击此处添加新字段。

图 2.15　在属性表中添加新字段

(9)升序排列。返回属性表，右键单击【Length】表头，选择【计算几何】，长度单位设置为“米”，以计算每条等高线的长度(图 2.16)。右键单击“Length”表头，选择【升序排列】，在编辑状态下，选中所有长度<200m 的记录(行)并删除，以除去过于细小的等高线数据，优化图面效果。如有需要可根据实际情况保留山顶和研究区边界一些短的等高线(图 2.17)。

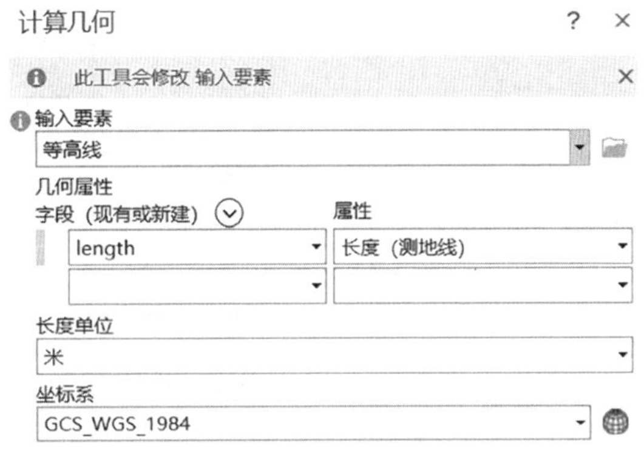

图 2.16　设置【计算几何】工具

MyProject - GeoScene Pro

等高线

字段：添加 计算　选择：按属性选择 缩放至 切换 清除 删除 复制

	OBJECTID *	Shape *	Id	Contour	InLine_FID	SimLnFlag	MaxSimpTol	MinSimpTol	Shape_Length	length	type
1	825	折线	825	150	825	0	0.00045	0.00045	0.002014	200.2688	1
2	2806	折线	2806	300	2806	0	0.00045	0.00045	0.001994	200.2939	1
3	380	折线	380	100	380	0	0.00045	0.00045	0.002014	200.3092	1
4	4527	折线	4944	50	4527	0	0.00045	0.00045	0.001967	200.3755	2
5	2504	折线	2504	200	2504	0	0.00045	0.00045	0.001968	200.4073	1
6	2960	折线	2960	450	2960	0	0.00045	0.00045	0.002003	200.4713	2
7	246	折线	246	100	246	0	0.00045	0.00045	0.00204	200.6623	1
8	2736	折线	2736	250	2736	0	0.00045	0.00045	0.002028	200.7313	2
9	2580	折线	2580	200	2580	0	0.00045	0.00045	0.00202	200.8353	1
10	4216	折线	4543	100	4216	0	0.00045	0.00045	0.001914	201.1637	1
11	4228	折线	4555	100	4228	0	0.00045	0.00045	0.002011	201.454	1
12	944	折线	944	150	944	0	0.00045	0.00045	0.001873	201.4546	1
13	2404	折线	2404	150	2404	0	0.00045	0.00045	0.001971	201.6194	1
14	2450	折线	2450	150	2450	0	0.00045	0.00045	0.001905	201.7035	1
15	4239	折线	4566	100	4239	0	0.00045	0.00045	0.001992	202.0224	1
16	2702	折线	2702	250	2702	0	0.00045	0.00045	0.001938	202.3394	2

已选择 1 个，共 1,637 个　过滤器：　100%

图 2.17　删除长度小于 200m 的等值线

(10)“type”字段赋值。右键单击“contour”(高程值)字段，选择【升序排列】。从某一等高距开始，每隔固定数量的等高距，便选择一条，作为计曲线。本实例中，由于等高距为 50，分为 50，100，150，…，750，800，850 共 16 个段位。其中，数值为 50，250，450，650 的等高距设为计曲线，赋值为 2。选中“type”，右键单击【计算字段】，将计曲线赋值 2，其余赋值 1(图 2.18)。

(11)等值线注记。等值线添加注记，可以直观反映出每条等值线的高程值。依次点击【制图工具】【注记】【等值线注记】工具。设置【输入要素】为“等高线”，【输出地理数据库】为“MyProject.gdb”(此为系统自动填入)，【等值线标注字段】为“Contour”(此为系统自动填入)，【参考比例】为“1∶250000”，【等值线类型字段】为“type”，其他参数保持默认(图 2.19)，即可生成带有高程值注记的等值线(图 2.20)。

图 2.18　为【type】字段赋值

图 2.19　生成带有高程值注记的等值线

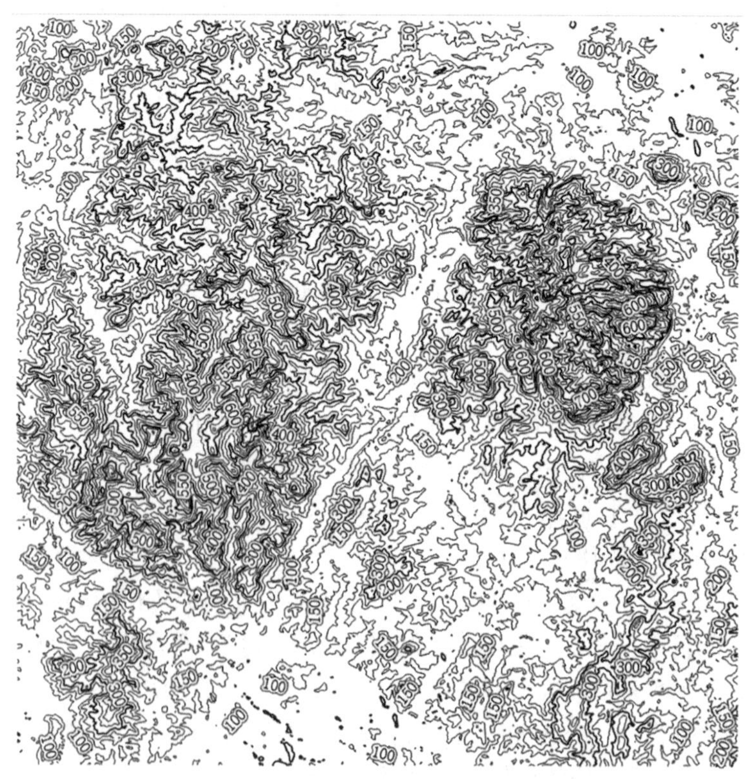

图 2.20　生成带有高程值注记的等值线

(12)修改符号系统。【等值线注记】完成后，左侧图层界面生成的组合图层中包括线要素图层、掩膜图层和注记图层(图 2.21)。【建立索引的】指计曲线，【中级】指首曲线。右键单击【等值线要素】，选择【符号系统】，可以修改线条的粗细和颜色(图 2.22)。

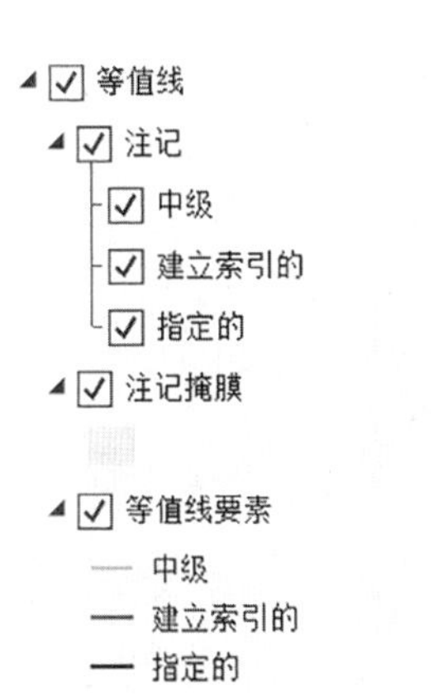

图 2.21　线要素图层、掩膜图层、注记图层

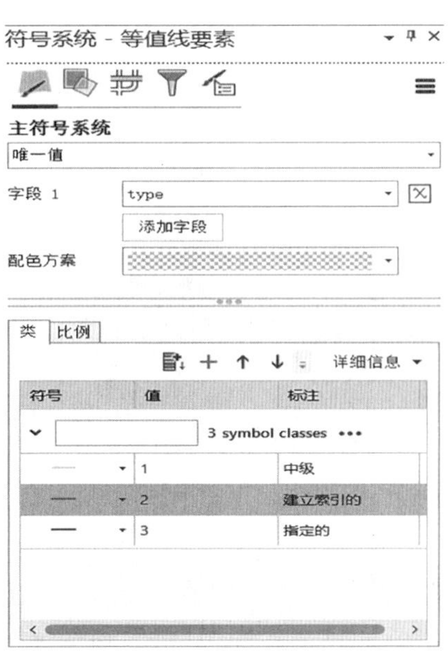

图 2.22　修改【等值线要素】的符号系统

(13)修改底图符号样式。打开最初的 DEM 数字高程数据图层“Extract-ASTG”，打开【属性】重新命名为“底图”，作为底图背景，右键单击【符号系统】，选择合适的色带，并调节透明度、颜色、线条粗细等参数(图 2.23)。

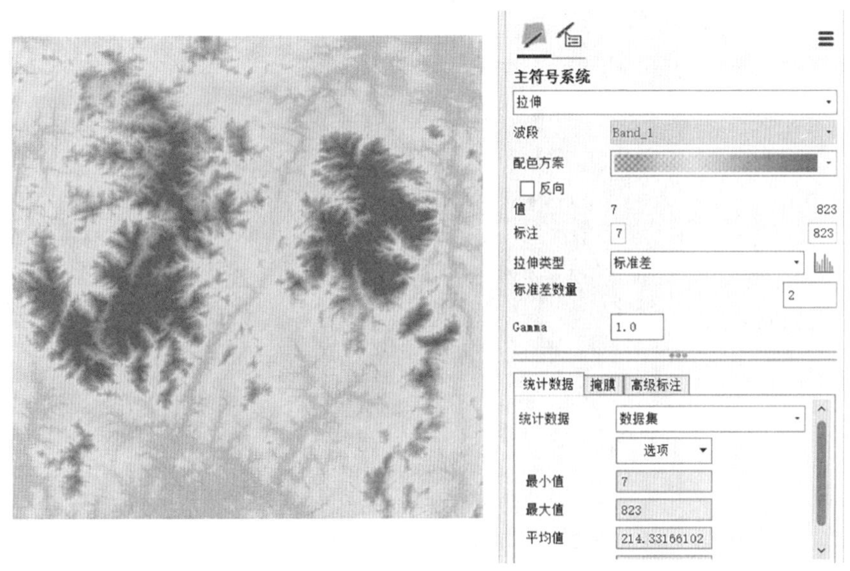

图 2.23　修改 DEM 数字高程数据图层的符号系统

(14)添加山体阴影。依次选择【空间分析工具】【表面分析】【山体阴影】工具。设置【输入栅格】为“底图”、【输出栅格】为“山体阴影”。查阅资料可知，武汉市夏至日 14:00 的方位角为 257°，高度角为 68°。设置【方位角】为“275”，【高度角】为“68”，勾选“模拟阴影”，其他参数保持默认(图 2.24)，点击【运行】。添加山体阴影可以使地形图立体感更强。

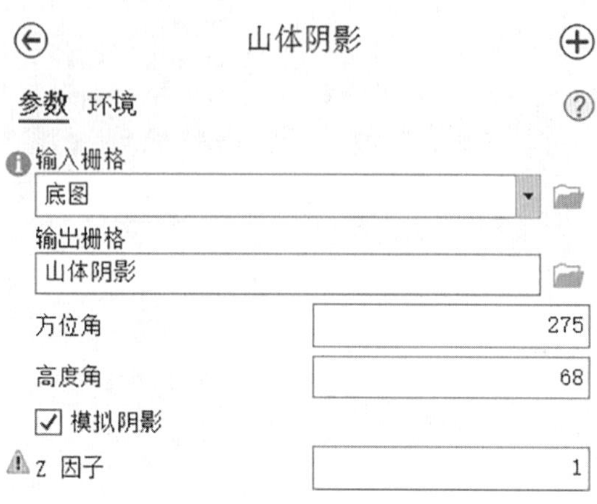

图 2.24　设置【山体阴影】工具

(15)修改山体阴影的图层效果。右键单击【山体阴影】，选择【符号系统】，修改合适的配色方案。点击导航栏【外观】【效果】，设置【透明度】为“60%”，【图层混合】为“叠加”。打开山体阴影和 DEM 底图的图层，观察效果并酌情修改配色方案(图 2.25)。

图 2.25　山体阴影和 DEM 底图叠加

(16)成图美化。打开山体阴影、DEM 底图、等值线注记图层(图 2.26)。点击导航栏【插入】【新建布局】，或选择预设的布局，按需插入“标题”“比例尺”“指北针”“图例”等丰富图面内容，即可为后续出图环节做准备。

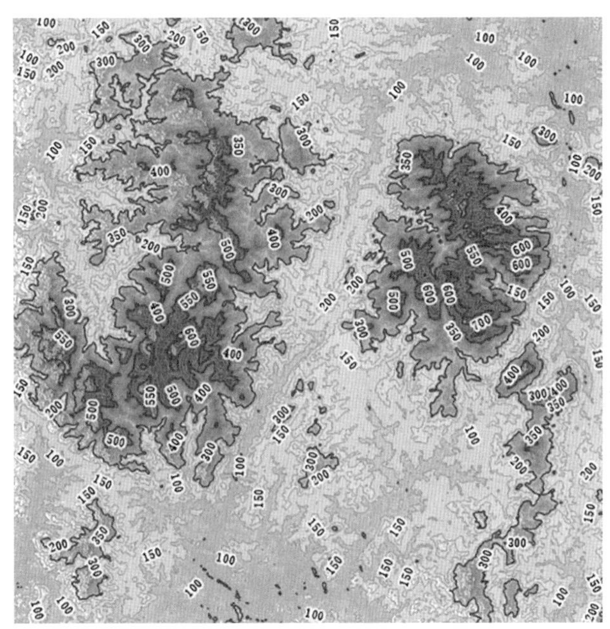

图 2.26　生成等高线分明的地形图

六、总结与思考

GIS 广泛应用于测绘、资源管理、城乡规划、灾害监测、交通运输、水利水电、环境保护、国防建设等各个领域，并深入涉及地理信息的社会生产、生活各个方面，是一门实践性很强的学科。灵活运用 GIS 解决实际问题是城乡规划专业学生必须具备的能力。

本次实践利用地区 DEM 数据和 GeoScene Pro 软件，使用空间分析和制图综合等工具，制作了一幅等高线分明的地形图。若想进一步美化成图，可以直接在本次实践所得地形图的基础上，添加图框、图例、指北针与比例尺，使图面内容更严谨，效果更美观。本实验操作步骤简单，成图效果良好，综合对比之下可以发现用 GIS 软件绘制的地图的准确性比用一般的 Word、PPT、CorelDraw 等软件绘制的地图准确度更高，且地图数据可以根据需要随时更新。

◎ 本实验参考文献

[1]李标明 . GIS 软件在小区域等高线地形图制作中的应用实践[J]. 地理教育，2023(7)：8-11.

[2]王倩，郭敏，张新玉．GIS 软件在乡土地理资源加工中的应用——以离堆山与古河道组合地貌等高线地形图制作与课堂试验为例[J]．中学教学参考，2022(1)：73-75.
[3]潘世兵，韩旸．例谈 GIS 软件在地理野外实践中的应用——以赣榆区等高线制作为例[J]．地理教学，2018(2)：51-54.
[4]任正霖．基于 DEM 数据的等高线地形图的制作——以四川省绵阳市为例[J]．地理教学，2017(3)：46-49.

实验三　GeoScene 日照分析
——以武汉大学某片区为例

一、实验目的和意义

近年来，随着城市发展步伐加快，城市建筑用地表现出越来越紧张的趋势，垂直式建成环境已成为城市发展的常态，而城市日照逐渐成为垂直式建成环境中的主要问题之一，追求超大的容积率导致了建筑日照的严重不足。如何才能在规划设计阶段便找出不符合建筑日照规范的建筑，促进城市人居环境高质量发展呢？GeoScene 空间分析工具便可以为此提供准确的依据。太阳光源属于平行光光源，我们可以通过模拟太阳平行线光源，对住宅建筑进行日照分析，并模拟规定时间段内的阴影范围，分析阴影与建筑物的空间叠加关系，找出不符合日照标准的建筑物。

二、实验内容

(1)学习 GeoScene Pro 中栅格计算器、重分类、山体阴影等工具的使用；
(2)学习日照分析方法；
(3)学习日照分析中的【坡向】工具，提取建筑物背光面轮廓；
(4)学习【山体阴影】工具，分别提取三个时刻的山体阴影；
(5)学习【按位置选择】方法查询不符合建筑日照规范的建筑。

三、实验数据

本实验的相关数据见表 3.1。

表 3.1　　**实验数据表**

数据	类型	数据格式
武汉大学某片住宅建筑	面状要素	Shp

四、实验流程

要提取太阳在规定时间段不同方位角生成的建筑物阴影，必须获得建筑物的层数和高度，生成建筑物高度的山体阴影。我国的建筑日照标准规定：建筑物底层日照要至少满足在冬至这一天，在 12：00—14：00 能接收到太阳照射。要判断 12：00—14：00 建筑的遮挡情况，需计算 3 个时刻(即 12：00、13：00 和 14：00)的日照情况，近似模拟该时间段的阴影范围。如果在这 3 个时刻都没有遮挡，则建筑间距满足日照要求。最后，通过分析阴影与建筑物的空间叠加关系，找出不符合日照标准的建筑物。

工作流程如图 3.1 所示。

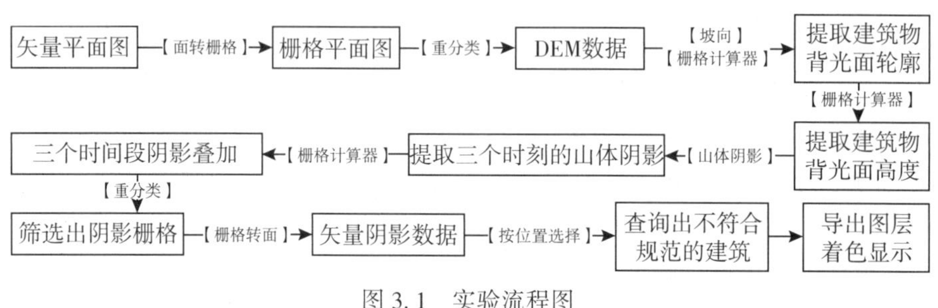

图 3.1　实验流程图

五、模型结构

图解建模是指用直观的图形语言将一个具体的过程模型表达出来。在这个模型中分别定义不同的图形代表输入数据、输出数据、空间处理工具，它们以流程图的形式进行组合并且可以执行空间分析操作功能。图 3.2 为本实践选题的模型结构图。

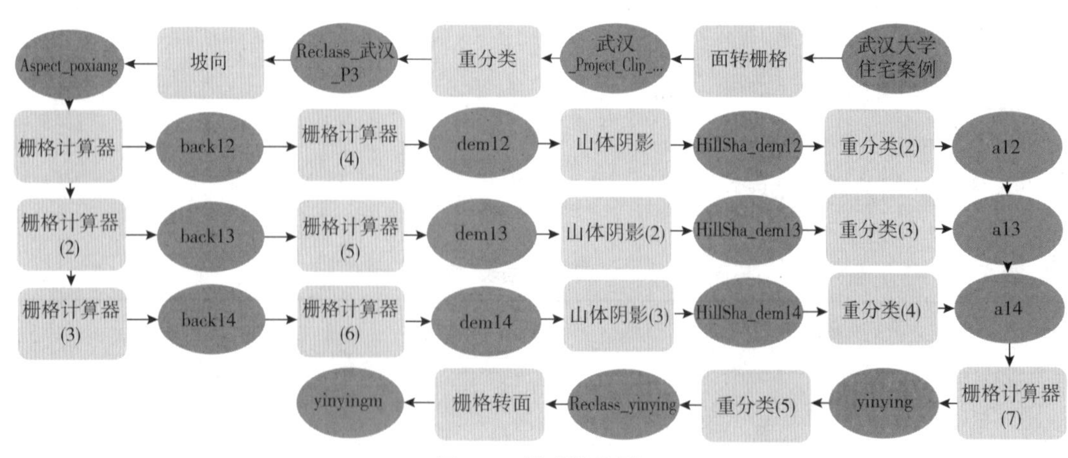

图 3.2　模型结构图

六、操作步骤

(1)矢量转栅格。处理阴影要在栅格数据的基础上进行，我们要将“武汉大学住宅案例”图层由矢量数据转为栅格数据。使用【面转栅格】工具，将【值字段】设置为“高度”，【像元大小】取值为1，其余参数如图3.3所示。得到一张建筑物的DEM图“武汉大学住宅案例_change”。建筑物数字高程模型如图3.4所示。

图3.3 面转栅格视图

图3.4 建筑物数字高程模型

(2)栅格重分类。由于建筑物边缘在后续操作中要计算坡向，但边缘外面的值是“NoData”，这样无法计算建筑外边缘，所以我们要将“NoData”的数值设为0。

(3)使用【重分类】工具，输入栅格选择“武汉大学住宅案例_change”，【重分类字段】选择“Value”，将“NoData”的新值设置为0，其余和图3.5中一致，得到最终可用于阴影分析的DEM图层“Reclass_武汉_P3”。栅格图如图3.6所示。

图 3.5 重分类视图

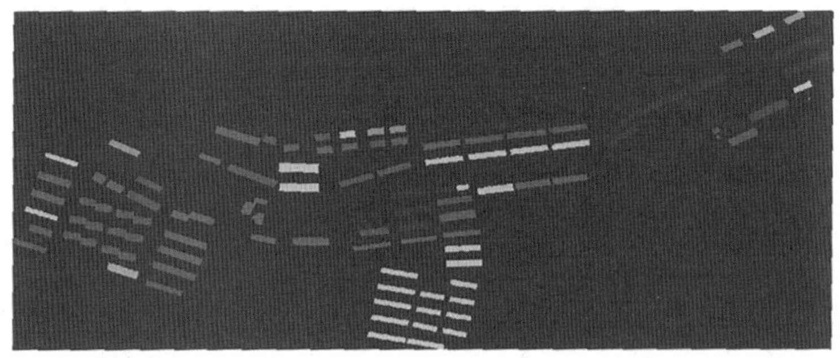

图 3.6 栅格图

(4)计算坡向。选择【坡向】工具，输入栅格为“Reclass_武汉_P3”(图 3.7)，生成坡向数据“Aspect_poxiang”如图 3.8 所示。

图 3.7 坡向视图

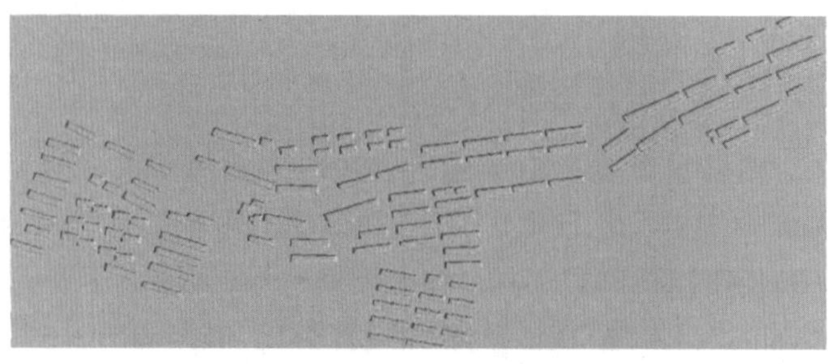

图 3.8 社区坡向图

(5)提取建筑物的背光面轮廓。利用 ISV 软件查询该小区所在地区经度为 114.35°，纬度为 30.53°。2020 年武汉市冬至日为 12 月 21 日。

利用 OSGeo 开放数据平台提供的太阳高度角、太阳方位角在线计算器计算该社区于 12:00、13:00、14:00 三个时刻的数据。最终结果整理汇总见表 3.2。

表 3.2　**太阳高度角与方位角计算结果**

时刻	12:00	13:00	14:00
高度角	36.03°	34.15°	28.84°
方位角	0°	16.68°	31.58°
ArcGIS 中的方位角	180°	196.68°	211.58°

假设在 t_0 时刻太阳的方位角为 A，则建筑物在 t_0 时刻的向光面坡向为 $[A-90, A+90]$，据此分别提取不同时刻的建筑物背光面轮廓 back。具体公式见表 3.3。

表 3.3　**建筑物背光面轮廓提取公式**

时刻	计 算 公 式
12:00	~(“aspect12”>=90)&(“aspect12”<=270)&(“aspect12”>=0)
13:00	~(“aspect13”>=106.68)&(“aspect13”<=286.68)&(“aspect13”>=0)
14:00	~(“aspect14”>=121.68)&(“aspect14”<=301.58)&(“aspect14”>=0)

使用【栅格计算器】工具，分别计算 12:00、13:00 和 14:00 点的背光轮廓数据。先计算 12:00 数据，输入公式：~(“Aspect_poxiang”>=90)&(“Aspect_poxiang”<=270)&(“Aspect_poxiang”>=0)，计算在 12:00 方位角为 180°的建筑物背光面轮廓(图 3.9)，输出结果“back12”如图 3.10 所示。

图 3.9　栅格计算器视图

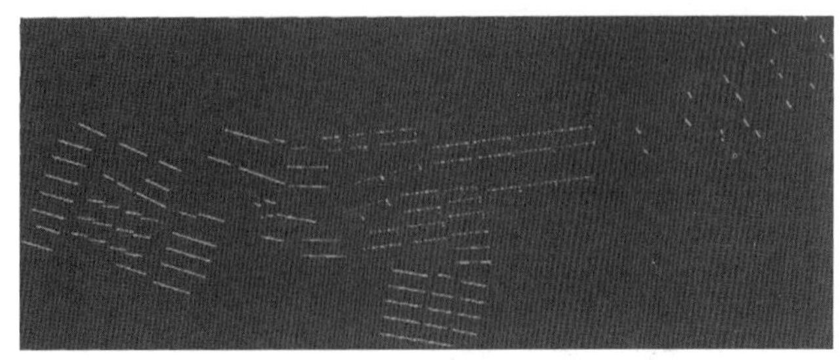

图 3.10　12:00 建筑物背光面轮廓图

再利用表 3.3 中公式分别计算 13:00 和 14:00 的建筑物背光面轮廓，输出结果“back13”和“back14”如图 3.11 所示。

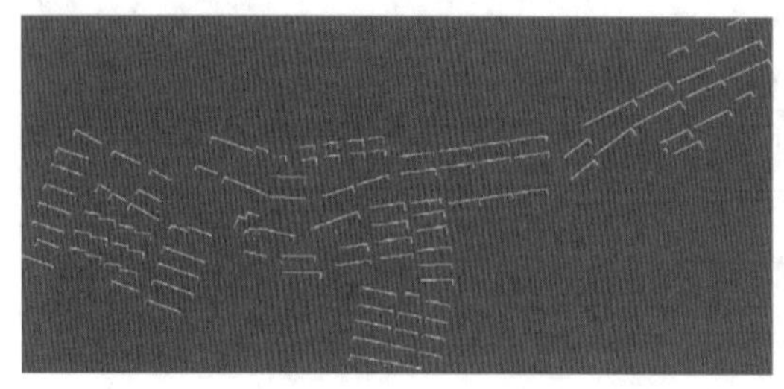
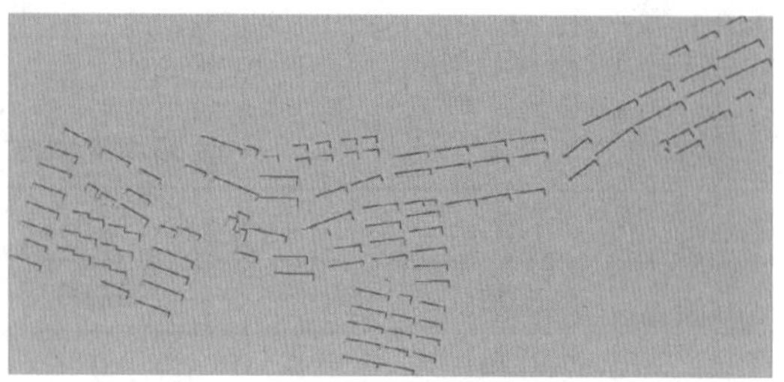

图 3.11　13:00、14:00 建筑物背光面轮廓图

(6)提取建筑物背光面的高度数据。使用【栅格计算器】工具，输入公式：“back12” * “Reclass_武汉_P3”，计算在 12:00 的建筑物背光面轮廓高度。输出栅格“dem12”如图 3.12 所示。

图 3.12　12:00 建筑物背光面轮廓高度

分别利用“back13”和“back14”，计算 13:00 和 14:00 的建筑物背光面的高度数据，输出结果“dem13”和“dem14”如图 3.13 所示。

(7)计算建筑物的阴影。根据上述表格中当地时间 12:00、13:00、14:00 的太阳方位角和高度角，以及背光面的高度计算阴影。先计算 12:00 的建筑物阴影，使用【山体阴影】工具，【输入栅格】选择“dem12”，选择对应的方位角“180”和高度角“36.03”，并勾选“模拟阴影”，输出“HillSha_dem12”，如图 3.14 所示。

同理，计算 13:00 和 14:00 的建筑物阴影，输出结果“HillSha_dem13”和“HillSha_dem14”如图 3.15 所示。

(8)由于获得的阴影数据中，只有值为 0 的是阴影数据，遂利用【重分类】工具，将阴影分为两端重新赋值，将 0 赋值为 1 代表阴影，其余赋值为 0。将“HillSha_dem12”“HillSha_dem13”和“HillSha_dem14”分别重分类为“a12”“a13”和“a14”，如图 3.16 所示。

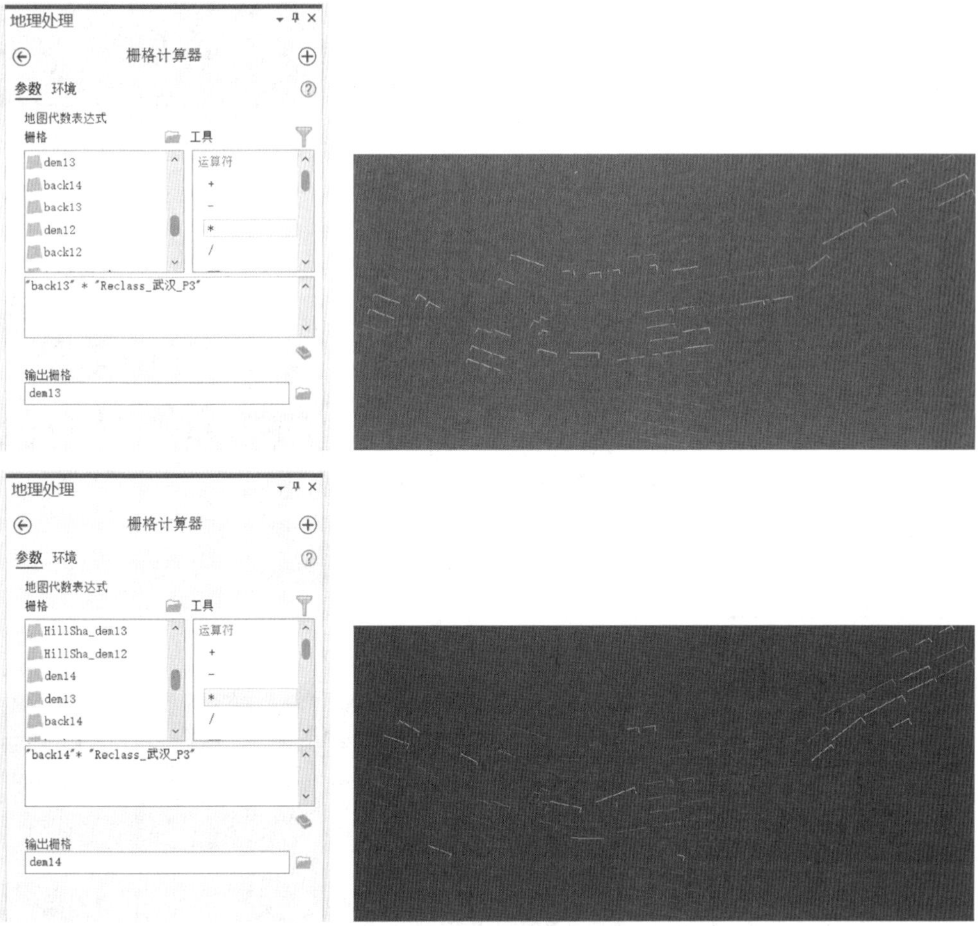

图 3.13　13:00、14:00 建筑物背光面轮廓高度

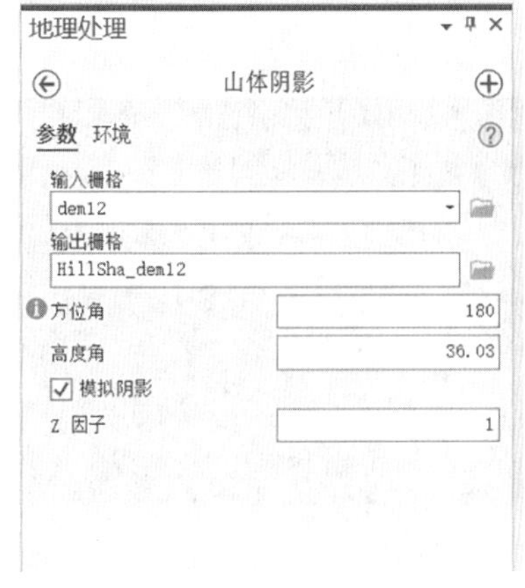

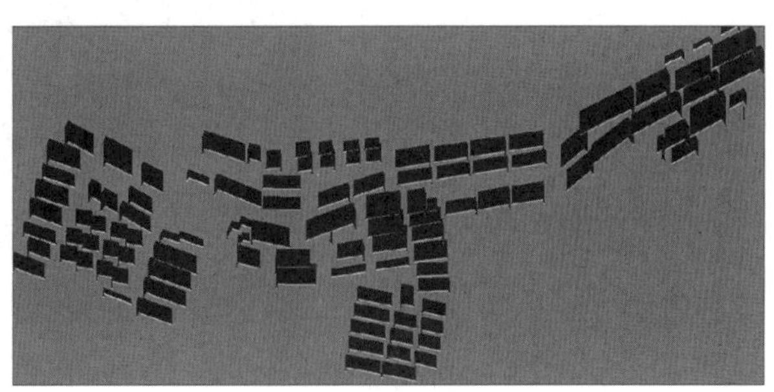

图 3.14　12:00 建筑物阴影图

图 3.15 13:00、14:00 建筑物阴影图

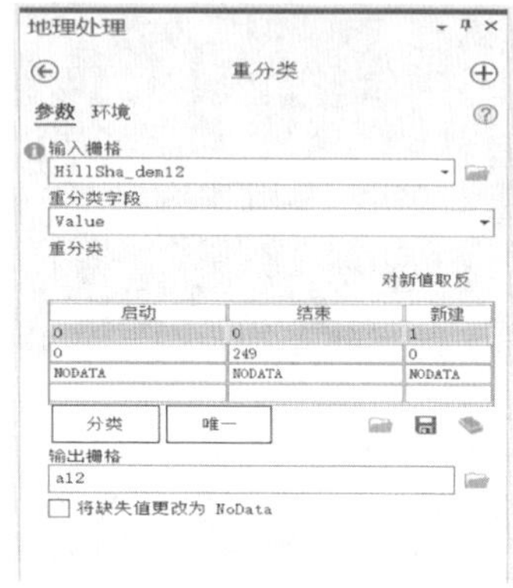

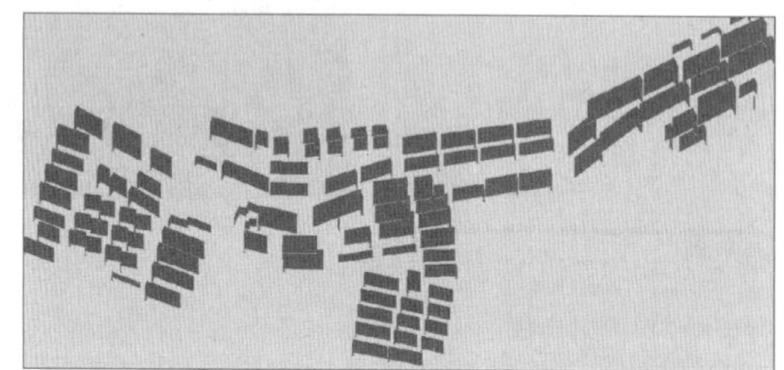

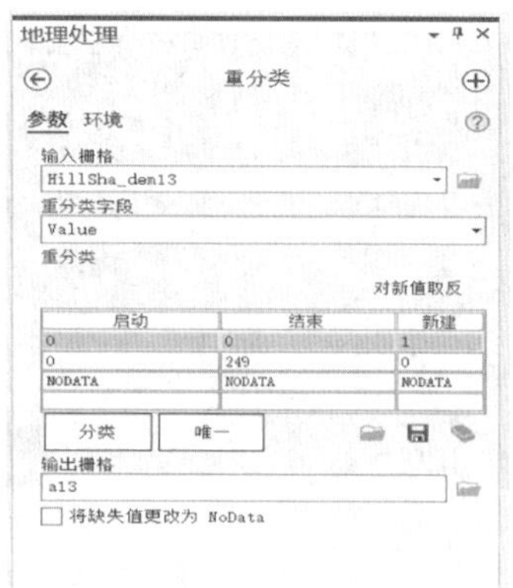

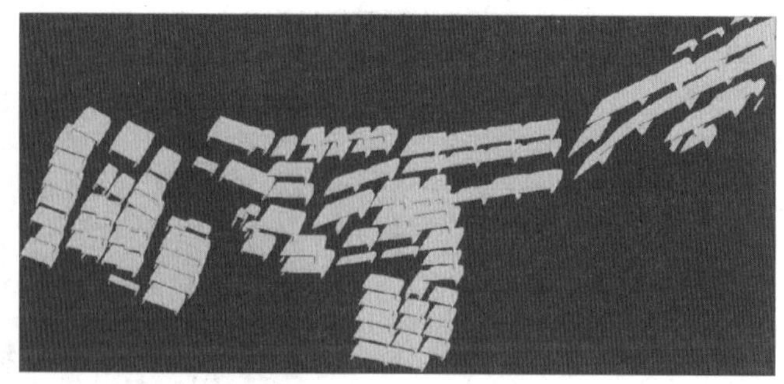

图 3.16 重分类后建筑物阴影图

使用【栅格计算器】工具，叠加以上三个阴影图层为一个阴影，输入公式："a12"+"a13"+"a14"，获得阴影图层"yinying"如图 3.17 所示。

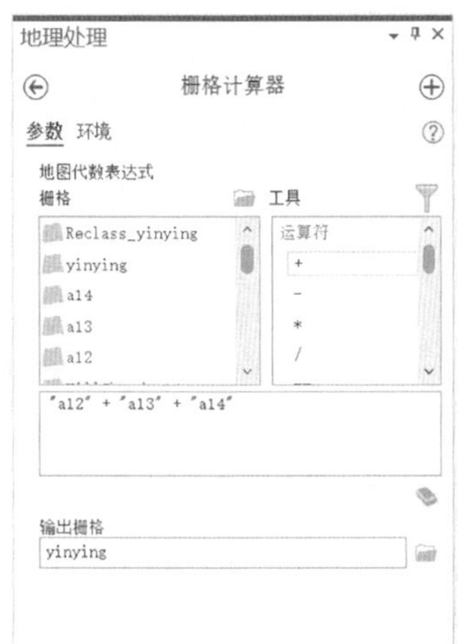

图 3.17　12:00—14:00 建筑物阴影图

该时间段的阴影范围分别取值为 0、1、2、3；值为 0 的区域属于非阴影栅格；值为 1 的区域属于在某一个时刻存在阴影；值为 2 的区域属于在某两个时刻存在阴影；值为 3 的区域属于在三个时刻都存在阴影。凡是大于 0 的部分，在 12:00—14:00 时间段内有阴影遮挡建筑物的情况。

使用【重分类】工具，对"yinying"进行重分类，将大于 0(1、2、3)的值重新赋值为 1，新值 1 代表阴影，输出"Reclass_yinying"，如图 3.18 所示。

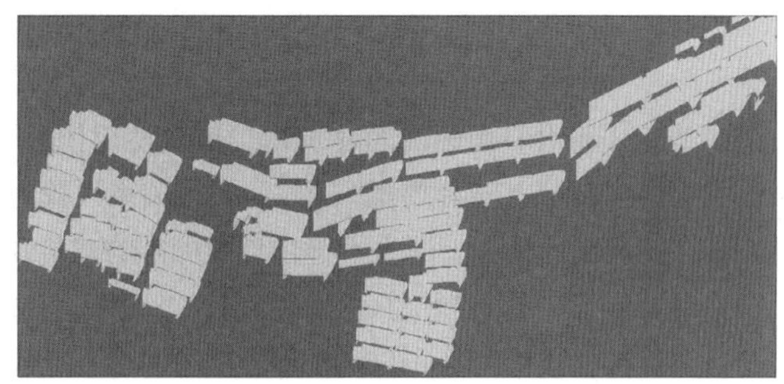

图 3.18　重分类后 12:00—14:00 建筑物阴影图

(9)判断阴影和建筑物的覆盖关系，需要将阴影栅格数据转为面数据。打开“Reclass_yinying”属性表，选中值为 1 的阴影栅格部分，使用【栅格转面】工具，【输入栅格】选择“Reclass_yinying”，【字段】设置为“Value”，勾选“简化面”，输出面要素“yinyingm”，如图 3.19 所示。

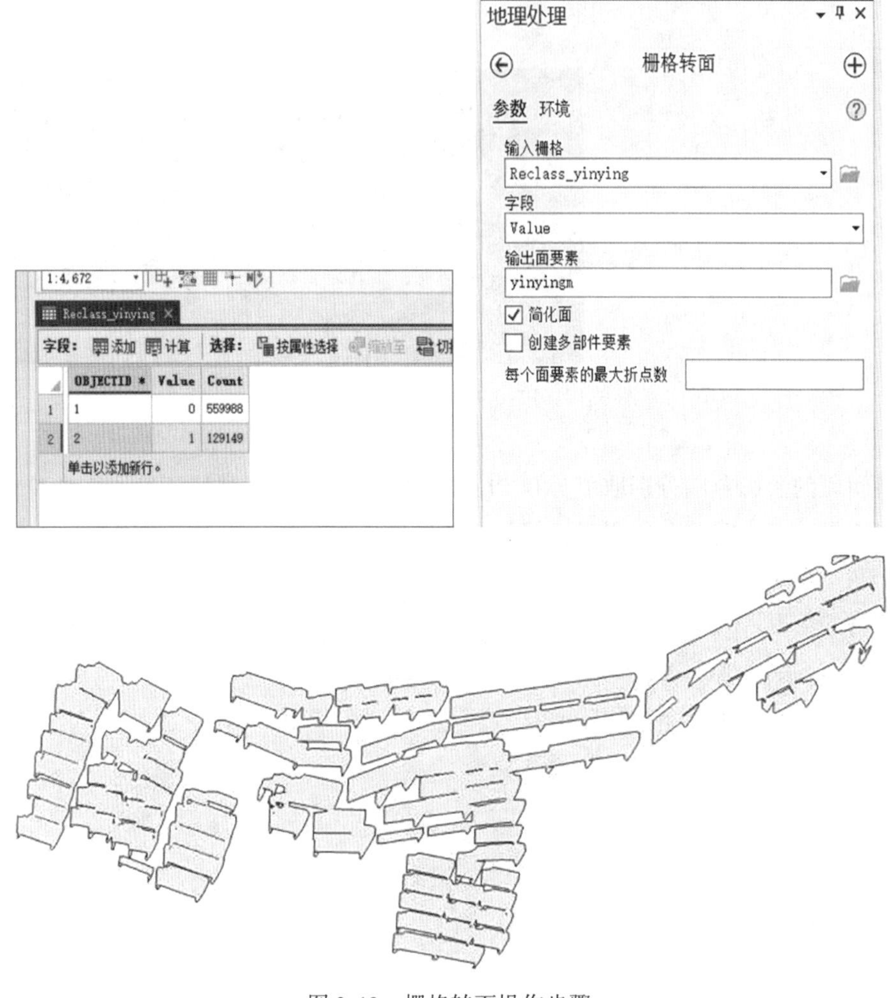

图 3.19 栅格转面操作步骤

(10)查询不符合日照标准的建筑物。依次使用【地图】【按位置选择】工具，输入要素“武汉大学住宅案例”，选择要素“yinyingm”，关系设置为“中心在要素范围内”，选出建筑物质心落在阴影内的楼栋，即为不符合日照标准的建筑物。如图 3.20 所示。

(11)导出要素。选择图层“武汉大学住宅案例”，右键选择【数据】【导出要素】，导出不符合日照标准的楼栋“disqualification”，如图 3.21 所示。深色的楼栋为不符合日照标准的住宅楼，浅色的楼栋是符合日照标准的住宅楼。

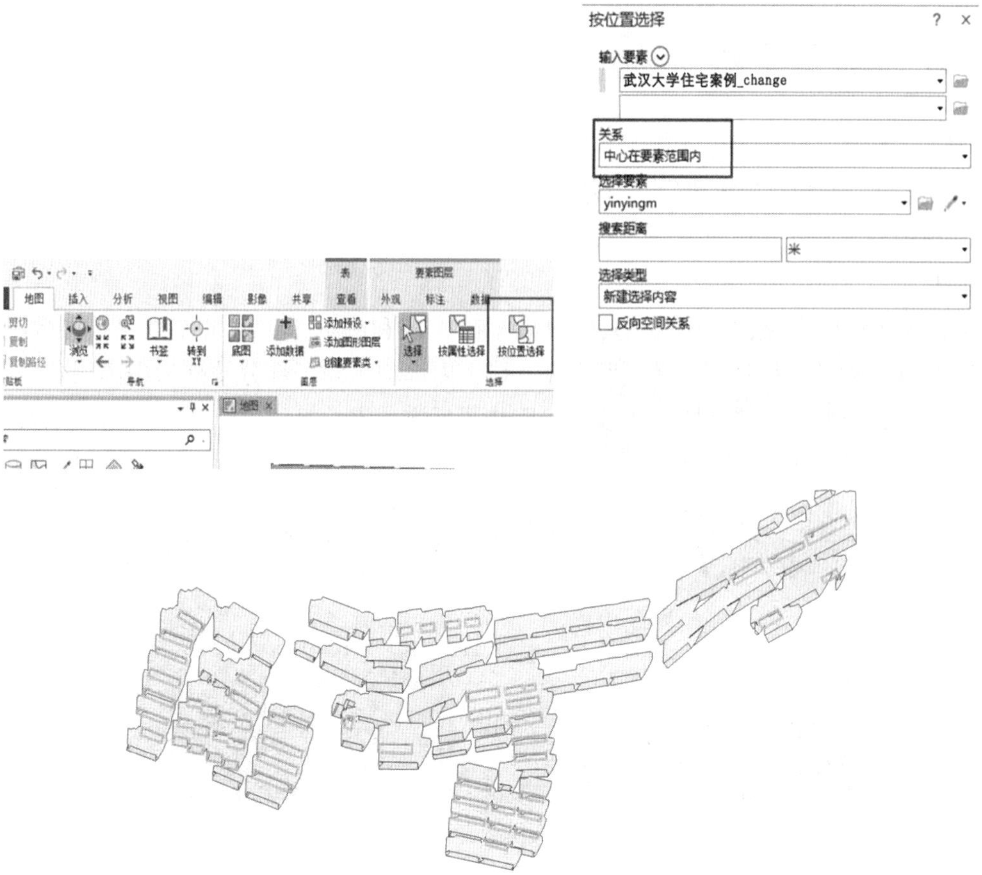

图 3.20　查询不符合日照标准建筑物

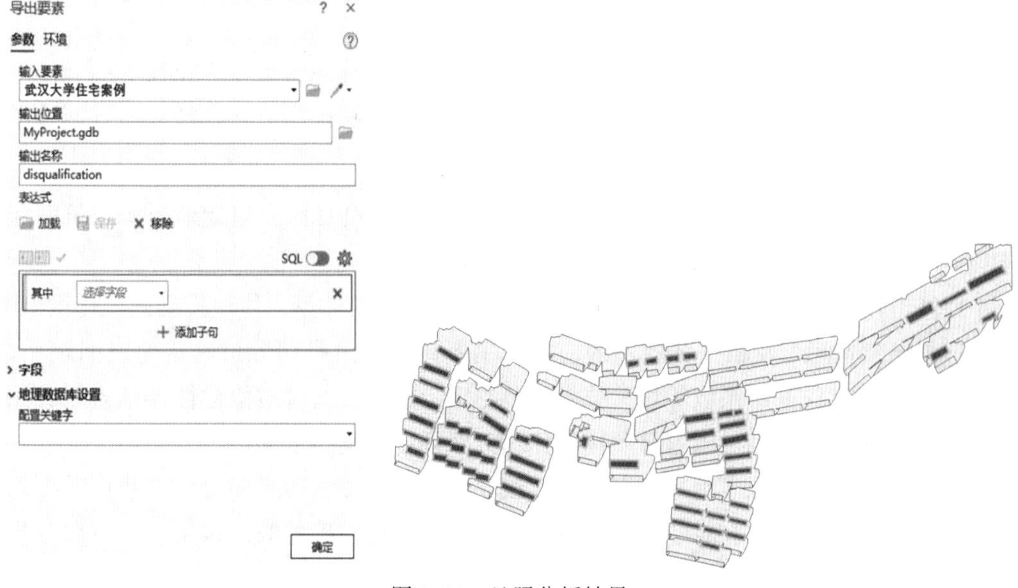

图 3.21　日照分析结果

七、总结与思考

武汉大学某片区住宅分区见图 3.22。

(1)通过实地考察调研得知，该小区建筑年代较远，大多数十分老旧，从分析结果来看，小区内建筑物几乎半数不符合建筑日照规范，说明小区在设计阶段并没有充分考虑建筑日照标准。

(2)从违背规范的建筑来看，大多数集中在 A 区和 B 区。B 区和 A 区建筑层数不高，其主要原因为建筑密度过高，楼间距太小。C 区内部均出现了部分楼栋为中高层建筑，建筑高度与周边不符，但楼间距并未改变，阻挡了后方住宅的日照。

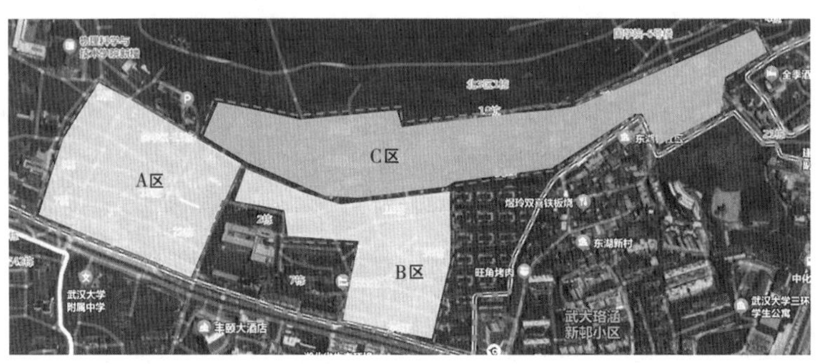

图 3.22 武汉大学某片区住宅分区

(3)针对分析方法来看，相比传统日照分析方法如依据手工计算、手工作图分析等，实习案例中提出的方法操作过程简便，每一计算结果均有图形显示，清晰易懂。分析结果可为其他建筑物满足日照规范设计提供参考。

随着建筑用地日益紧张，保证住宅建筑必要的日照条件关系到每个居住者的健康，近年来，建筑日照规范越来越受到设计人员的重视。通过资料查找，总结出目前日照分析在城市规划中的应用，主要集中在以下 3 个方面：

(1)旧城改造过程中的应用，主要研究在满足周边建筑日照、退让地界、建筑间距等条件下合理确定待开发地块的容积率及建筑高度。

(2)城市设计阶段中的应用，通过引入日照分析为建筑体量、体块模型确定提供参考。

(3)制定建筑间距及相关参数中的应用，主要研究通过日照分析确定建筑间距系数，辅助建筑退线、建筑间距系数等相关技术规范制定。此外，通过对修建性详细规划日照进行审核，判断方案是否满足国家日照标准作为方案评估的重要依据。

同时，本实验只采取了理想状态下的建筑轮廓对住宅楼进行日照分析。我们还可以通过无人机和遥感影像技术，对建筑物的高度和外观进行更精确的数据采集。在日照分析过程中，考虑单体建筑中的细部设计，例如阳台、雨棚等，是否对其他建筑造成日照遮挡，以便于优化建筑高度以及外立面设计。

本实验的建筑日照分析，利用 GeoScene 技术，能够从定量化指标和可视化工具上直观、真切地识别不满足日照规范的建筑，为建筑与居住区设计工作提供实证依据。

◎ 本实验参考文献

[1]中华人民共和国住房和城乡建设部. GB 50096—2011 住宅设计规范[S]. 北京：中国建筑工业出版社，2012.

[2]孙彩敏，许军. 基于 GIS 的建筑物日照分析[J]. 地矿测绘，2018，34(4)：28-31.

[3]梅晓丹，马俊海，刘佳尧，等. 基于 ArcGIS 的城市建筑物日照分析及应用[J]. 测绘工程，2018，27(7)：36-40.

[4]许德标. 日照分析在居住区规划和建筑设计中的问题探讨[J]. 城市建筑，2016(29)：56.

实验四　校车最佳路径规划——以武汉大学为例

一、实验目的和意义

校车是用于运送学生往返学校的交通工具。在大学校园内，由于上课地点的多样性以及校内交通情况和天气的不确定性，使得校车的需求日益增加。本实验根据校车的站点对校车路径进行规划，选取校车的最佳路径，可以使学生通勤更加方便、快捷。并以此为抓手检验学生对 GIS 的网络分析功能的掌握程度，有助于学生将所学知识应用于实践。

二、实验内容

(1)学习 GeoScene Pro 中网络分析工具的使用；
(2)学习网络数据集构建方法；
(3)学习网络分析中的“最佳路径”的求解方法。

三、实验数据

本实验相关数据见表 4.1。

表 4.1　**实验数据表**

数据	类型	数据格式
武汉大学校园道路	线要素	路网数据 . shp

四、实验流程

GeoScene Pro 中实现最佳路径分析，首先利用交通路网数据构建网络要素数据集，构建路径并完成分析以得到最佳路径。具体逻辑过程(实验流程)如图 4.1 所示。

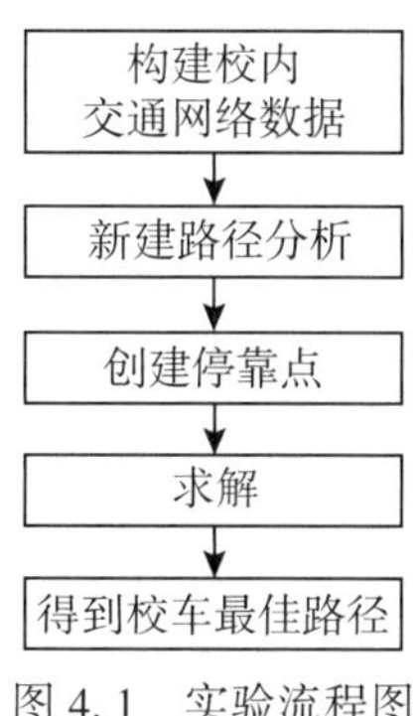

图 4.1 实验流程图

五、操作步骤

(1)打开 GeoScene Pro，单击【新建文件地理数据库(地图视图)】，命名为“最佳路径”。

(2)单击导航栏中的【添加数据】(图 4.2)，选择数据文件校园道路数据，点击【确认】，向地图中添加路网数据(图 4.3)。

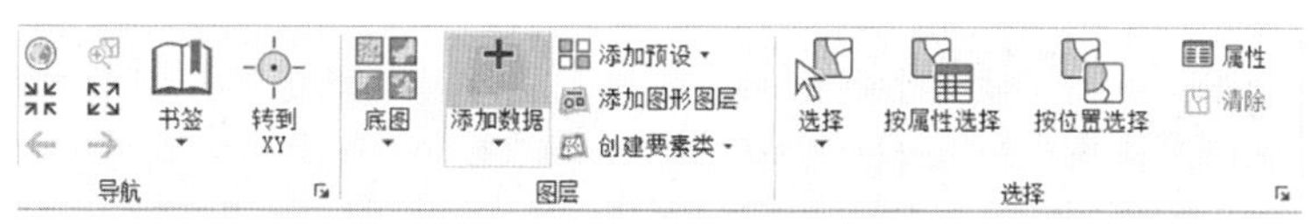

图 4.2 “添加数据”步骤导航栏

图 4.3 校园道路数据

(3)在右侧目录菜单选择展开【工程】【数据库】，右击“最佳路径 . gdb”，选择【新建】【要素数据集】，将新建要素数据集命名为“最佳路径”，点击【运行】(图 4.4)。

图 4.4　创建要素数据集

(4)右击新建的“校内路网要素数据集”，选择【导入】【要素类(多个)】，选择输入要素为数据文件中的道路数据，点击【运行】导入路网信息(图 4.5)。

(5)右击新建的要素数据集，选择【新建】【网络数据集】，勾选【道路数据】为“源要素类”，【高程】选择“无高程”，点击【运行】，构建校内交通网络数据集(图 4.6)，此时仅搭建完成框架，未完成构建。

图 4.5　导入道路数据

图 4.6　创建网络数据集

(6)右击新建的“校内交通网络数据集”，选择【构建】，点击【运行】完成构建，并将所生成的“校内路网_Junctions”添加至地图，此时右击数据集查看【属性】(图 4.7)，构建数据显示完整。

图 4.7　数据属性

(7)选择菜单栏中的【分析】【网络分析】【路径】，启动路径分析工具(图 4.8)。

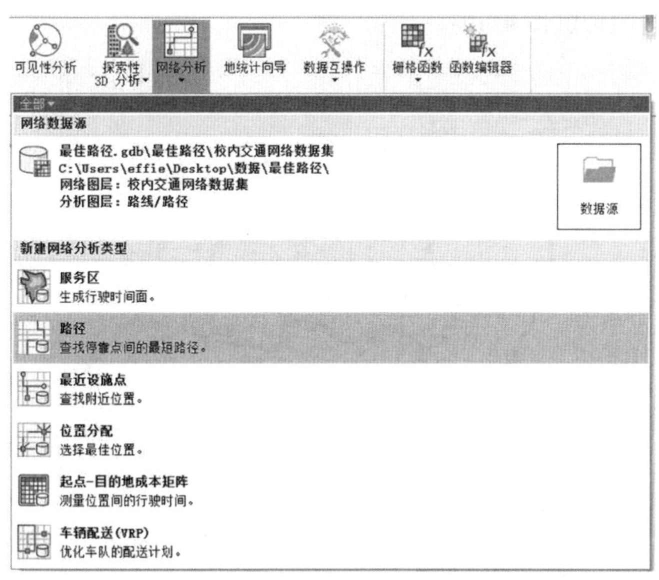

图 4.8　路径分析工具

(8)选择菜单栏中的【编辑】【创建】，在右侧创建要素栏内选择【停靠点】，进入创建“停靠点”页面(图 4.9)。

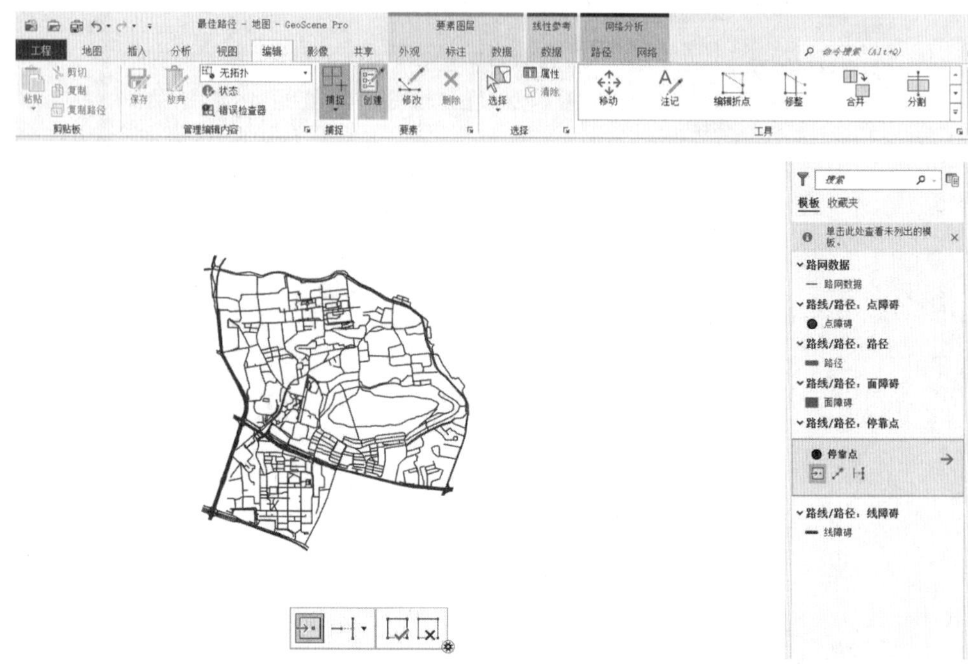

图 4.9　添加停靠点

(9)根据规划的校车站点创建停靠站，为保证校车路径为环线，将首末站设置为同一位置；选择菜单栏中的【网络分析】【路径】【运行】，生成规划的校车路径，即根据规划站点需要形成的校车小环线(图 4.10)。

图 4.10　最佳路径规划结果

六、总结与思考

本实验以武汉大学为例，通过网络分析对校车的最佳路径进行了规划。但是，因为研究手段限制，未考虑车流量、时间段，以及不同时间段校园内人流状况对校车行驶情况的影响。后续研究需对此进行完善，以期为校园校车路径规划提供更准确的建议。

实验五　校园共享电动车停车点选址评价
——以武汉大学为例

一、实验目的和意义

随着经济社会的发展，人们不再满足于将过多时间消耗在日常通勤上，在大学生群体中电动车代步已成了他们最好的选择。但随着时间的累积，过量的私人电动车给校园交通管制带来了一定的困扰，于是，共享电动车便在大学校园中应运而生。而为了避免大面积的电动车乱停乱放现象，共享电动车只能在规定区域启用和停放。根据影响学生出行的因素对校园共享电动车停车点的选址进行评价，有利于优化其停车点选址，更方便学生日常出行。并以此为抓手，检验学生对 GIS 的网络分析功能的掌握程度，有助于将学生所学知识应用于实践。

二、实验内容

(1)学习 GeoScene Pro 中字段计算器、缓冲区分析、掩膜提取等工具的使用；

(2)学习网络数据集构建方法；

(3)学习网络分析中的"OD 成本矩阵"求解方法；

(4)学习【连接字段】工具，基于公用属性字段将一个表的指定内容添加到另一个表；

(5)学习"空间插值"方法，通过已知的空间数据来预测其他位置空间数据值，最终生成高连续的栅格图纸。

三、实验数据

本实验相关数据见表 5.1。

表 5.1　　实验数据表

数据	类型	数据格式
校内共享电动车停放点	点要素	停车点位 . shp

续表

数据	类型	数据格式
校内大循环巴士停靠站	点要素	公交站点.shp
校内主要教学、居住点	点要素	主要教学生活点位.shp
校门位置	点要素	校门.shp
武汉大学(武昌区)各级道路	线要素	武昌区_省道.shp；武昌区_市区一级道路.shp；武昌区_行人道路.shp；武昌区_其他道路.shp
武汉大学(洪山区)各级道路	线要素	洪山区_国道.shp；洪山区_其他道路.shp；洪山区_省道.shp；洪山区_市区一级道路.shp；洪山区_行人道路.shp
武汉大学校园范围	面要素	whu 边界.shp

四、实验流程

GeoScene Pro 中实现选址评价分析，首先利用交通路网数据构建网络要素数据集，导入待评价点位，构建 OD 成本矩阵并完成分析得到成本数据集，此后运用反距离权重法求得可达性分布图。最后利用校门位置、行人道路位置、主要教学点、居住点位置等要素的缓冲区分析和叠加分析，得到选址等级评价图。

具体实验逻辑过程如图 5.1 所示。

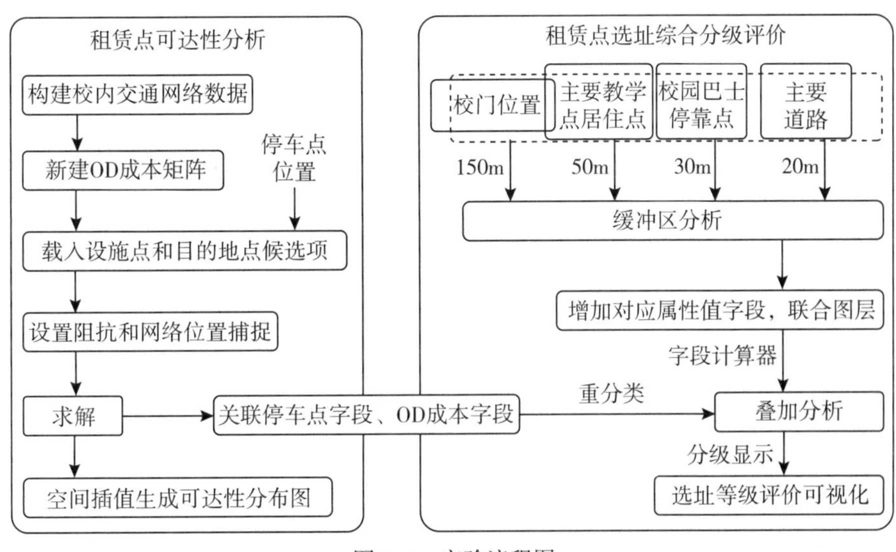

图 5.1　实验流程图

五、模型结构

图解建模是指用直观的图形语言将一个具体的过程模型表达出来。在这个模型中分别定义不同的图形代表输入数据、输出数据、空间处理工具，它们以流程图的形式进行组合并且可以执行空间分析操作功能。图 5.2 所示为本实践选题的模型结构图。

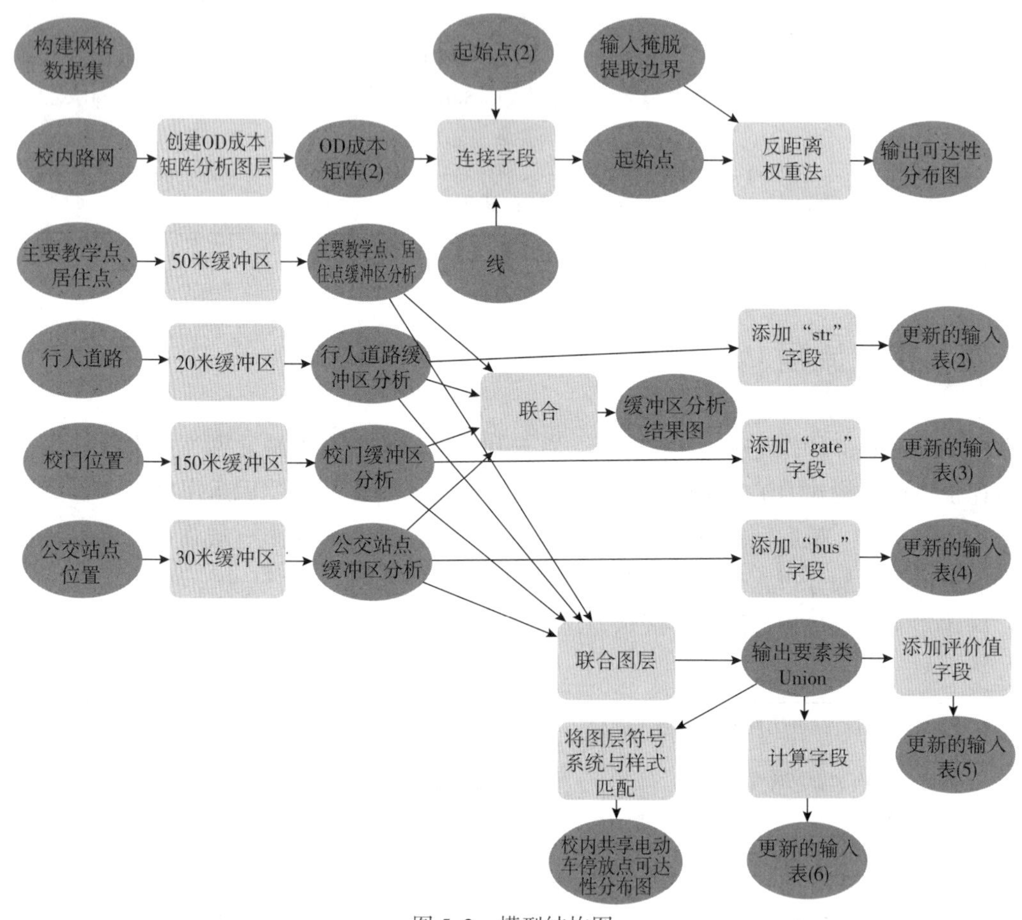

图 5.2　模型结构图

六、操作步骤

(1)打开 GeoScene Pro，单击【新建文件地理数据库(地图视图)】，命名为“选址评价”。

(2)单击导航栏中的【添加数据】(图 5.3)，选择数据文件中的武昌区与洪山区的各级道路数据，点击【确认】，向地图中添加路网数据(图 5.4)。

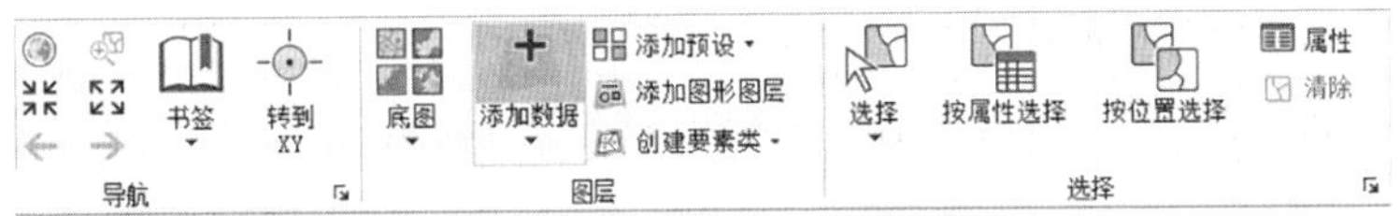

图 5.3 【添加数据】步骤导航栏

图 5.4 武昌区与洪山区的各级道路数据

(3)在右侧目录菜单选择展开【工程】【数据库】，右击“选址评价 .gdb”，选择【新建】【要素数据集】(图 5.5)，将新建要素数据集命名为“校内路网”(图 5.6)，点击【运行】。

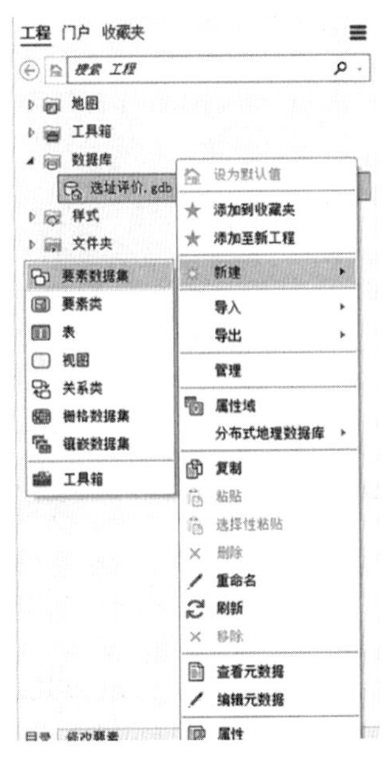

图 5.5 工程目录界面

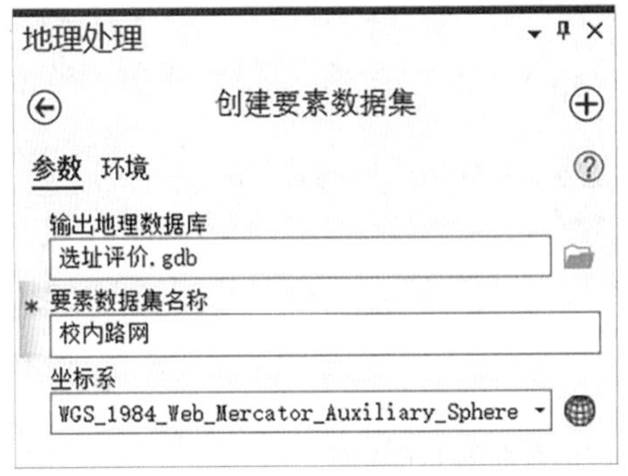

图 5.6 创建要素数据集设置界面

(4)右击新建的“校内路网要素数据集”(图5.7)，选择【导入】【要素类(多个)】，选择输入要素为数据文件中的武昌区与洪山区的各级道路数据(图5.8)，点击【运行】导入路网信息。

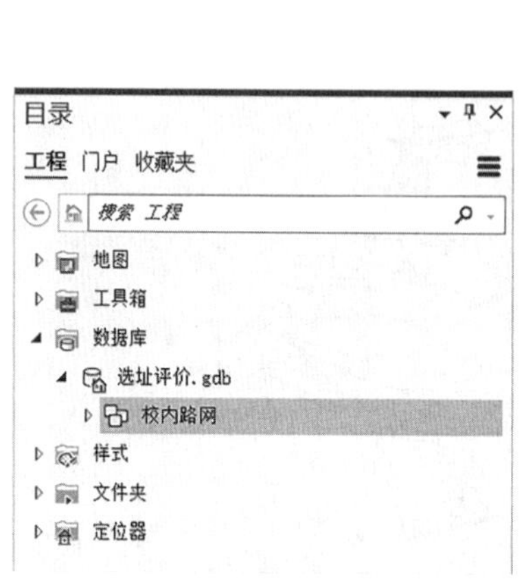

图5.7　导入路网信息目录界面

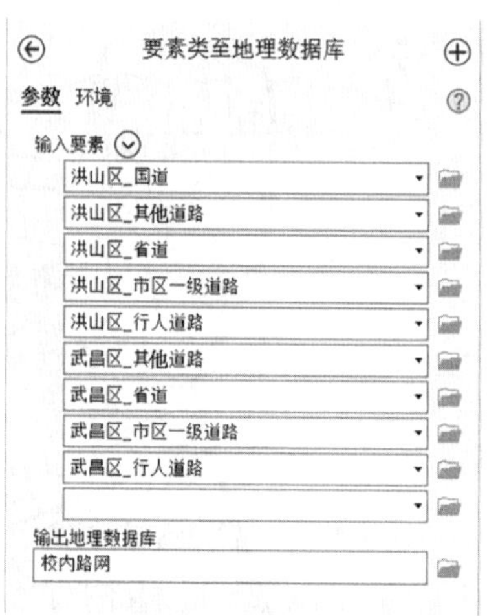

图5.8　导入路网信息设置界面

(5)右击新建的“校内路网要素数据集”，选择【新建】【网络数据集】(打开许可并重新启动)，勾选武昌区与洪山区的各级道路数据为【源要素类】，【高程】选择“无高程”，点击【运行】构建校内交通网络数据集(图5.9)，此时仅搭建完成框架，未完成构建，右击数据集查看【属性】，“边”“交汇点”内容为0(图5.10)。

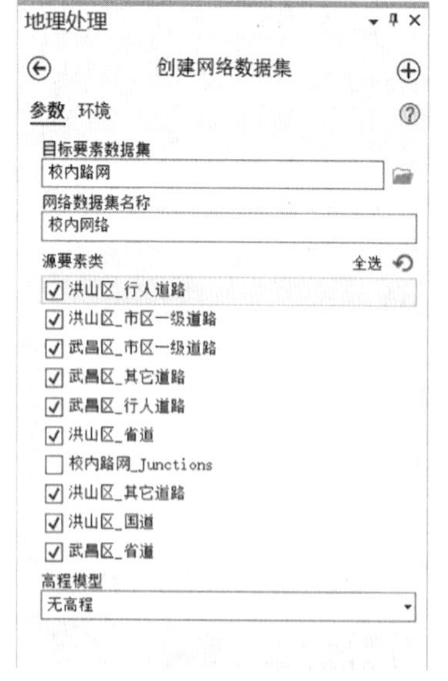

图5.9　网络数据集生成界面

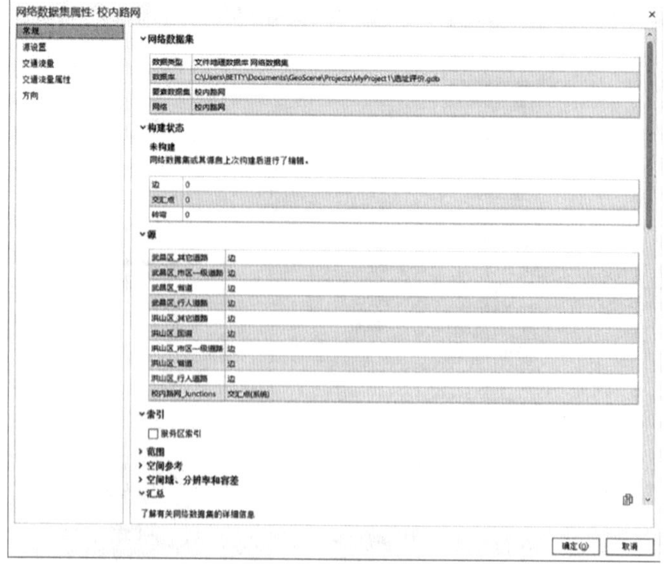

图5.10　校内交通网络数据集属性

(6)右击新建的“校内交通网络数据集”，选择【构建】，点击【运行】完成构建(图 5.11)，并将所生成的“校内路网_Junctions”添加至地图，此时右击数据集查看【属性】，构建数据显示完整(图 5.12)。

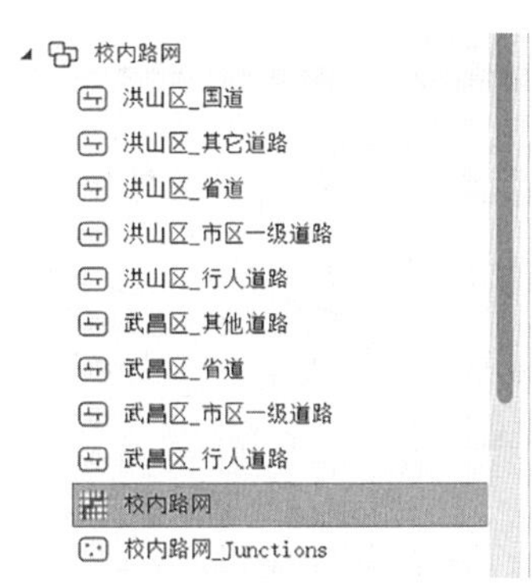

图 5.11　网络数据集构建界面

图 5.12　网络数据集构建完成界面

(7)右击“选址评价 . gdb”，选择【导入】【要素类(多个)】，【输入要素】选择数据文件中的公交站点、停车点位、校门、主要教学生活点位(图 5.13)，点击【运行】导入点位信息，并添加至地图中(图 5.14)。

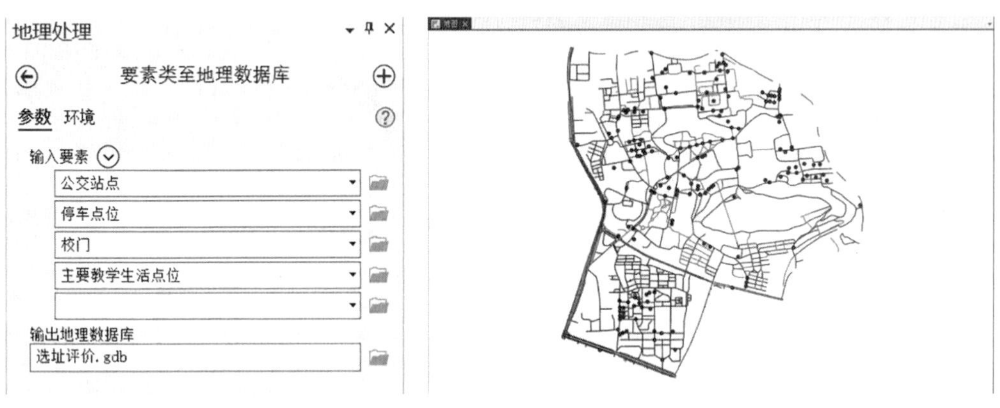

图 5.13　要素导入设置界面　　图 5.14　停车点位

(8)选择菜单栏中的【分析】【网络分析】【起点-目的地成本矩阵】(图 5.15)，启动 O-D 分析工具。

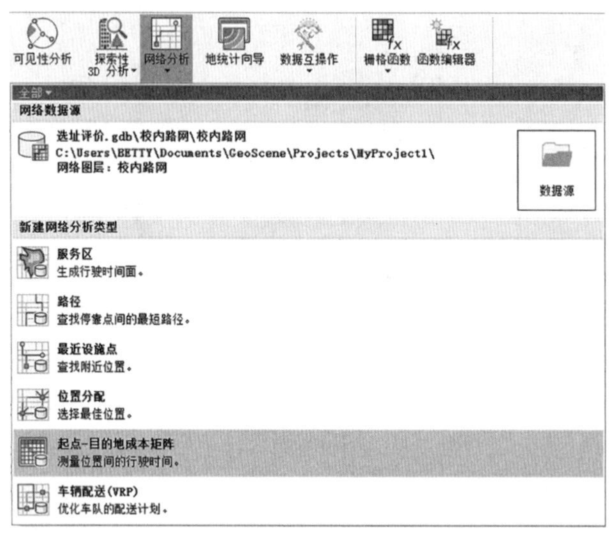

图 5.15　网络分析设置导航界面

(9)选中新建的“OD 成本矩阵”，选择菜单栏中的【OD 成本矩阵】界面，选择导入【起始点】并输入“校内路网_Junctions”(图 5.16)，选择、导入“目的地”并输入“停车点位”(图 5.17)。

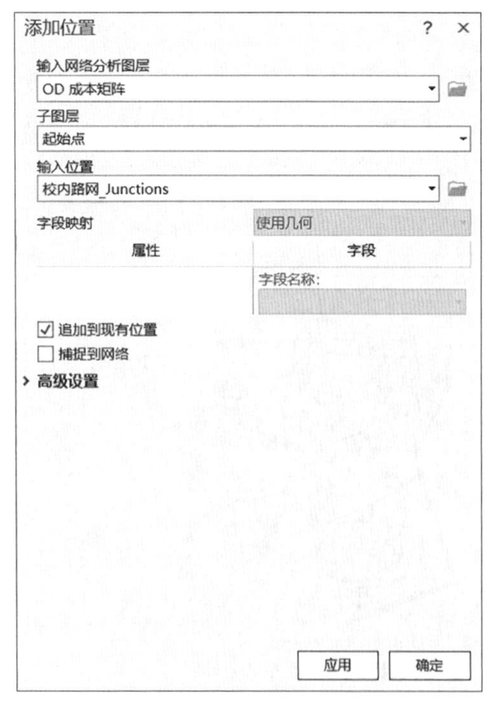

图 5.16　校内路网设置界面

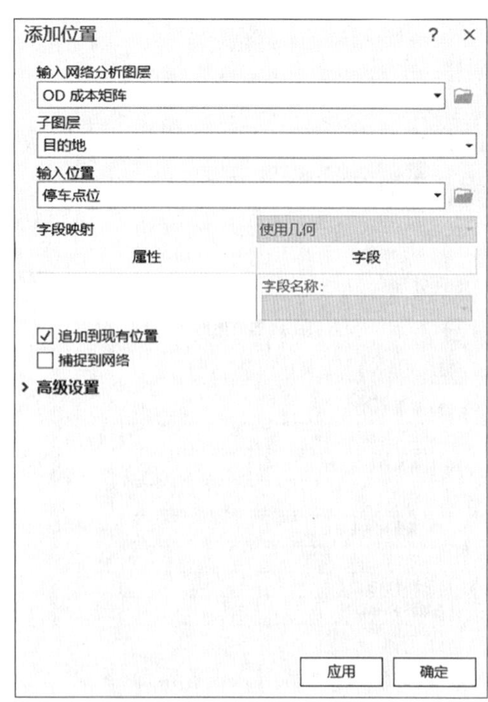

图 5.17　停车点位设置界面

(10)右击“OD 成本矩阵”，打开【属性】对话框，切换至【出行模式】，将【类型】设置为“步行”(图 5.18)。

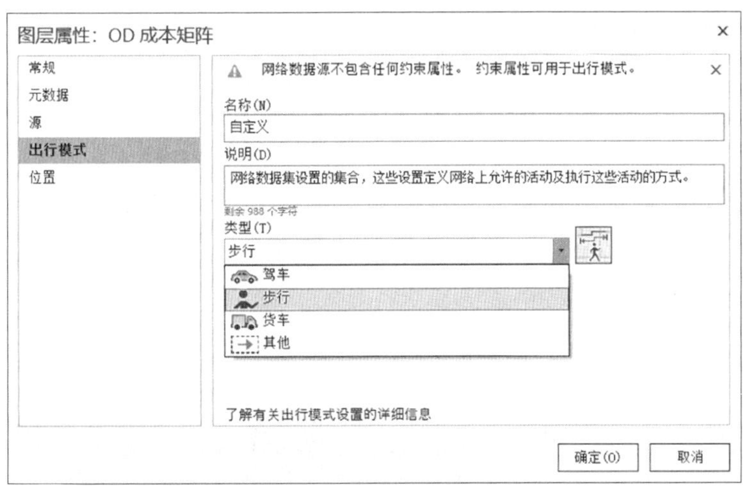

图 5.18　OD 成本矩阵设置界面

(11)点击工具条中的【运行】工具，完成运算。

(12)右击内容栏中的“起始点”图层，打开【属性表】，选择菜单栏中的【查看】一栏，选择【连接】【添加连接】，设置基于“起始点”表的“ObjectID”字段和“OD 成本矩阵”中的“线”的“OriginID”字段的连接(图 5.19)，将步行距离添加到“起始点”上。

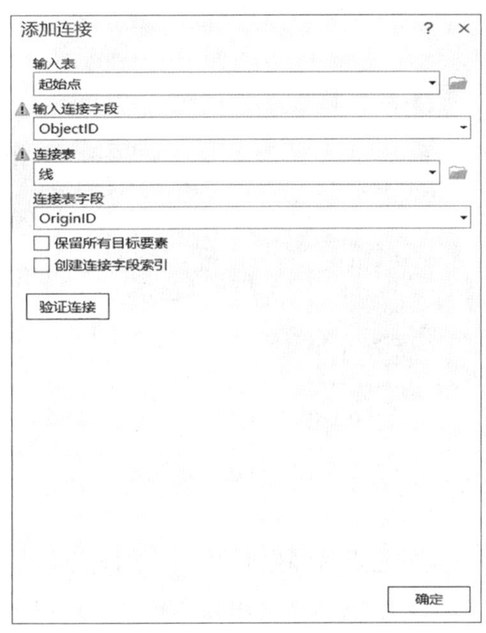

图 5.19　字段连接设置界面

(13)选择【分析】【工具】【空间分析工具】【插值分析】【反距离权重法】,【Z值字段】选择以步行距离“Total_Length”,输入“起始点”,并设置像元大小为5(图5.20),点击【环境】【栅格分析】【掩膜】,输入文件夹中的“whu边界”数据(图5.21),点击【运行】,生成可达性分布图(图5.22)。

图5.20　反距离权重法目录

图5.21　反距离权重法设置界面

图5.22　可达性分布图

(14)距离教学点、居住点的远近对师生取得、停放该点位共享电动车有较大影响,距教学点、居住点越近,该点位共享电动车使用频率越高,点位选址越合理。选择【分析】【工具】【分析工具】【邻近分析】【缓冲区】,对“主要教学生活点位”生成距离为50m的缓冲区(图 5.23)。同理，对“校门”生成距离为 150m 的缓冲区(图 5.24)，对“武昌区_行人道路”“洪山区_行人道路”设置距离为 20m 的缓冲区(图 5.25、图 5.26)。

图 5.23　生活区位置缓冲区设置

图 5.24　校门位置缓冲区设置

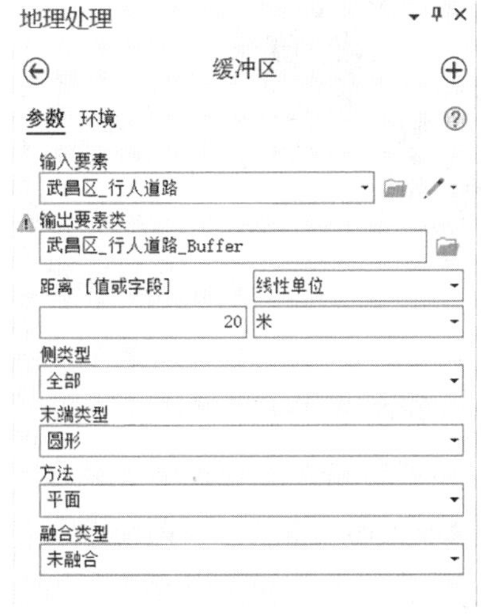

图 5.25　武昌区行人道路缓冲区设置界面

图 5.26　洪山区行人道路缓冲区设置界面

(15)距离校园巴士停靠点的远近对师生取得、停放该点位共享电动车也有较大影响，距校园巴士停靠点越近，师生出行交通工具的选择越广泛，该点位共享电动车使用频率相应下降。选择【分析】【工具】【分析工具】【邻近分析】【缓冲区】，对“公交站点”设置距离为 30m 的缓冲区(图 5.27)。

(16)选择【分析】菜单栏中的【联合】工具，将“洪山区_行人道路_Buffer”“武昌区_行人道路_Buffer”合并为同一图层(图 5.28)，便于后续字段值操作(图 5.29)。

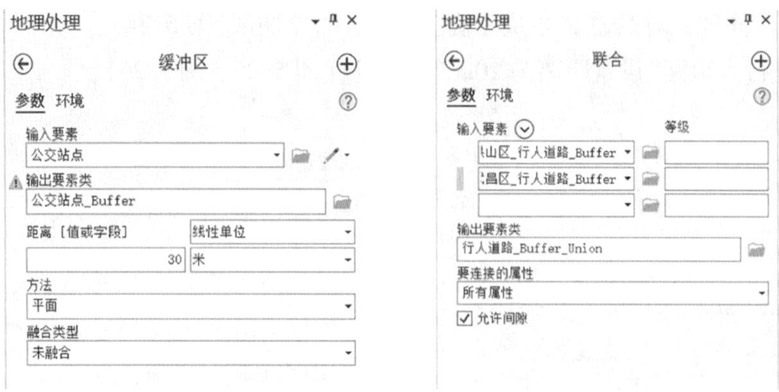

图 5.27　公交站点缓冲区设置　　　　图 5.28　图层联合设置界面

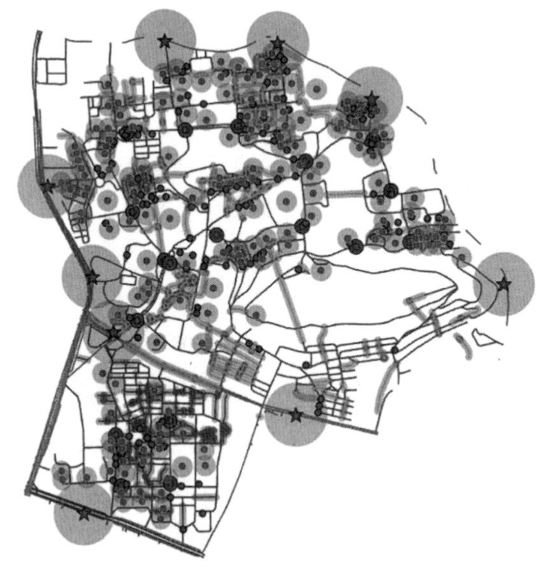

图 5.29　缓冲区分析结果图

(17)右击“校门_Buffer”图层打开【属性表】，添加字段“gate”，选择【字段计算器】设置该字段值为 1(图 5.30)。

校门_Buffer　字段：校门_Buffer

当前图层：校门_Buffer

可见	只读	字段名	别名	数据类型	允许空值	突出显示	数字格式	属性域	默认	长度
☑	☑	OBJECTID	OBJECTID	对象 ID	☐	☐	数字			
☑	☐	Shape	Shape	几何	☑	☐				
☑	☐	名称	名称	文本	☑	☐				60
☑	☐	BUFF_DIST	BUFF_DIST	双精度	☑	☐	数字			
☑	☐	ORIG_FID	ORIG_FID	长整型	☑	☐	数字			
☑	☑	Shape_Length	Shape_Length	双精度	☑	☐	数字			
☑	☑	Shape_Area	Shape_Area	双精度	☑	☐	数字			
☑	☐	gate		长整型	☑	☐	数字		1	

单击此处添加新字段。

图 5.30　字段设置界面

(18)同上，在“行人道路_Buffer”图层，新增“str”图层并赋值为 1；在“公交站点_Buffer”图层，新增“bus”图层并赋值为-0.5(双精度字段或浮点型字段)。

(19)选择【分析】菜单栏中的【联合】工具，将四个缓冲区图层合并为同一图层，设置输出为“Union”图层(图 5.31)，得到 4 个指标的合并图层。

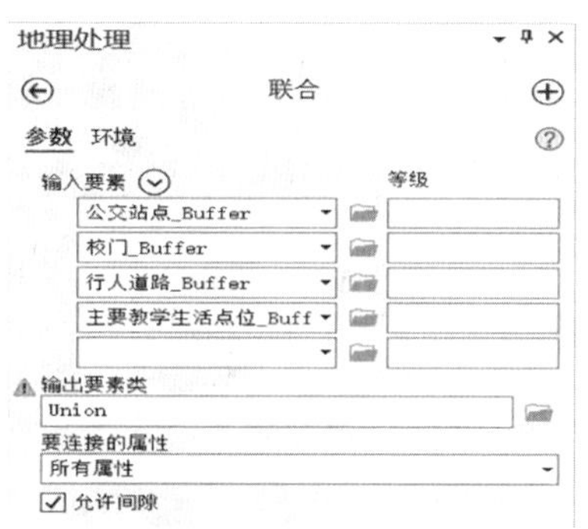

图 5.31　图层联合设置界面

(20)右击“Union”图层打开【属性表】，添加双精度字段“评价值”(图 5.32)，打开“字段计算器”输入公式：! bus! +! str! +! gate! +! 流量! /1000，将其进行分等定级(图 5.33)。

图 5.32　“评价值”字段设置界面

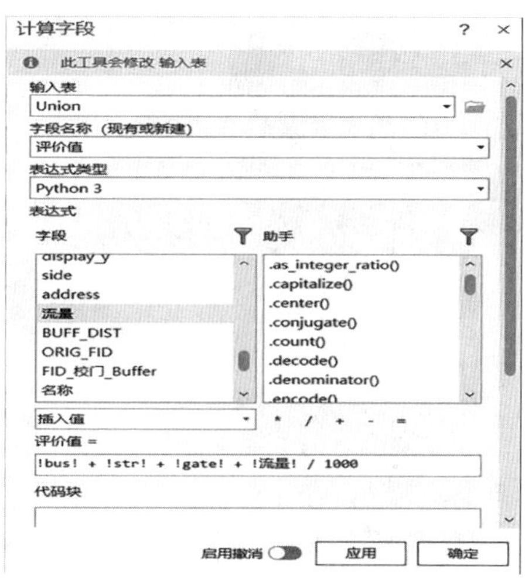

图 5.33　字段计算公式设置界面

(21)双击“Union”图层图例，在【符号系统】中将其设置为“评价值”字段的分级显示(图5.34)，得到整个校园区域的分等定级图(图5.35)，颜色越深，满足的条件越多，就越是优选区域。

图5.34　符号系统设置界面

图5.35　校园共享电动车停车点分等定级图

七、总结与思考

本实验以武汉大学为例，通过网络分析、缓冲区分析、空间插值等方法，综合五项影响受众选择该租赁点共享电动车的地理要素，对校内现存共享电动车租赁点布局做出了评价。将校园共享电动车停车点分等定级图与缓冲区分析结果图相叠加，可以得到校内共享电动车停放点可达性分布图(图5.36)。

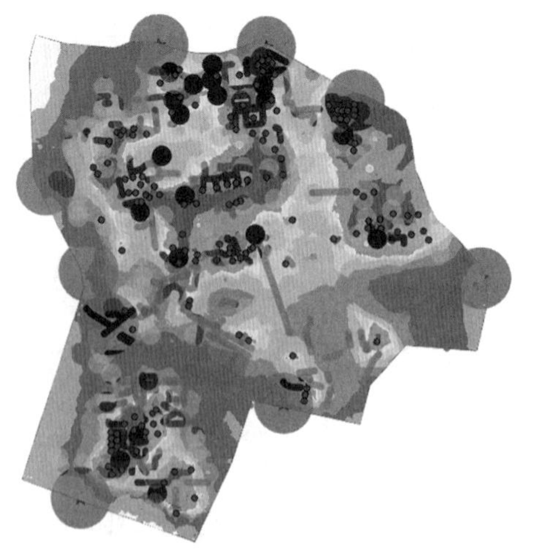

图5.36　校内共享电动车停放点可达性分布图

(1)依据校内共享电动车停放点可达性分布图可知，校内共享电动车停车点分布基本覆盖本部所有教学区，偶有涉及校内居民生活区；

(2)文理学部樱花大道、信息学部星湖三路、工学部松园西路因有道路连接几个连续的停车点，共享电动车停放点可达性较高；湖滨宿舍区、枫园宿舍区、桂园宿舍区因临近位置设置的停车点较多而可达性较高；

(3)自强大道、梅园二路、校大门处由于设置的停车点较少而可达性较低，可酌情增加点位；珞珈山及其周边因停车点设置较少以及环山道路较不通畅，可达性较低；

(4)文理学部与信息学部间停车点位的连通性较差，且该路段途经人流量较大的校大门区域，可考虑增设点位；

(5)依据校内共享电动车停车点分等定级图可知，校内共享电动车停车点基本分布于较优选的区域；

(6)文理学部校大门、樱花大道与自强大道路口、工学部茶港门、工学部北侧教学区等地停车点设置优选等级较高，但点位分布较少，可考虑根据实际需求情况增设点位。

因为研究手段的限制，本实验将各租赁点抽象为点状要素进行研究，未考虑各租赁点面积与停车量对受众选择的影响，以及不同时间段校园内人流状况对共享电动车使用的影响，后续研究需对此进行完善，以期为校园共享电动车租赁点选址提供更准确的建议。

可达性是指一个地理区域内不同点之间的相互关联程度。城市的可达性越高，人们在日常生活中的交通成本会越低，交通效率会越高。因此，进行可达性分析有助于评估城市规划方案的合理性，为城市发展提供决策依据。

可达性分析在城市发展中发挥着重要的作用，下面从以下几个方面进行具体探讨。

(1)住宅规划：在住宅规划中，可达性分析可以帮助决策者选择合适的用地，确保居民生活的便利。通过评估周边的交通网络和服务设施，如学校、医院和商业中心，可以提供更好的住房选择，满足人们日常生活的需求。

(2)商业规划：商业区的规划也需要考虑可达性因素。通过评估周边的交通网络，确定商业中心所在地的交通便利性，可以吸引更多的消费者，提高商业发展的可持续性。

(3)公共设施规划：公共设施的规划也需要考虑可达性分析。例如，教育设施的规划应该考虑学生的通勤时间和交通成本，医疗设施的规划应该考虑患者的交通便利性，等等。通过合理规划公共设施的位置，可以提高城市居民的生活质量。

◎ 本实验参考文献

[1]徐逸，朱江宇，赵静敏．大学校园共享电动车的推广使用及存在问题研究——以徐州市高校为例[J]．现代商业，2020，562(9)：28-30.

[2]王丹．校园共享电动自行车顾客满意度影响因素实证研究[J]．中国商论，2020，817(18)：95-99.

[3]傅肃性．地理信息系统的理论与应用发展[J]．地理科学进展，2001(2)：192-199.
[4]吴红波，郭敏，杨肖肖．基于GIS网络分析的城市公交车路网可达性[J]．北京交通大学学报，2021，45(1)：70-77.
[5]王亚妮．基于GIS网络分析的西安市城区地铁站点可达性评价[J]．西安文理学院学报(自然科学版)，2022，25(3)：106-111.
[6]朱晓杨，干宏程，刘勇，等．共享单车停车站点选址研究[J]．物流技术，2019，38(6)：74-78.
[7]Luis MMartinez, et al. An Optimisation Algorithm to Establish the Location of Stations of a Mixed Fleet Biking System: An Application to the City of Lisbon[J]. Procedia-Social and Behavioral Sciences, 2012, 54: 513-524.
[8]王雷，姚志强，鹿凤．基于GIS网络分析的公共自行车租赁点布局评价[J]．交通科技与经济，2017，19(5)：38-41，47.
[9]李林凤，李进强，耿莲．基于GIS的城市共享单车虚拟站点选址规划——以闽江学院校区为例[J]．智能城市，2019，5(20)：4-8.
[10]白俊，荆威，王孟达，等．校园共享单车停车点选址综合评价[J]．科技传播，2020，12(11)：163-165.
[11]韩雪，束子荷，沈丽，等．基于GIS网络分析的池州市主城区公园绿地可达性研究[J]．池州学院学报，2021，35(3)：87-91.
[12]李新，程国栋，卢玲．空间内插方法比较[J]．地球科学进展，2000(3)：260-265.
[13]戴晓爱，仲凤呈，兰燕，等．GIS与层次分析法结合的超市选址研究与实现[J]．测绘科学，2009，34(1)：184-186.
[14]谢华，都金康．基于优化理论和GIS空间分析技术的公交站点规划方法[J]．武汉理工大学学报(交通科学与工程版)，2004(6)：907-910.

实验六　社会公共充电站空间布局的评价及优化研究

一、实验目的和意义

进入21世纪，在全球环境问题、资源问题日益严峻的背景下，以可再生能源为主要动力来源、行驶过程中可实现零排放的纯电动汽车正在全球范围内引发新一轮的交通革命。我国城市纯电动汽车的推广虽还处于起步阶段，但通过前期各地政府的政策引导，外加纯电动汽车具有环保、噪声小、保养方便等先天优势，目前全国电动汽车保有量呈高速增长态势。但受电池容量的限制，解决电动汽车“充电难”“充电慢”的问题成为影响我国电动汽车进一步推广普及的关键。为了更好地解决这一问题，除了相关行业内部需要积极进行新技术的开发外，公共充电基础设施作为电动汽车出行的重要保障，增加其建设数量，提高其布局规划的前瞻性、合理性，可直接缓解电动汽车的出行焦虑，并成为促进新能源汽车企业发展、推进新型电力系统建设、助力“双碳”目标实现的重要支撑，理应得到政府及社会层面的广泛关注和重视。

本实验的研究目的是从城市空间的视角出发，采用定性评价，结合定量分析，对武汉市武昌区、青山区、洪山区、江夏区四区已建成的公共充电站现状进行评价和研究，通过搜集数据，利用 GeoScene Pro 软件的空间分析功能，对其发展现状、分布特征等信息进行描述、分析，概括其特征；进而从服务覆盖度、与周边现有基础设施的协调性以及充电站自身的安全性等多角度进行评价，并依据多准则进行优化选址的模拟。

二、实验内容

(1)学习 GeoScene Pro 中核密度分析、泰森多边形、缓冲区分析等工具的使用；

(2)学习路网的构建及网络分析方法的应用；

(3)学习对 POI 数据空间分布特征的综合分析方法；

(4)学习基于已知需求点 POI 数据求设施候选点的方法；

(5)学习利用网络分析模型进行候选站址优化的方法。

三、实验数据

本实验相关数据见表 6.1

表 6.1　　实验数据表

数据	类型	数据格式
大武昌地区范围	面状要素	shp 文件
大武昌地区范围内路网	线状要素	shp 文件
大武昌地区范围内现有充电站	点状要素	shp 文件
大武昌地区范围内用地分类	面状要素	shp 文件
大武昌地区范围内水域	面状要素	shp 文件
大武昌地区范围内消防站	点状要素	shp 文件

四、实验流程

GeoScene Pro 中实现对现有站址布局的描述性分析，首先应导入待评价点位，运用核密度分析工具，观察待评价点位的分布状态；其次使用泰森多边形工具，求出待评价点位的服务区域划分；最后运用泰森多边形的 *CV* 值判断待评价点位的分布类型。

GeoScene Pro 中实现对现有站址布局的进一步分析，首先应利用交通路网数据构建网络要素数据集，其次提出分析的三个方向：需求满足度、协调性和安全性。需求满足度分析涉及的内容有：基于缓冲区分析工具计算待评价点位对区域的服务覆盖率以及基于网络分析计算需求点到待评价点位的距离成本。协调性分析涉及的内容有：基于叠加分析工具、数据统计工具对不同类型用地上待评价点位的数量统计及分布密度计算。安全性分析涉及的内容有：基于缓冲区分析、擦除工具的交通安全性分析以及基于 OD 成本矩阵和插值分析工具的发生火情时周边消防站派车到待评价点位的可达性分析。

GeoScene Pro 中实现基于上述分析方向、评价准则的优化选址模拟，需要经历三个步骤：候选站址的初步选择、候选站址的优化以及最终优化成果的验证。候选站址的初步选择涉及的内容有：基于需求点泰森多边形质心的候选站址初选、基于擦除工具的水域面上候选站址的去除。候选站址的优化涉及的内容有：基于缓冲区分析、赋值工具的对多准则条件赋分值权重，基于叠加分析的候选站址打分以及基于最小化设施点分析模型的最终优化。优化成果验证则基于以需求点为起始点、目的地点分别为优化选址结果和最初待评价点位的 OD 成本矩阵分析。

具体实验逻辑过程如图 6.1 所示。

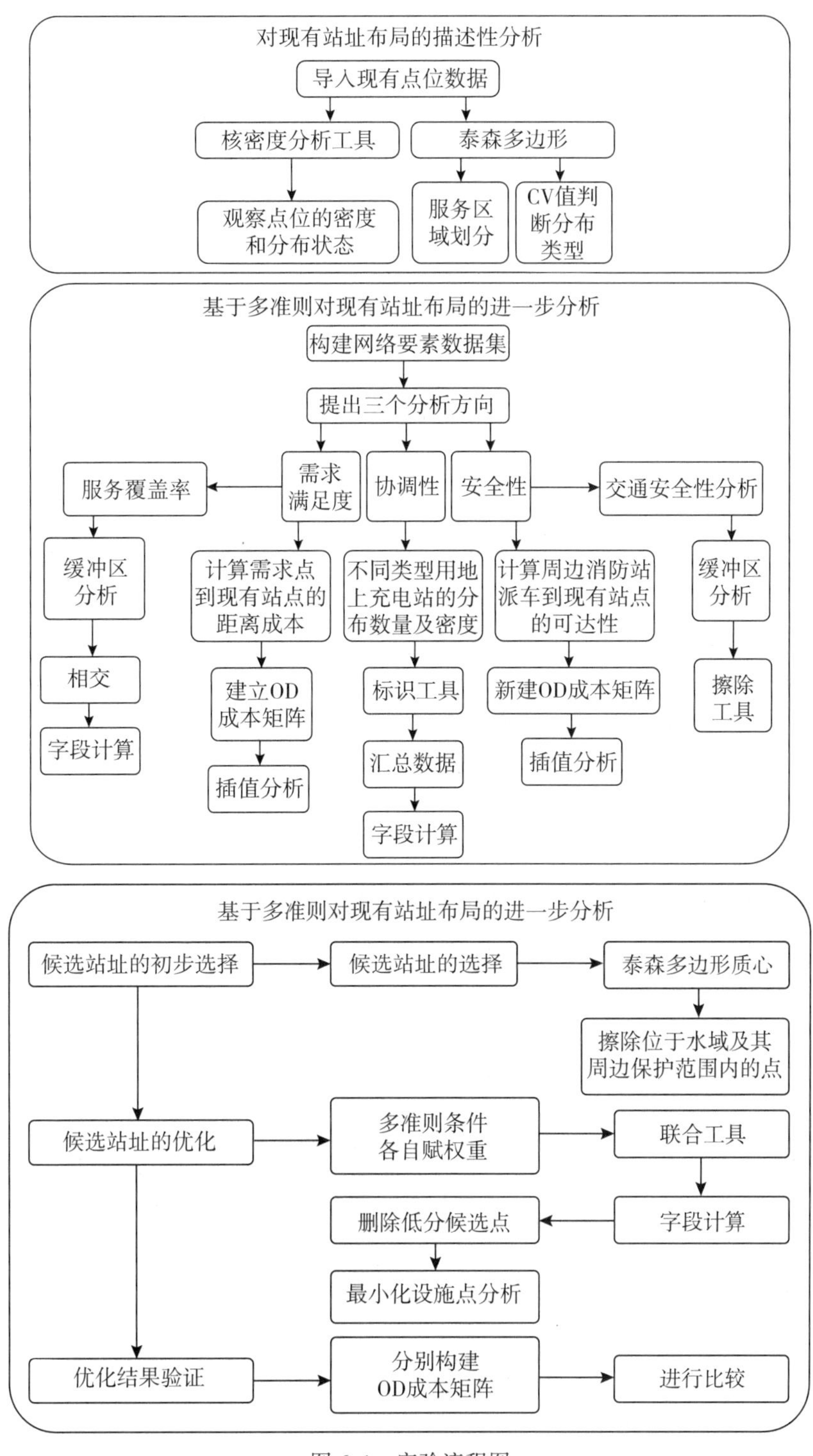

图 6.1　实验流程图

五、模型结构

图解建模是指用直观的图形语言将一个具体的过程模型表达出来。在这个模型中分别定义不同的图形代表输入数据、输出数据、空间处理工具，它们以流程图的形式进行组合并且可以执行空间分析操作功能。图 6.2 所示为本实验选题对现有站址布局的描述性分析以及对现有充电服务设施空间布局分析及评价的部分模型结构图。

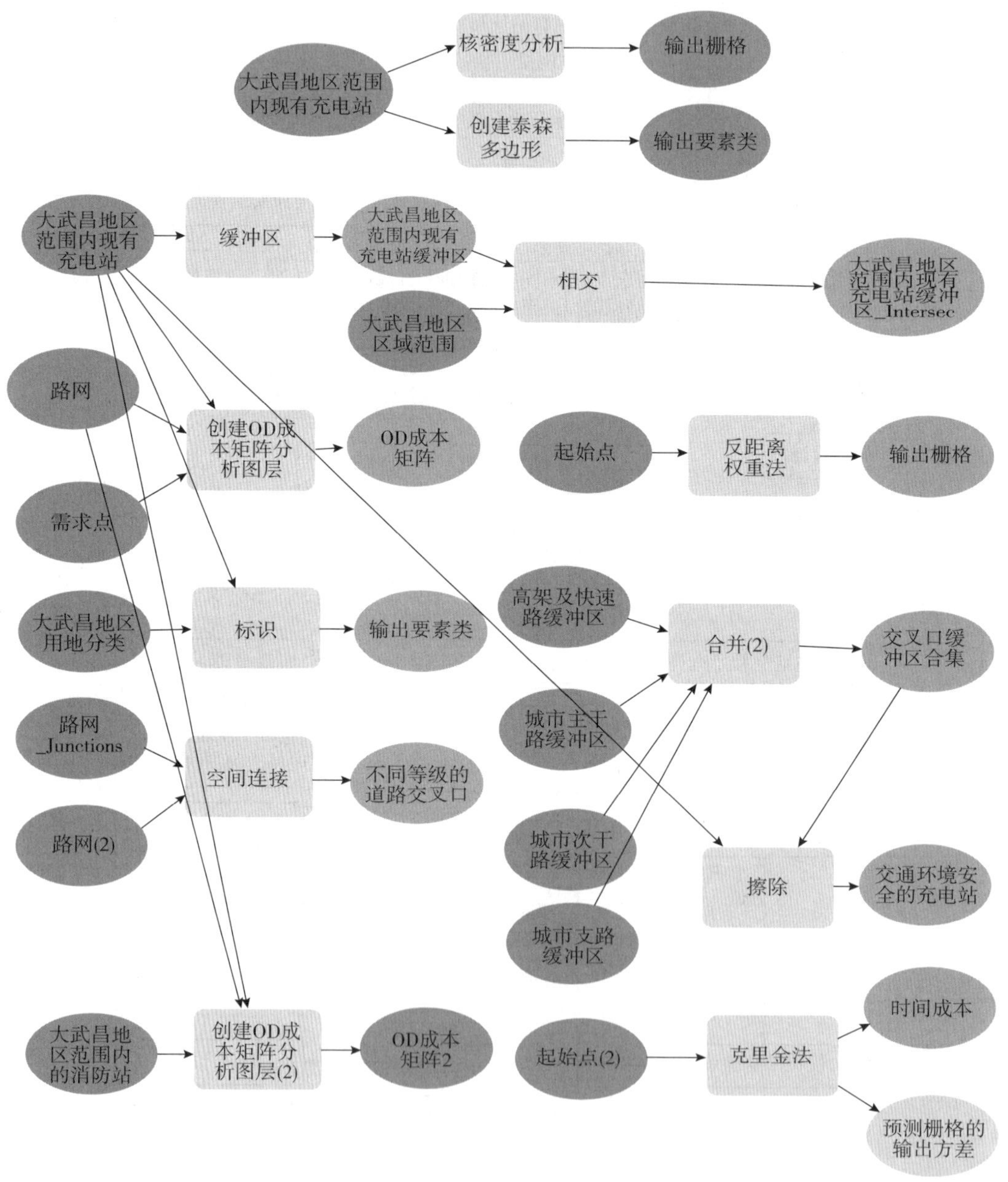

图 6.2　部分模型结构图

六、操作步骤

(一)分析大武昌地区范围内现有充电站分布特征

1. 新建文件地理数据库

打开 GeoScene Pro，点击【新建文件地理数据库(地图视图)】。

2. 添加数据

单击导航栏中的【添加数据】(图 6.3)，选择数据文件中的“大武昌地区范围内现有充电站”和“大武昌地区范围”，点击【确认】，向地图中添加大武昌地区范围内现有充电站的 POI 数据和大武昌地区范围 AOI 数据(图 6.4)。

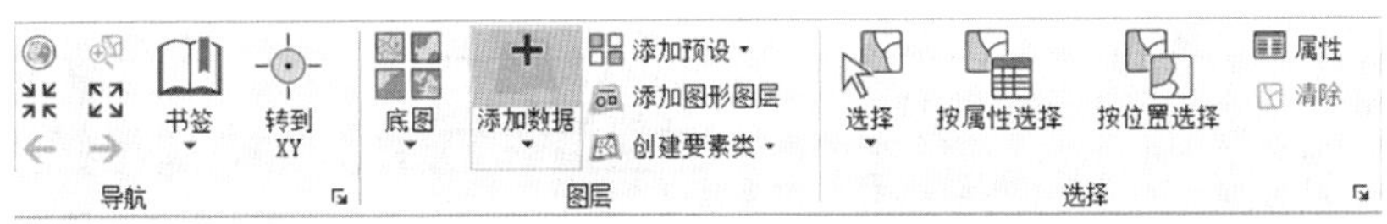

图 6.3 “添加数据”步骤导航栏

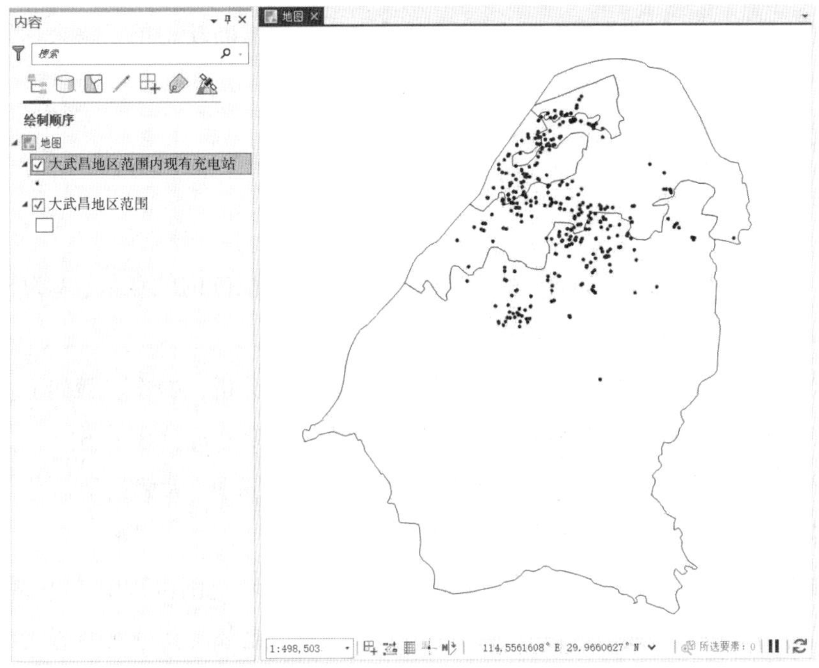

图 6.4 大武昌地区范围内现有充电站 POI 数据及大武昌地区范围 AOI 数据

3. 通过核密度分析法计算充电站分布密度的趋势变化

首先在菜单栏中找到【环境】，单击打开，在【处理范围】栏处选择“大武昌地区范围”(图 6.5)。

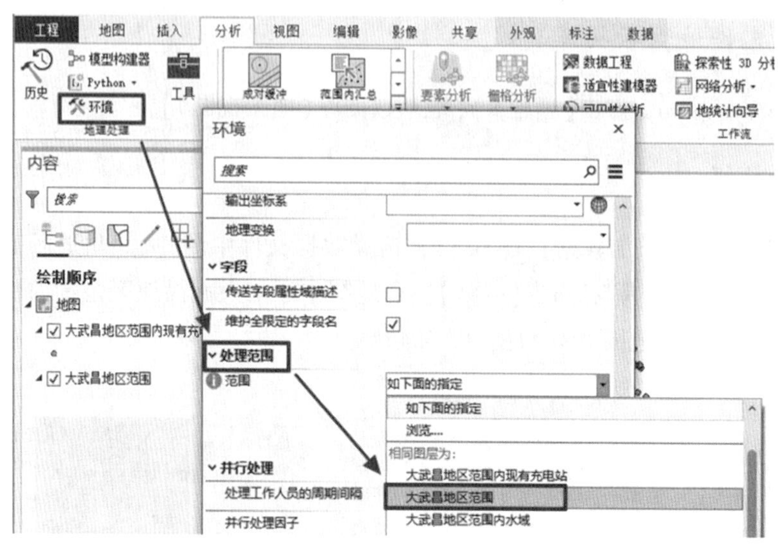

图 6.5　设置处理范围

核密度估计法是一种非参数的表面密度估计方法，它借助动态单元格来估算空间点位的密度值。

核密度估计法的计算公式见式(6.1)：

$$f_n(x) = \frac{1}{nh}\sum_{i=1}^{n} k\left(\frac{x - x_i}{h}\right) \tag{6.1}$$

式中，$f_n(x)$为充电站分布点位的核密度估计值；n 为带宽范围内的点数；k 为核函数；$x-x_i$是估计农村居民点 x 到 x_i之间的距离；h 为带宽。

对大武昌地区范围内现有充电站 POI 数据进行核密度分析，操作步骤如下：

点击【工具箱】中的【密度分析】工具，点击选择【核密度分析】(图 6.6)。

打开核密度分析界面后，在【输入点或折线要素】一栏选择“大武昌地区范围内现有充电站”，按图 6.7 所示填写对应内容后点击【运行】。

运行结果如图 6.8、图 6.9 所示。可知大武昌地区区域范围内现有充电站分布不均，主要分布于青山区南部、武昌区以及洪山区南部、江夏区北部。其分布核心大致位于武昌区、青山区，在全域范围内自北向南、自西向东分布密度递减。

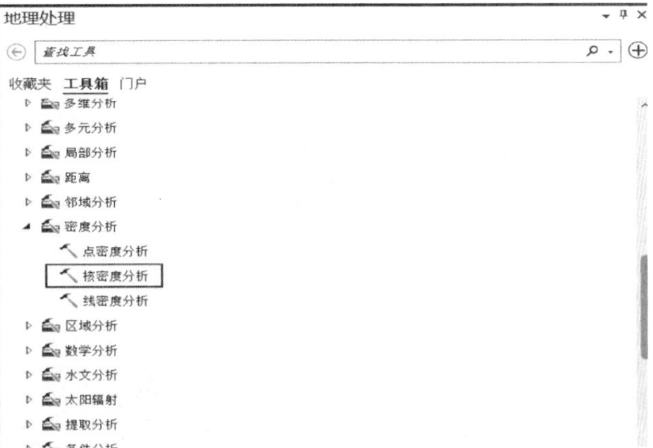

图 6.6　核密度分析工具的查找

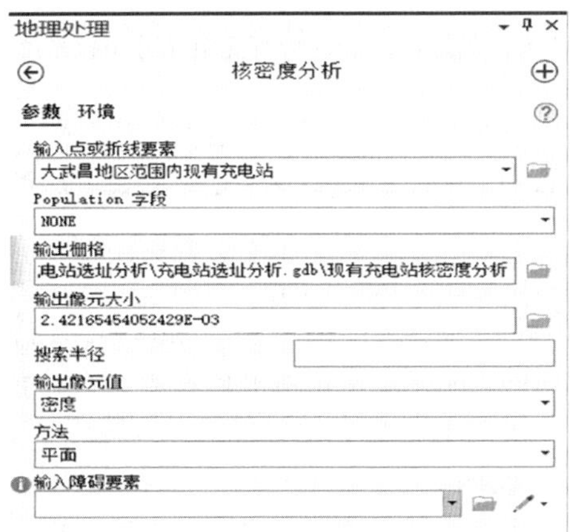

图 6.7　核密度分析界面

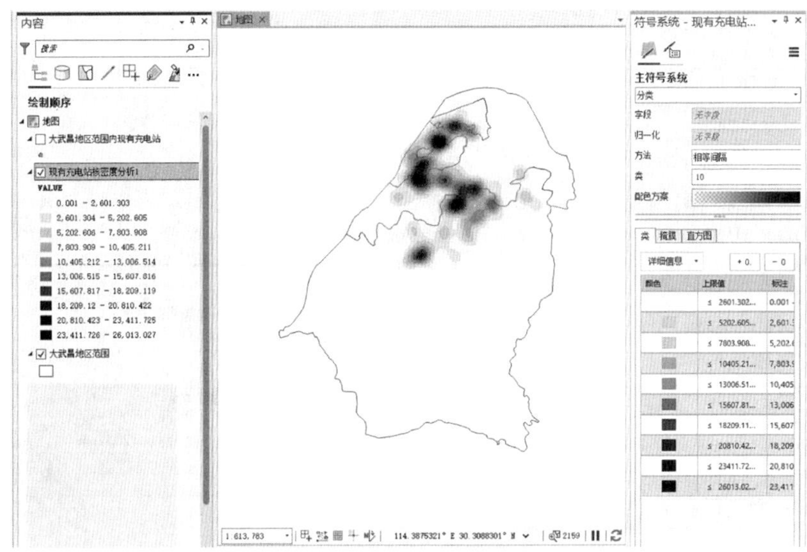

图 6.8　核密度分析处理结果界面

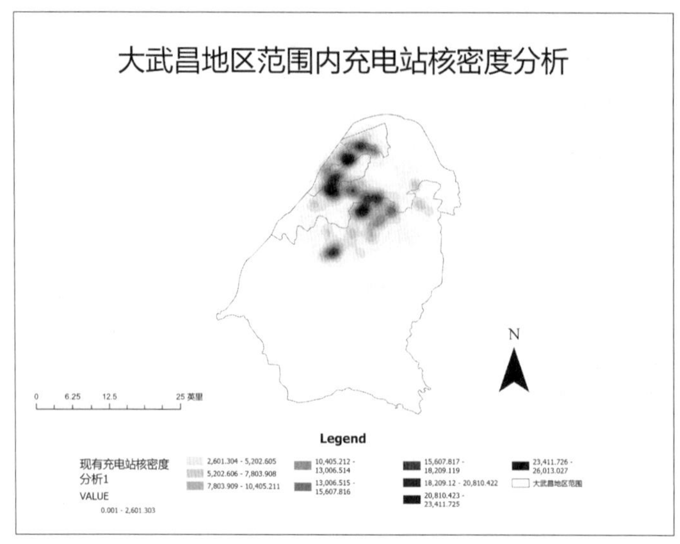

图 6.9 大武昌地区范围内现有充电站分布核密度分析图

4. 利用泰森多边形法计算充电站在大武昌地区的分布类型及其服务范围

泰森多边形是对空间平面的一种剖分。其特点是多边形内的任何位置离该多边形的样点(如居民点)的距离最近，离相邻多边形内样点的距离远，且每个多边形内包含且仅包含一个样点。现用各区现有公共充电站的 POI 数据构建泰森多边形。

点击【工具箱】中的【分析工具】，点击【邻近分析】，选择【创建泰森多边形】(图 6.10)。

打开创建泰森多边形界面后，在【输入要素】一栏选择“大武昌地区范围内现有充电站”，按图 6.11 所示填写对应内容后点击【运行】。

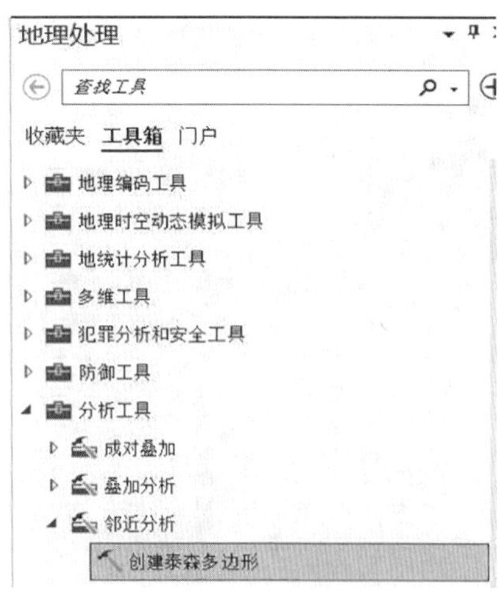

图 6.10 创建泰森多边形工具

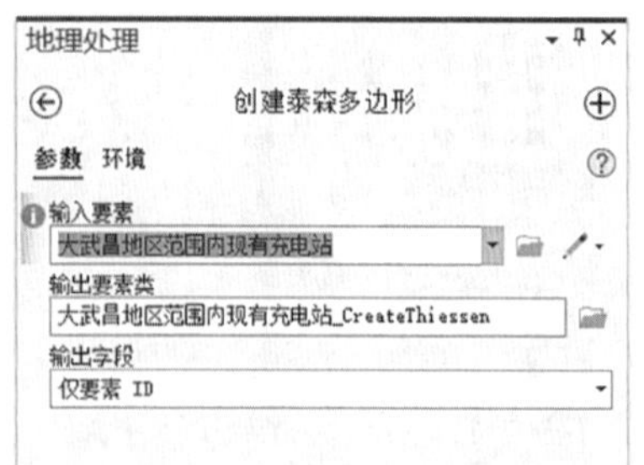

图 6.11 创建泰森多边形界面

运行结果如图 6.12 所示。

图 6.12　创建泰森多边形结果

点击【工具箱】中的【分析工具】，点击【提取分析】，选择其中的【裁剪】工具(图 6.13)。

打开裁剪界面，按图 6.14 所示填写对应内容后点击【运行】。

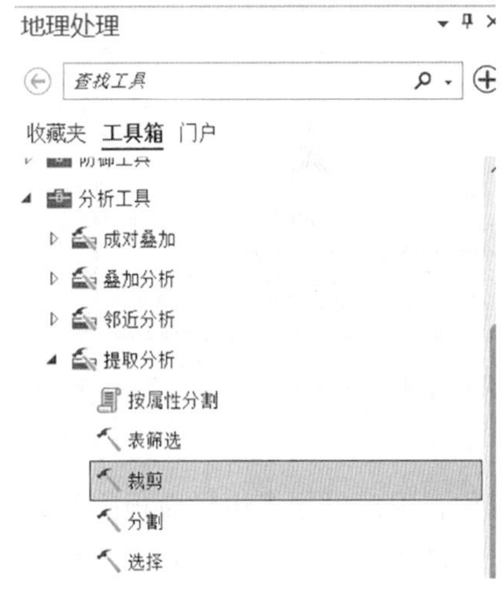

图 6.13　裁剪工具

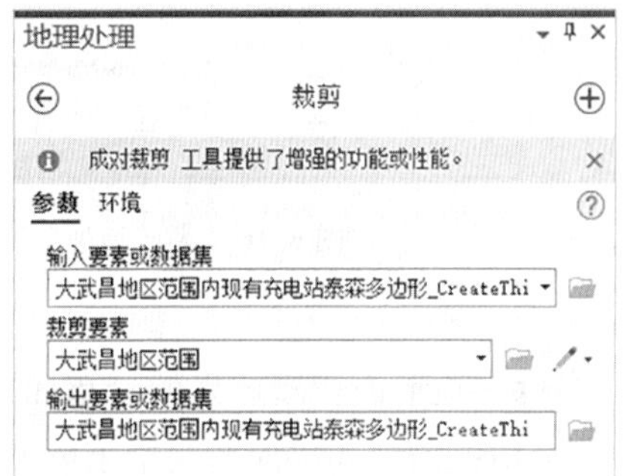

图 6.14　裁剪工具界面

运行结果如图 6.15、图 6.16 所示。

图 6.15　裁剪工具运行结果

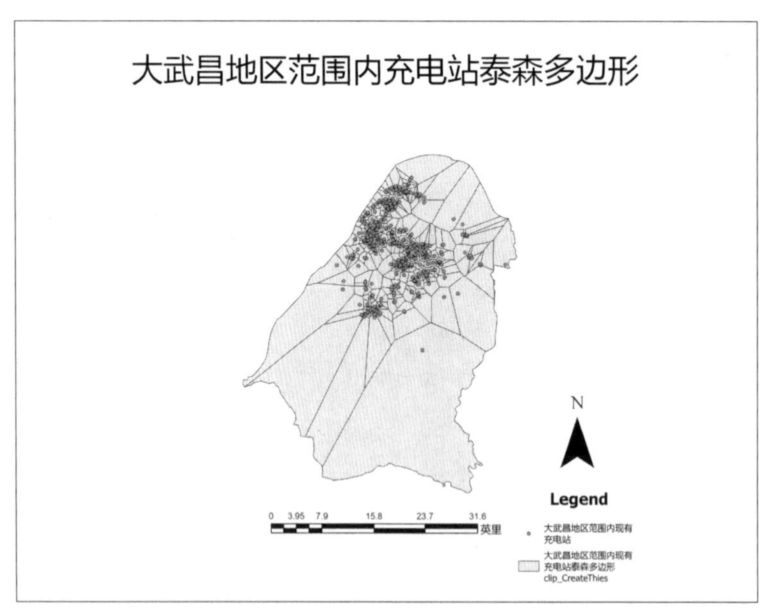

图 6.16　大武昌地区范围内现有充电站泰森多边形

由于泰森多边形面积随点集的分布而发生变化，因此可用多边形面积的变异系数 CV 值(即泰森多边形面积的标准差与平均值的比)来衡量凸多边形面积的变化程度，从而评估样点的分布类型。CV 值计算公式如下：

$$R = \sqrt{\frac{\sum (S_i - S)^2}{n}} \quad (i = 1, 2, 3, \cdots, n) \tag{6.2}$$

$$\mathrm{CV} = \frac{R}{S} \times 100\%$$

式中，S_i 是第 i 个多边形的面积；S 为多边形面积的平均值；n 是多边形的个数；R 为标准差。当点集分布类型为“均匀”时，多边形面积变化小，CV 值就小；当点集为“集群”分布时，集群内的多边形面积较小，而集群间的多边形面积较大，CV 值也大。

Duyckaert 提出了三个建议值：当点集为“随机分布”时，CV=57%（包括 33%~64%）；当点集为“集群”分布时，CV=92%（包括>64%）；当点集为“均匀分布”时，CV=29%（包括<33%）。

需要注意的是，位于边缘上的点的泰森多边形面积直接受到人为划定边界的影响，边界越大，边缘点的泰森多边形面积也越大；反之，边缘点的泰森多边形面积越小。所以，在计算泰森多边形面积的 CV 值时，要考虑边界的影响。

右键点击裁剪后的泰森多边形图层，打开属性表，新建一个面积字段。如图 6.17 所示。

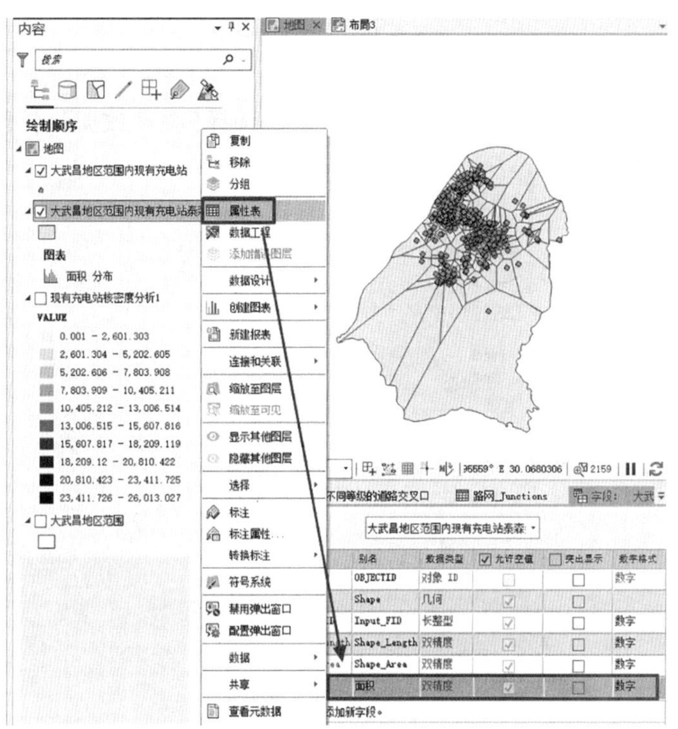

图 6.17　新建面积字段

新建字段完成后，在菜单栏中点击【保存】键（图 6.18）。

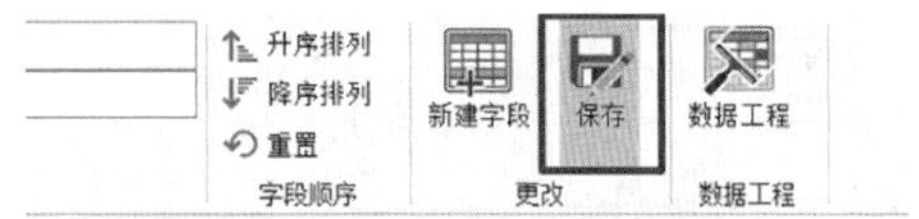

图 6.18　菜单栏中的保存键

返回属性表界面，右键单击新建的“面积”字段的表头，选择【计算几何】，在【计算几何】界面填写内容如图 6.19 所示，填写完毕后点击【确定】。

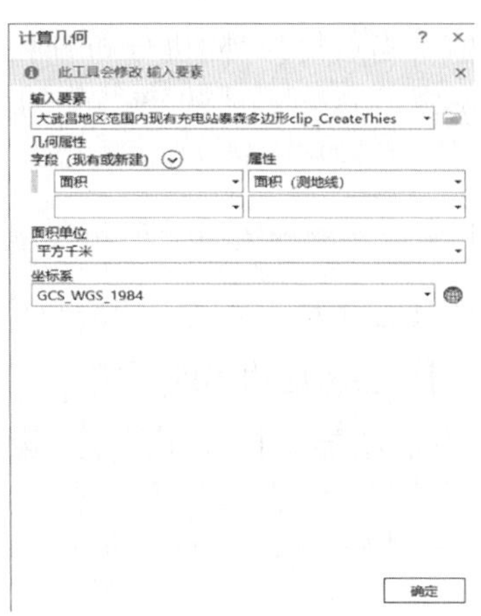

图 6.19　计算几何

计算完毕，再次右键单击“面积”字段的表头，选择【统计数据】，可看到所有泰森多边形面积的统计值(图 6.20)。

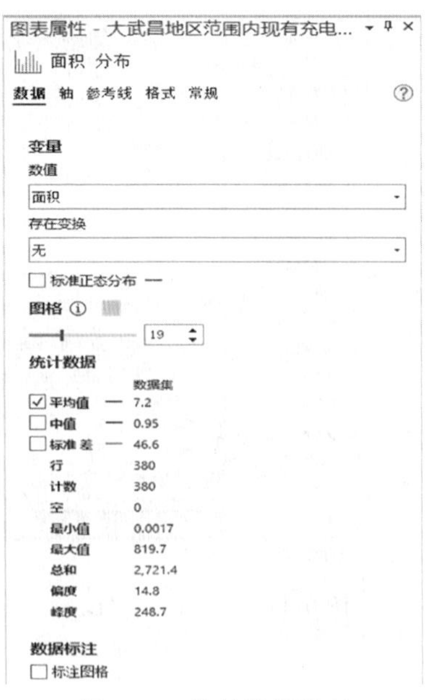

图 6.20　统计数据界面

可知，依据现有充电站构建的泰森多边形面积的平均值为 7. 2，标准差为 46. 6。用泰森多边形面积的方差除以平均值，得到其 CV 值约为 674，可知现有充电站在大武昌范围内的分布状态为集群分布。

(二)大武昌地区现有充电服务设施空间布局的分析及评价

1. 需求满足度评价——基于缓冲区分析计算服务覆盖率

空间分析中的缓冲区分析方法是对一组或一类地理要素(包括点、线、面)按设定的距离条件，围绕这组要素而形成具有一定范围的多边形实体，从而实现数据在二维空间扩展的信息分析方法。利用 GeoScene Pro 中的分析工具【邻域分析】工具进行缓冲区分析，以现有公共充电设施的地理空间点位为圆心创建服务区域缓冲区，随后将城市空间图层与空间覆盖情况结合，进行叠置分析，从而得出大武昌地区范围内各行政区充电设施的服务覆盖率。

依据 2021 年 12 月 30 日由中国城市规划学会发布的《电动汽车充电设施布局规划导则》中的规定内容可知，共用充电站的服务半径不宜小于 3km。因此，以 3km 为半径，在 GeoScene Pro 软件中对现有充电站的 POI 数据建立缓冲区，所得缓冲区在各区的范围除以各区占地面积可得各区充电站的服务覆盖率。

打开【工具箱】选择【临近分析】，点击【缓冲区】(图 6. 21)。

依照图 6. 22 所示填写【缓冲区】面板对应内容。填写完成后单击【运行】建立缓冲区。

图 6. 21 【缓冲区】工具

图 6. 22 【缓冲区】界面

建立缓冲区如图 6. 23 所示。

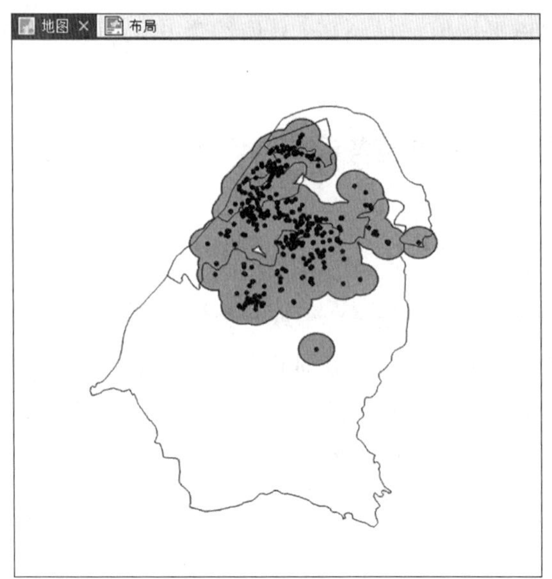

图 6.23　缓冲区结果

右键单击“大武昌地区范围”图层，打开属性表，依照之前的方式计算大武昌地区范围内各区面积(图 6.24)。

再打开【分析工具】，选择【叠加分析】，点击【相交】，生成充电站服务范围缓冲区与大武昌地区各区重叠的部分(图 6.25)。点击【运行】。

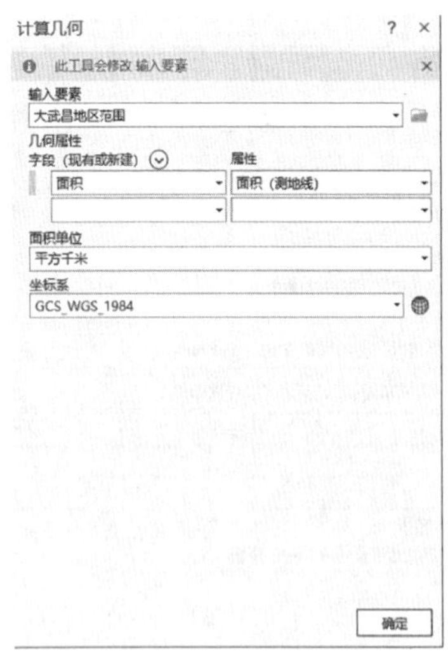

图 6.24　计算几何

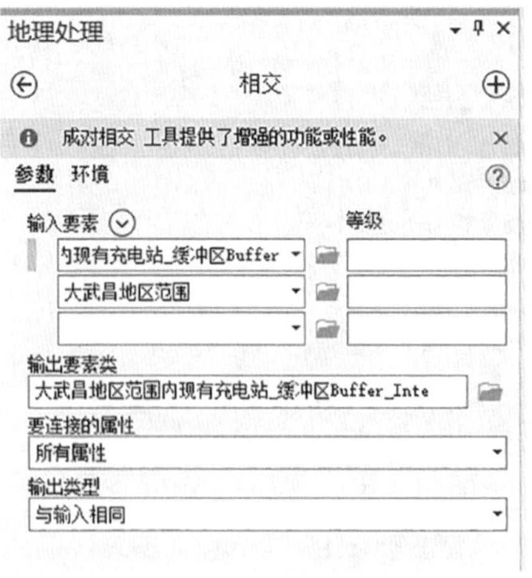

图 6.25　相交工具

所得结果如图 6.26 所示。

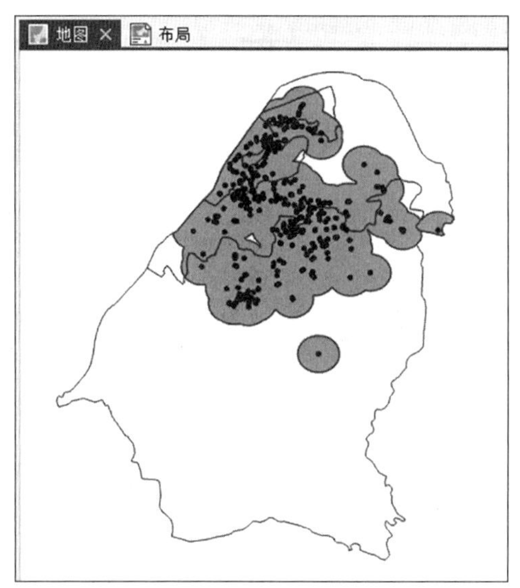

图 6.26 相交结果

右击“大武昌地区范围内现有充电站缓冲区_Intersect”图层，依照之前相同的步骤，计算充电站服务范围缓冲区与大武昌地区各区重叠的部分的面积(图 6.27)。

计算完成后，在“大武昌地区范围内现有充电站缓冲区_Intersect”图层的属性表中再新建双精度字段“服务覆盖度”。右击新建“服务覆盖度”字段表头，选择【计算字段】。在【计算字段】界面如图 6.28 所示填写。

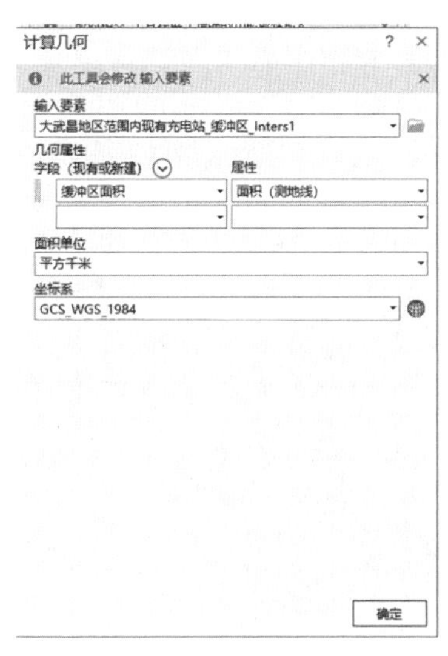

图 6.27 计算重叠面积

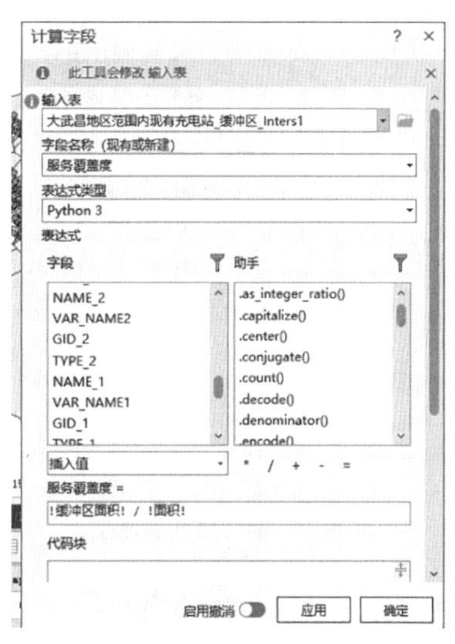

图 6.28 服务覆盖度计算

服务覆盖度计算完成后，返回操作界面，点击菜单栏中的【数据】，选择【可视化】【创建图表】【条形图】(图 6.29)。

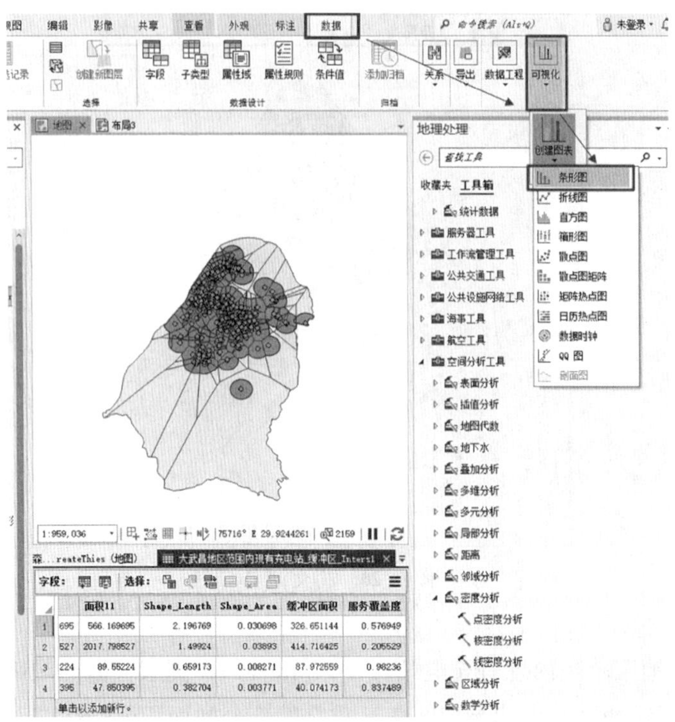

图 6.29　数据可视化图表的创建

在【图表属性】界面编辑如下(图 6.30)：

图表属性 - 大武昌地区范围内现有充电...

按 地名 比较 服务覆盖度

数据　系列　轴　参考线　格式　常规

变量

类别或日期

地名

聚合

<无>

数值字段

＋选择

服务覆盖度

分割依据(可选)

数据标注

☐标注条柱

排序

A-Z X 轴升序

图 6.30　条形图创建界面

在【常规】界面更改图表标题为“大武昌地区范围内各区现有充电设施服务覆盖度”。导出可视化图表如图 6.31 所示。

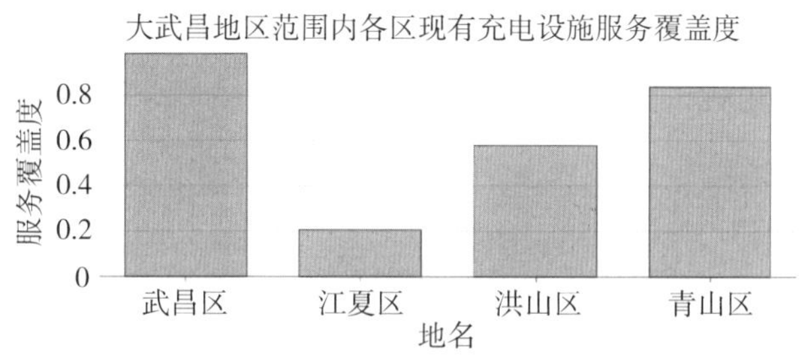

图 6.31　可视化图表创建结果

由图 6.31 可知，大武昌地区范围内各区中，武昌区、青山区现有充电站服务覆盖程度较高，其中武昌区的服务覆盖度最好，江夏区现有充电站服务覆盖程度最低，需要改善。

2. 需求满足度评价——基于网络分析计算需求点到现有充电站的距离成本

空间分析中的网络分析方法是依据网络拓扑关系，通过考察网络元素的空间及属性数据，以数学理论模型为基础，对地理网络(如交通网络)、城市基础设施网络(如各种网线、电缆线、排水管道等)进行地理分析和模型化后，通过研究网络的状态及模拟和分析资源在网络上的流动和分配情况，解决网络结构及其资源等的优化方法。以大武昌地区范围内包含高架及快速路、城市主干路、次干路、支路四类道路类型的路网数据构建网络数据集，建立 OD 成本矩阵。依据《电动汽车充电设施布局规划导则》所示，居民社区、办公区(写字楼、商务园区)以及商场等购物中心为现阶段车辆充电需求的产生点，即起始点，目的地点为目前现有公共充电设施，以距离为阻抗建立 OD 成本矩阵进行网络分析。

在 GeoScene Pro 中导入需求点数据和大武昌地区范围路网数据如图 6.32 所示。

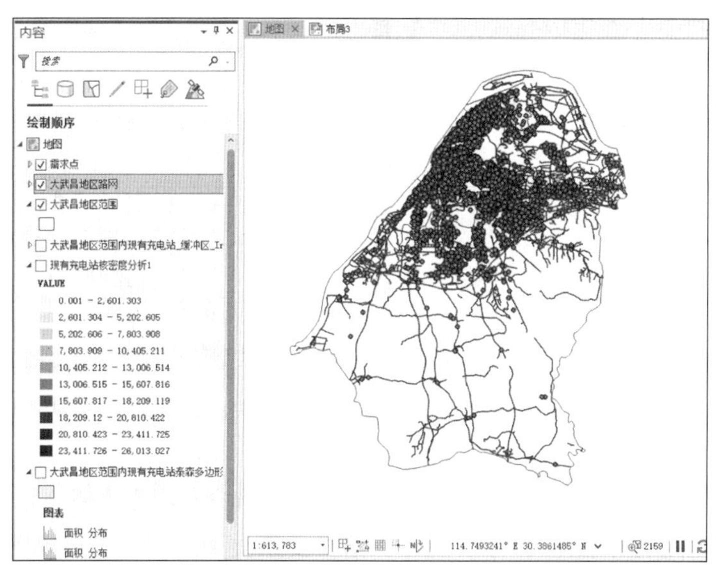

图 6.32　大武昌地区需求点数据和大武昌地区路网数据

打开工程目录，找到当前工程所在数据库，右击选择新建一个要素数据集，命名为“路网”(图6.33)。

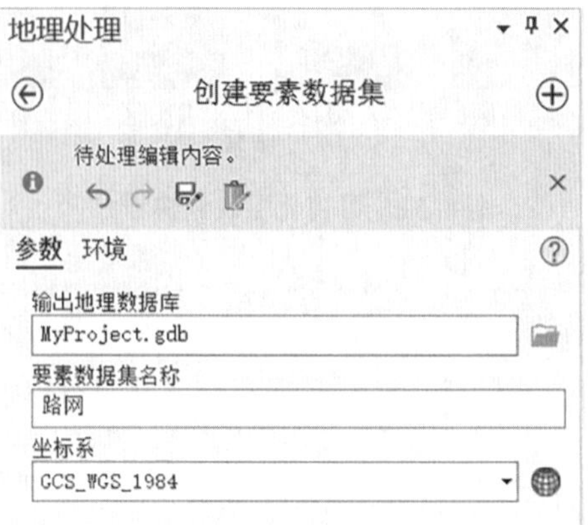

图6.33　新建要素数据集

返回【目录】界面，找到刚刚新建的名为“路网”的数据集，右击选择【导入】【导入要素类】(图6.34)。

在【要素类至要素类】界面填写内容如图6.35所示。

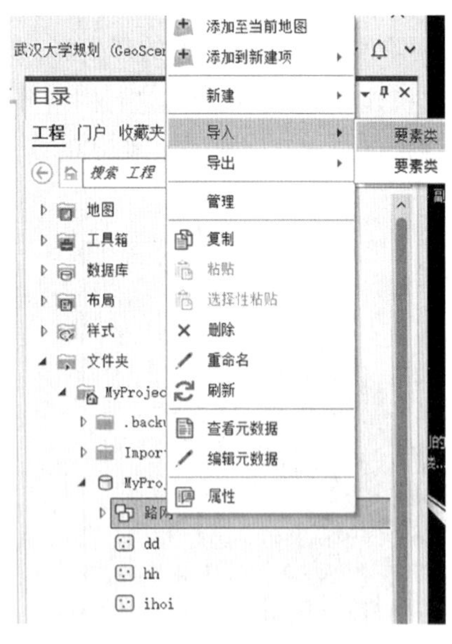

图6.34　导入要素类

图6.35　要素类至要素类界面填写

导入路网要素后，再次右击“路网要素数据集”，选择【新建】【拓扑】，将拓扑名称设置为英文，勾选“路网要素类”，添加规则，选择要素类为路网，添加规则为“不能重叠”“不能有悬挂点”和“不能有伪节点”(图6.36)。汇总，检查各部分设置，点击【确定】对路网建立拓扑关系。

图 6.36　拓扑规则的选择

随后右击“路网_Topology”，选择【验证】。验证后再次右击“路网_Topology”，点击【管理】选项，在【常规】一栏可看到拓扑验证结果(图 3.37)，显示无错误。(如果验证之后显示有错误，实在无法修改，可继续操作，但实验结果可能存在偏差。)

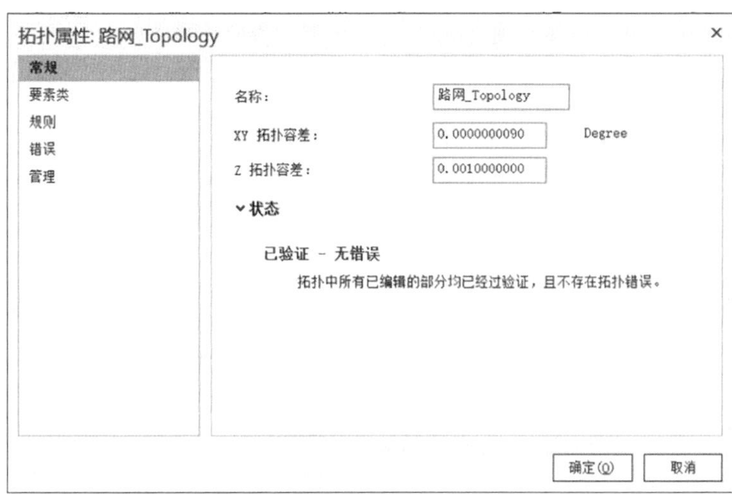

图 6.37　拓扑规则的运行及验证结果

拓扑检查完成后，再次右击“路网数据集”，选择【新建】，点击【网络数据集】(图 6.38)。

填写内容如图 6.39 所示。

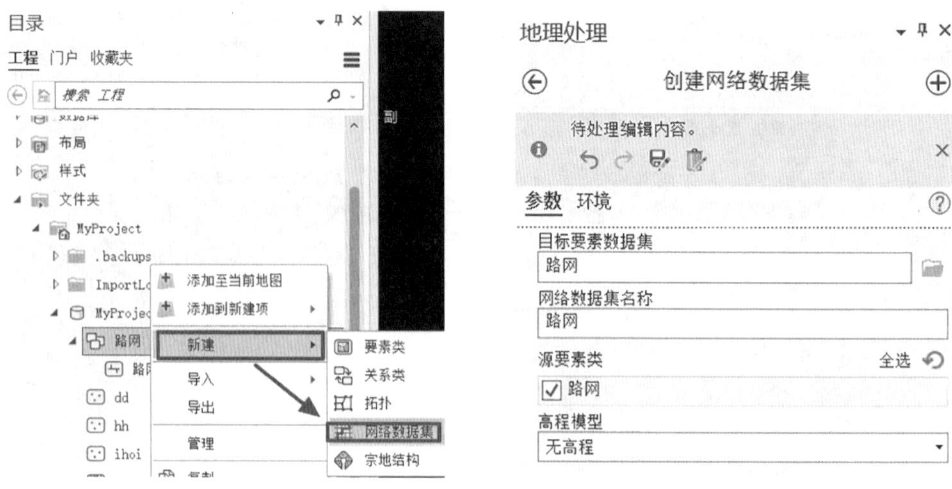

图 6.38　新建网络数据集　　　　图 6.39　创建网络数据集界面的填写

创建网络数据集后，回到【目录】界面，右击新生成的名为“路网”的网络数据集，选择【构建】，将内容选为“路网要素”(图 6.40)。

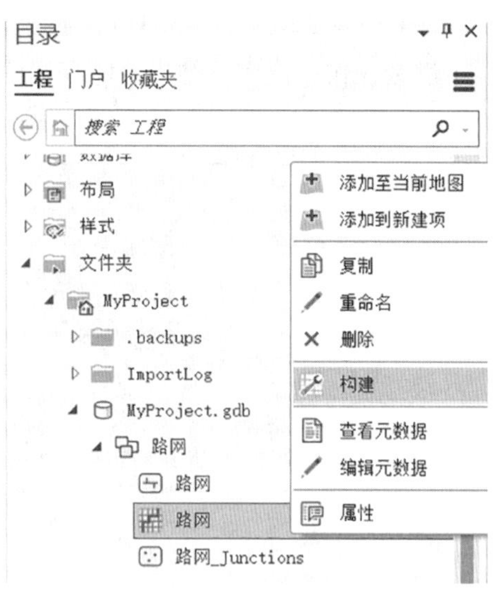

图 6.40　构建路网

构建完成后，再次右击名为“路网”的网络数据集，选择【属性】，在属性界面点击【交通流量属性】。在【成本】界面【距离成本】页进行如图 6.41 所示的填写，“赋值器”内的“值”可以不做修改，默认即可。

右击右上方标识，选择新建一个时间成本，单位为分钟(图 6.42)。

在【时间成本】页面设置如图 6.43 所示。同理，为保证数据的准确性，赋值器内的值可以不做修改，默认即可。

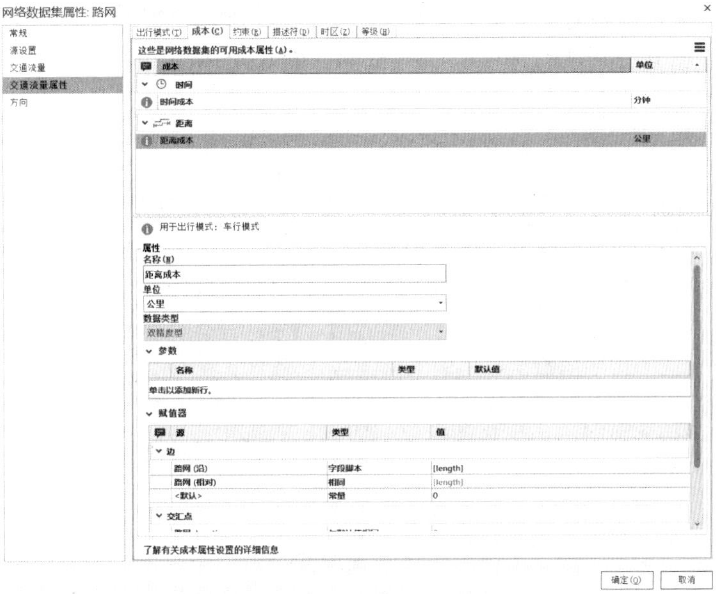

图 6.41 距离成本设置

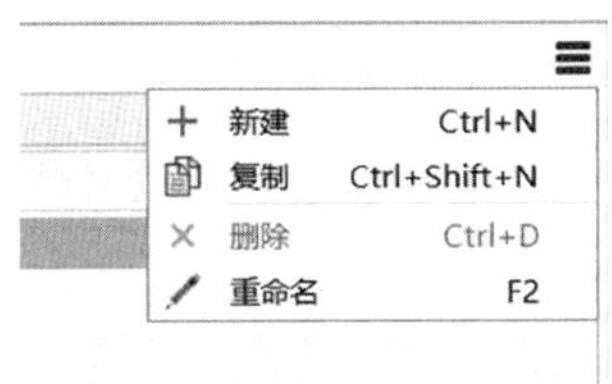

图 6.42 新建时间成本

图 6.43 时间成本设置

随后切换至【出行模式(T)】选项，新建两个出行模式，分别命名为“车行距离模式”和“车行时间模式”，并分别填写选项卡如图 6.44、图 6.45 所示。

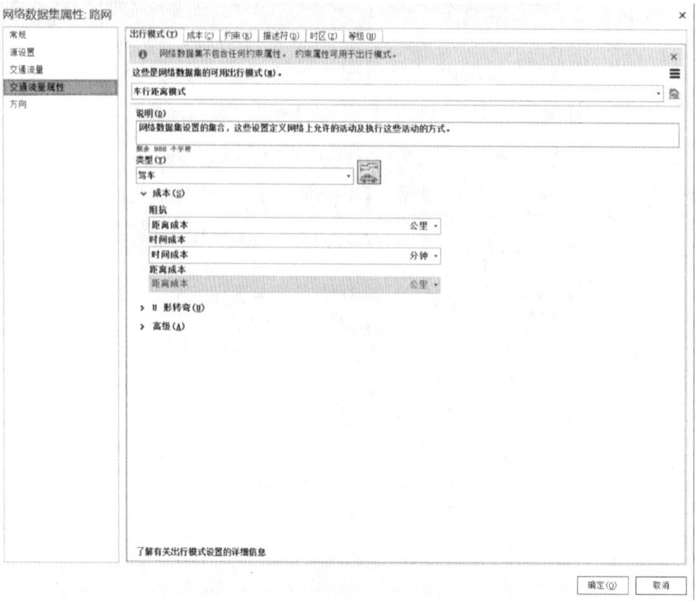

图 6.44　车行距离模式设置

图 6.45　车行时间模式设置

路网构建完成后，在工具箱中选择【网络分析工具】，点击【创建 OD 成本矩阵分析图层】，在界面填写内容如图 6.46 所示。

图 6.46 创建 OD 成本矩阵

运行后在内容列表生成 OD 成本矩阵图层，后点击菜单栏中的【OD 成本矩阵】，可看到输入界面如图 6.47 所示。

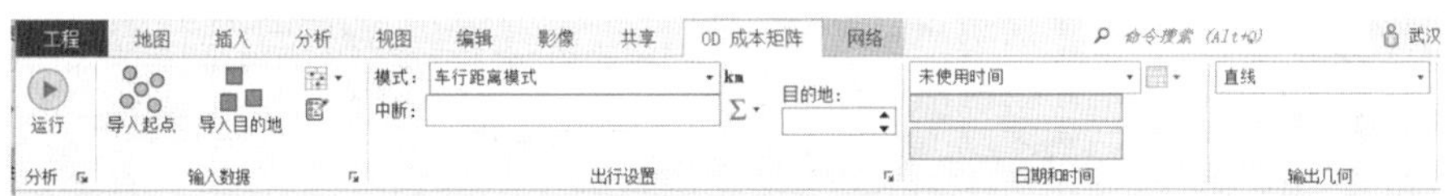

图 6.47 【OD 成本矩阵】设置界面

将“需求点”导入起点，将“大武昌地区范围内现有充电站”导入目的地点，随后点击【运行】，运行完成后结果如图 6.48 所示，右击内容列表中“OD 成本矩阵”下辖的“线图层”，可看到字段“Total_距离成本”。

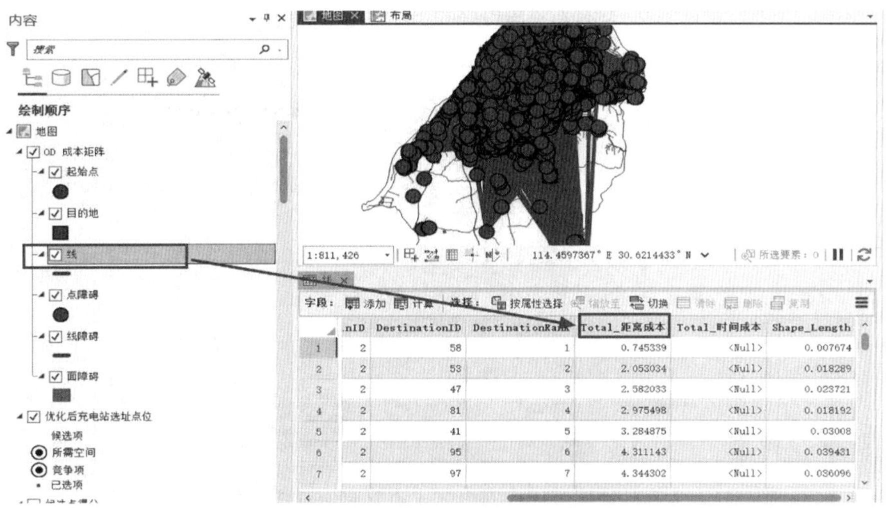

图 6.48 “Total_距离成本”字段

右击【起始点】图层，选择【连接和关联】【添加连接】。在【添加连接】面板填写内容如图 6.49 所示，注意不要将输入连接字段(ObjectID)和连接表字段(OriginID)两者弄混。

点击【确定】后，在【工具箱】中选择【空间分析工具】，点击【插值分析】，选择【反距离权重法】，填写内容如图 6.50 所示。(输出像元大小的默认值可能存在偏差，导致结果不统一。)

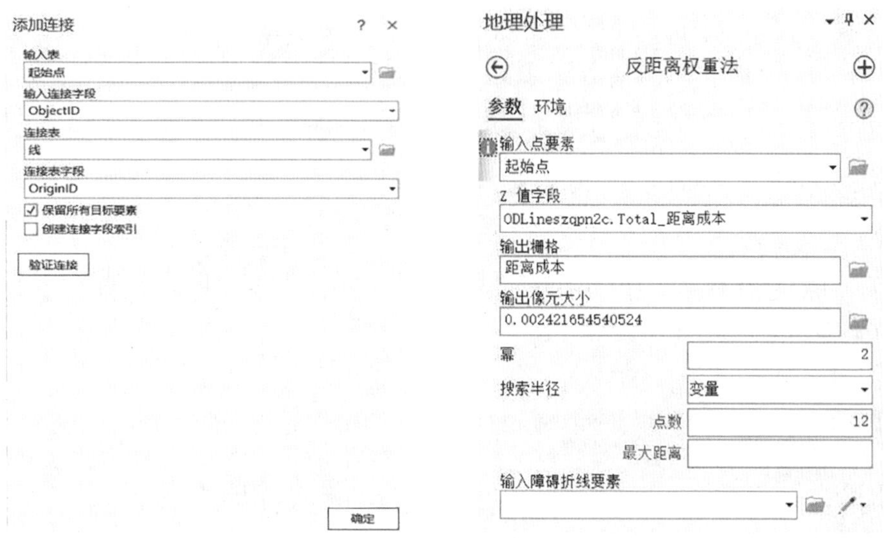

图 6.49　【添加连接】界面内容填写　　　　图 6.50　【反距离权重法】界面内容填写

运行后在内容列表生成距离成本图层，如图 6.51 所示。

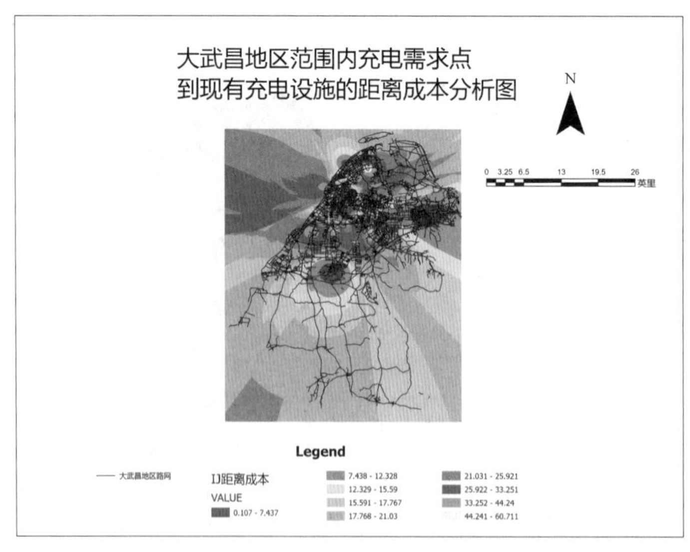

图 6.51　大武昌地区范围内充电需求点到现有充电设施距离成本图

3. 协调性评价——充电站所分布的用地类型分析

为了更精确地得出现有公共充电站的分布特征，导入大武昌地区用地类型分布图(图6.52)。

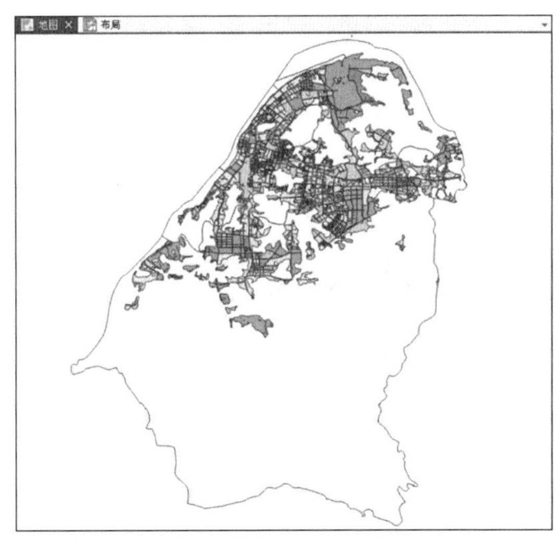

图 6.52 大武昌地区用地类型分布图

打开【工具箱】，选择【分析工具】【叠加分析】【标识】，填写内容如图 6.53 所示。

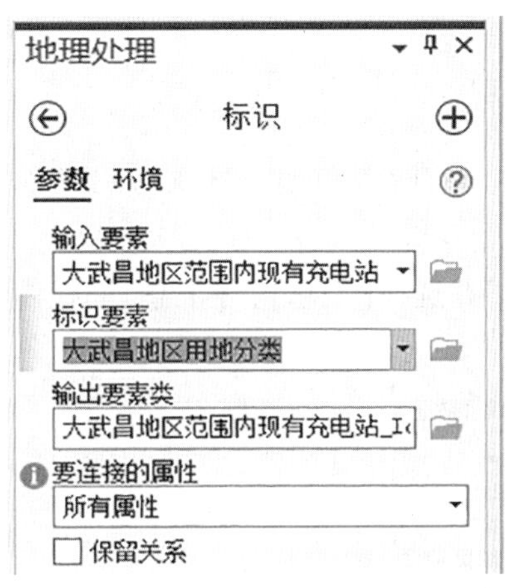

图 6.53 【标识】界面填写

由此得到的新 POI 数据包含该充电站所在位置的用地信息。打开图层“不同类型用地上的充电站”的属性表，找到表头“一级分类”并右击选择【统计数据】，修改图表内容如图 6.54 所示。

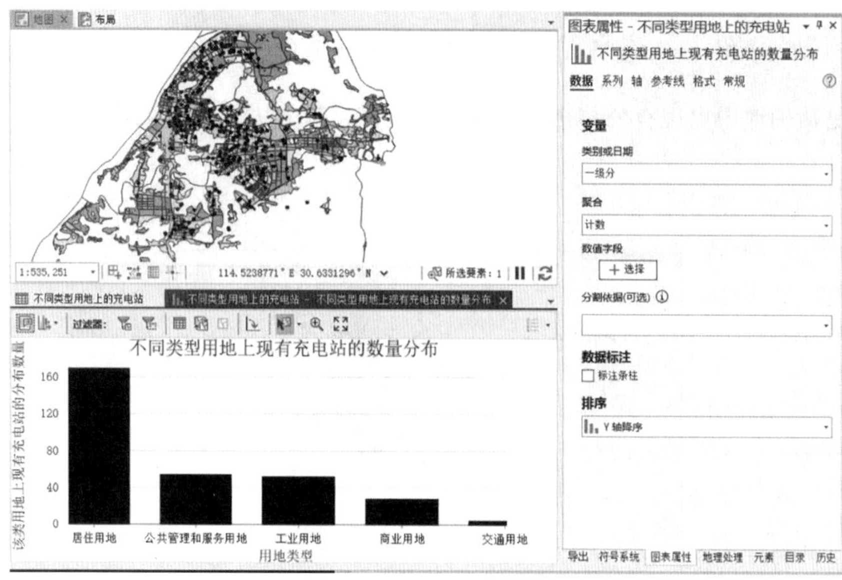

图 6.54　修改“统计数据”图表

导出可视图表(图 6.55)。

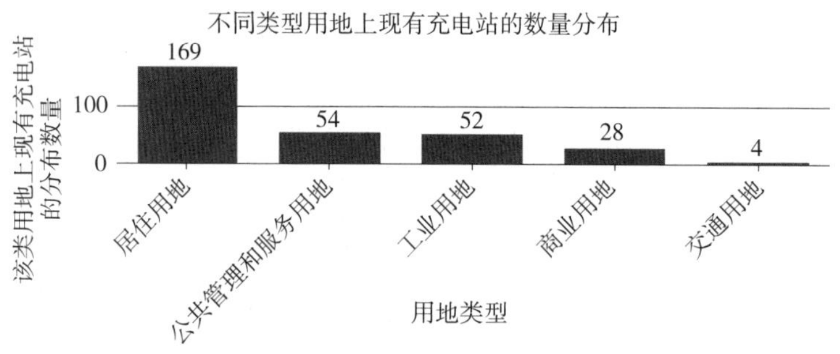

图 6.55　不同类型用地上现有充电站数量分布图表

随后右击表头“一级分类”并选择【汇总】,【汇总】面板内容如图 6.56 所示填写。

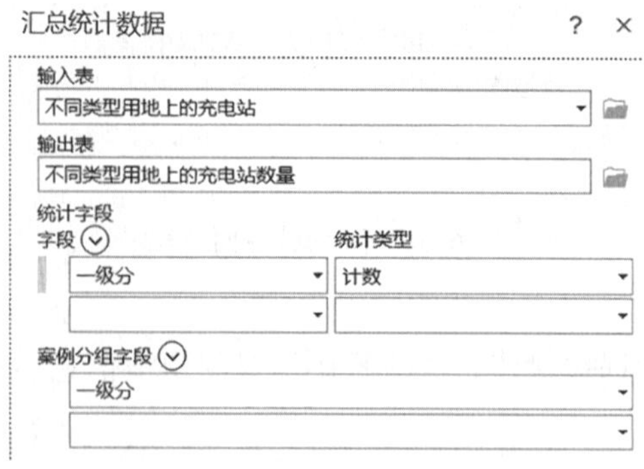

图 6.56　【汇总】界面内容填写

运行后即可在内容列表里看到出现了以“不同类型用地上的充电站数量”为名的独立表，打开后内容如图 6.57 所示。

不同类型用地上的充电站数量

	OBJECTID_1 *	一级分	FREQUENCY	COUNT_一级分
1	1		73	73
2	2	工业用地	52	52
3	3	公共管理和服务用地	54	54
4	4	交通用地	4	4
5	5	居住用地	169	169
6	6	商业用地	28	28

单击以添加新行。

图 6.57 “不同类型用地上的充电站数量”表

同理，打开“大武昌地区用地分类”图层的属性表，找到表头“面积”并右击选择【汇总】，【汇总】面板内容如图 6.58 所示填写。

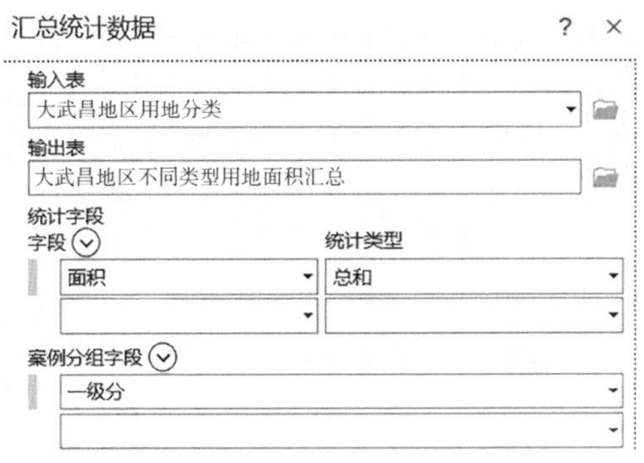

图 6.58 “汇总”界面内容填写

运行后即可在内容列表里看到出现了以“不同类型用地面积汇总”为名的独立表，打开后内容如图 6.59 所示。

各区现有充电设施服务覆盖度 | 大武昌地区用地分类 | 大武昌地区不同类型用地面积汇总

	OBJECTID *	一级分 *	FREQUENCY	SUM_面积	OBJECTID_1	一级分
1	1	工业用地	347	17519.500253	2	工业用地
2	2	公共管理和服务用地	977	15439.55755	3	公共管理和服务户
3	3	交通用地	23	1168.531748	4	交通用地
4	4	居住用地	855	17638.598136	5	居住用地
5	5	商业用地	144	1920.89883	6	商业用地

单击以添加新行。

图 6.59 “不同类型用地面积汇总”表

右击内容列表中的“大武昌地区不同类型用地面积汇总”独立表，选择【连接和关联】，面板内容填写如图 6.60 所示。

依托两表共有的“一级分”字段，将不同类型用地的面积以及该类型用地上所分布的现有充电站数量汇总到同一表中。如图 6.61 所示。

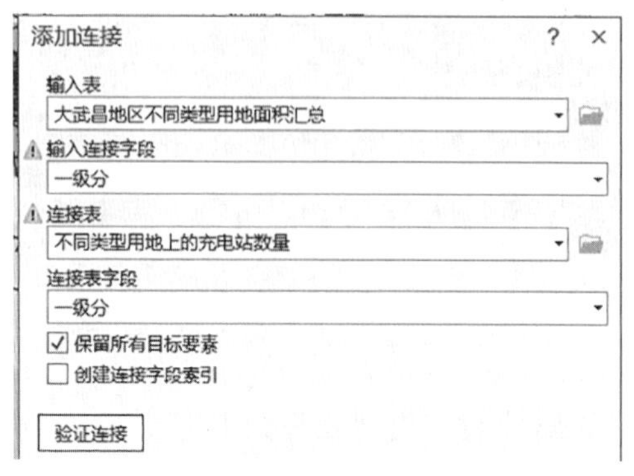

图 6.60 【连接和关联】界面填写

一级分	SUM_面积	COUNT_一级分
工业用地	17520.215183	52
公共管理和服务用地	15439.55755	54
交通用地	1168.531748	4
居住用地	17638.598136	169
商业用地	1920.89883	28

图 6.61 汇总后的表格内容

在“大武昌地区不同类型用地面积汇总”独立表中新建双精度字段“分布密度”，并将其数字格式调整为百分比。随后右击“分布密度”表头，选择【计算字段】，打开【计算字段】面板后填写内容如图 6.62 所示。

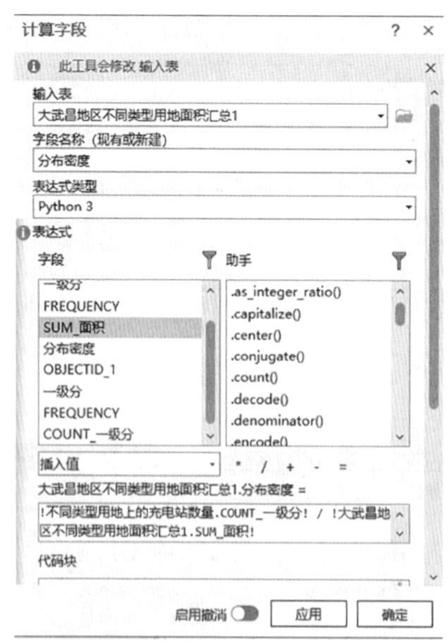

图 6.62 【计算字段】界面填写

得到分布密度后，通过数据可视化工具制图(图 6.63)。

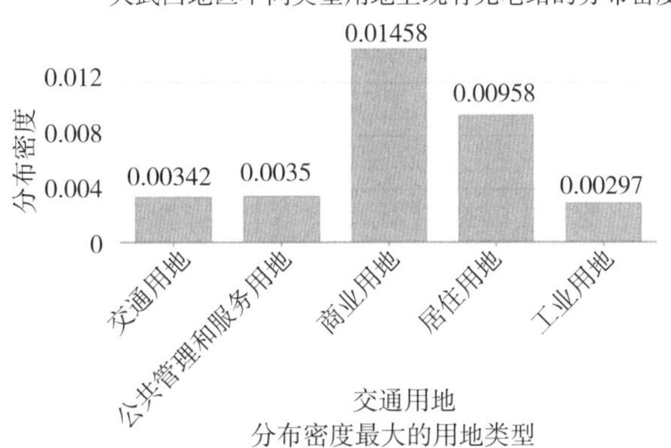

图 6.63　大武昌地区不同类型用地上现有充电站的分布密度

4. 安全性评价——交通安全评价

参考《加油站选址及规划设计要求指引》，可知为了避免车辆穿行、排队加油造成的拥挤问题，加油站出入口不应开设于沿路缘转角切点位置向主干路方向延伸 100m 范围，向次干路方向延伸 60m 范围，向支路延伸 30m 范围，在立交桥与连接道路相交点向连接道方向延伸 250m 范围内。因此选取空间分析方法中的缓冲区分析，以道路交叉口，即所构建的武汉市内七区路网系统中的节点为圆心，依据其所在道路类型选取对应数值构建缓冲区，并遵从“以大并小”的原则合并不同等级道路之间交叉口的缓冲区。

打开【目录】，找到名为“路网”的要素数据集，将其下的“路网_Junctions”拖入图层中，即为路网交叉点(图 6.64)。

图 6.64　路网交叉点

打开【工具箱】，选择【分析工具】【叠加分析】【空间连接】，将道路属性赋予交叉口。

空间连接面板如图 6.65 所示填写。【字段映射】中的【输出字段】选择“分类”，【合并规则】选择“第一个”，【大武昌地区范围路网】选择“分类”。

运行后内容列表里出现“不同等级的道路交叉口”图层，打开其属性表，点击【按属性选择】，选择“城市次干路”(图 6.66)，此时城市次干路字段被全部选择；然后右键“不同等级的道路交叉口”图层，选择【数据】【导出要素】，将城市次干路导出为单独图层(图 6.67)。同理，将其余三项内容(城市支路、城市主干路、高架及快速路)分别按属性选择并将数据导出，形成四个图层(图 6.68)。

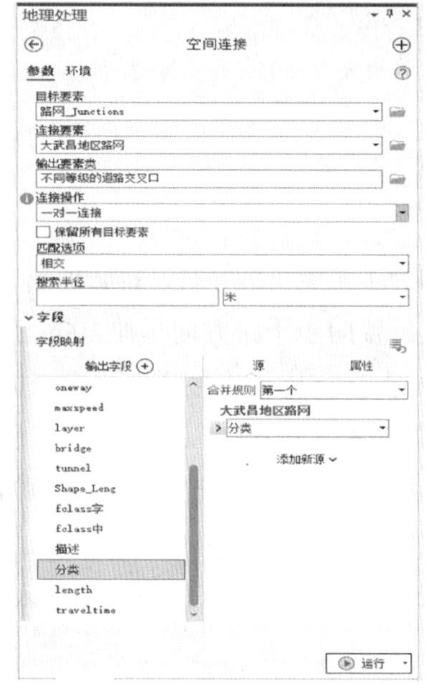

图 6.65　空间连接界面内容填写

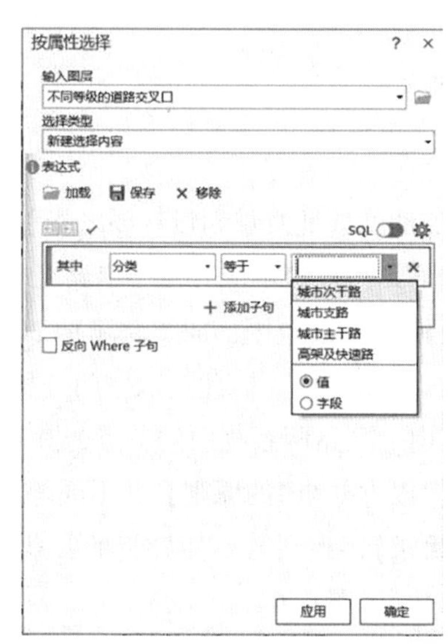

图 6.66　按属性不同分别选择交叉口图层

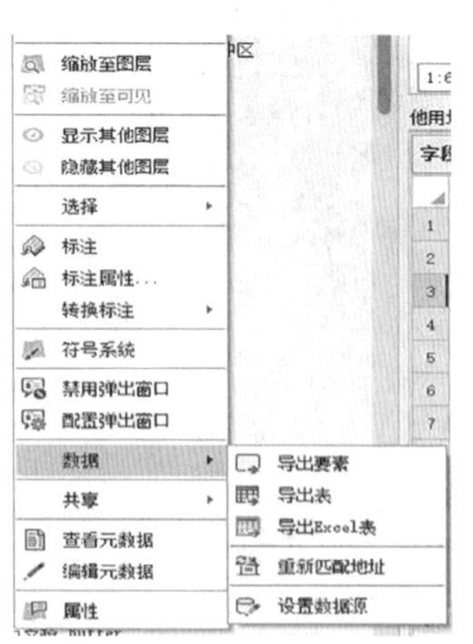

图 6.67　将所选数据导出为单独图层

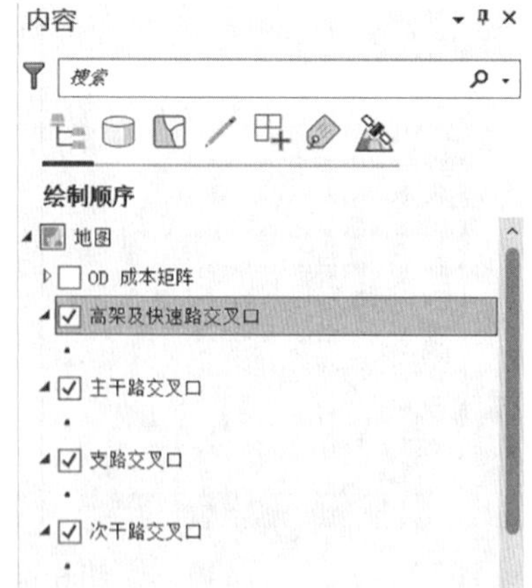

图 6.68　按属性不同分别导出各个交叉口图层

打开【工具箱】，选择【分析工具】【邻近分析】【缓冲区】，依据主干路交叉口缓冲区半径100m、次干路交叉口缓冲区半径60m、支路交叉口缓冲区半径30m、高架及快速路交叉口缓冲区半径250m，进行缓冲区分析(图6.69)。

图6.69　创建交叉口缓冲区

打开【工具箱】，选择【数据管理工具】，点击【常规】，选择【合并】，将四个图层全部合并为一个图层，再打开【分析工具】【叠加分析】【擦除】，擦除位于交叉口缓冲区范围内的现有充电站(图6.70)。

图6.70　位于交叉口缓冲区内现有充电站点位的擦除

运行后在内容列表中生成名为“交通环境安全的充电站”新图层，打开其属性表，查看名为“OBJECTID”的表头下的最后一个数字，为242，即有242个充电站所处交通环境较安全，对车行交通的干扰较少。同理，查看现有充电站总数为380个，即现有充电站中约有64%的充电站交通位置较合适。

5. 安全性评价——发生火情时周边消防站派车可达性分析

依据《城市消防规划规范》(GB 51080—2015)、《城市消防站设计规范》(GB 51054—2014)，城市消防站建设依照15min救火原则，而这15min消防时间内有4min被划分为行车时间。依据所构建的路网系统，根据《城市道路工程设计规范》(CJJ 37—2012)中所规定的设计车速，取中间值作为车辆实际行驶车速，计算各道路行车时间，以时间成本为阻抗建立OD成本矩阵进行网络分析，并通过反距离权重法空间插值进行制图。

不同等级城市道路设计车速及计算行车时间所取车速见表6.2。

表6.2　　不同等级城市道路设计车速及计算行车时间所取车速

道路类型	设计车速(km/h)	计算行车时间所取车速(km/h)
高架及快速路	60~100	80
城市主干路	40~60	50
城市次干路	30~50	40
城市支路	20~40	30

导入大武昌地区范围内消防站的POI数据。同样的步骤使用网络分析功能，建立一个新的OD成本矩阵，填写内容如图6.71所示。

图6.71　新建OD成本矩阵

导入起点为“大武昌地区范围内的消防站”，导入目的地为“大武昌地区范围内现有充电站”。单击【运行】后，右击“线”图层，可在其属性表里看到时间成本(图 6.72)。

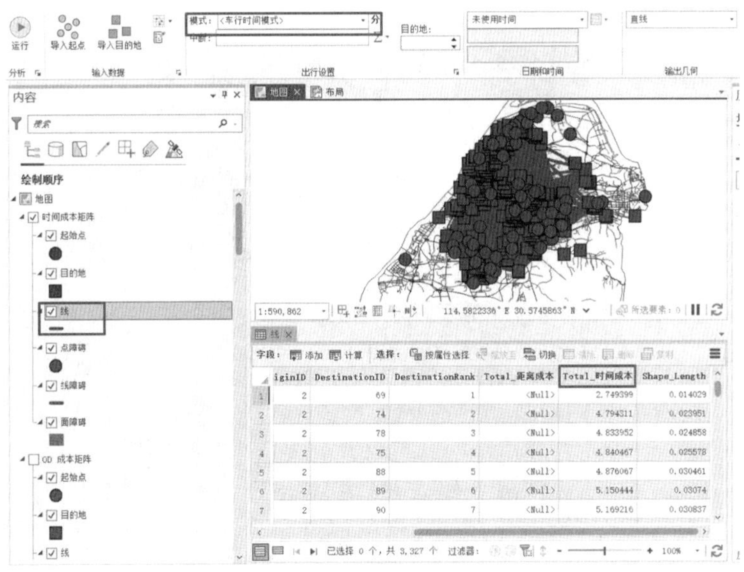

图 6.72　时间成本

右击“起始点”图层，选择【连接和关联】【添加连接】，填写内容如图 6.73 所示。

同之前步骤一致，打开【空间分析工具】。选择【插值分析】【克里金法】，填写内容如图 6.74 所示。

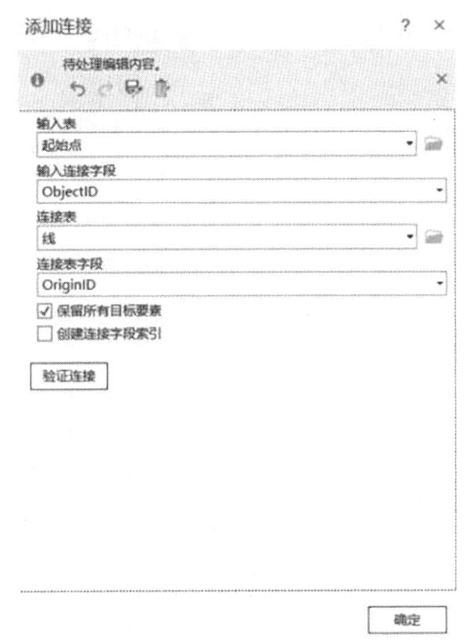

图 6.73　添加链接

图 6.74　克里金法插值分析

所得结果如图 6.75 所示。

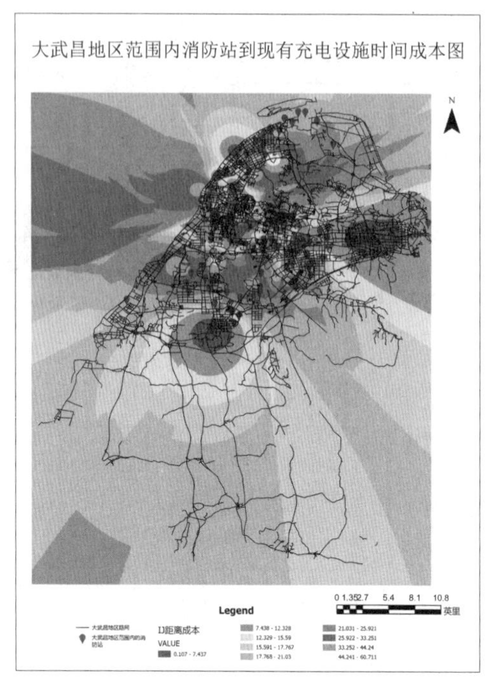

图 6.75　大武昌地区范围内消防站到现有充电设施时间成本图

(三)基于需求点泰森多边形的初步选址

泰森多边形是对空间平面的一种剖分，其特点是多边形内的任何位置离该多边形的样点(如居民点)的距离最近，离相邻多边形内样点的距离远，且每个多边形内含且仅含一个样点。

对之前的“需求点”图层构建泰森多边形(图 6.76)，并裁剪其形状为大武昌地区区域形状(图 6.77)。

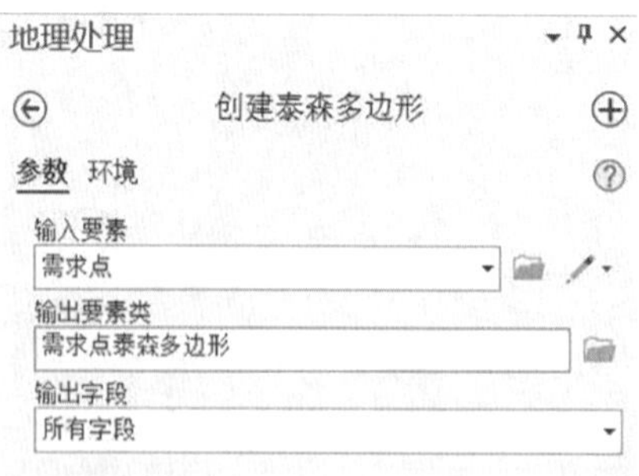

图 6.76　构建需求点泰森多边形

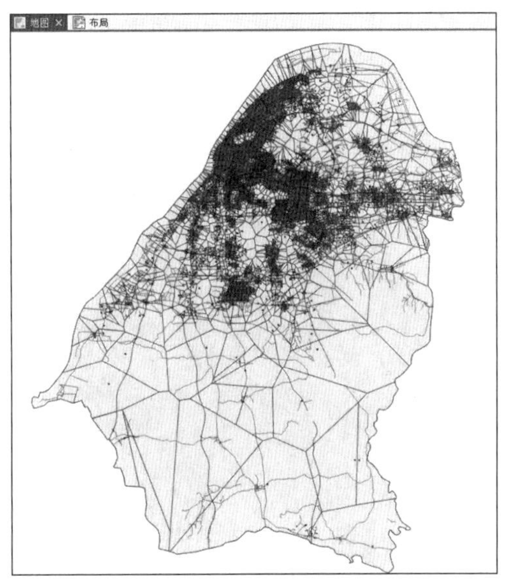

图 6.77　大武昌地区范围内需求点泰森多边形

提取区域范围内各泰森多边形的质心作为候选点(图 6.78)。打开【工具箱】，选择【数据管理工具】【要素】【要素转点】。

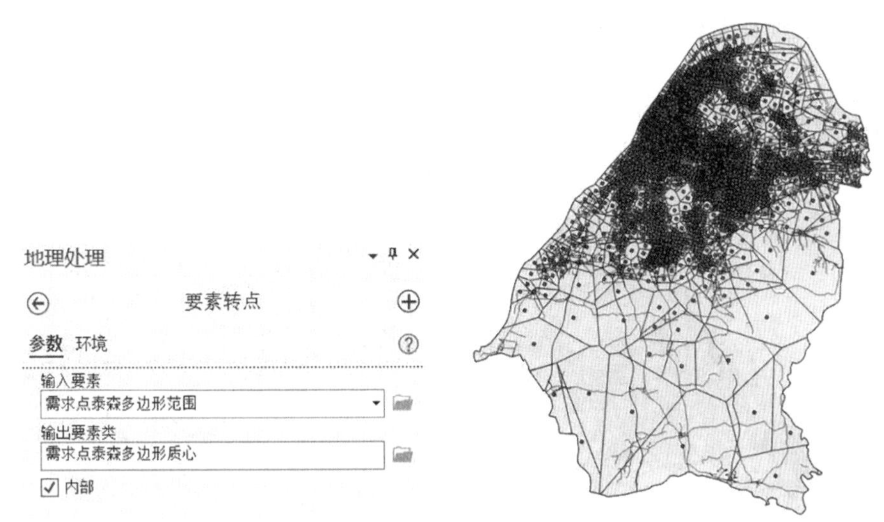

图 6.78　要素转点提取泰森多边形质心

武汉作为江城，其水域面积占全市总面积的四分之一，出于用电环境安全及生态保护的考量，依据《武汉市湖泊周边用地规划与建设管理办法》中的规定，城市公共型湖泊周边用地管控范围，以湖泊蓝线为基础，原则上外拓 550m。以此为参考，导入大武昌地区范围内水域的 AOI 数据(图 6.79)。

图 6.79　大武昌地区范围内水域 AOI 数据

对大武昌地区范围内水域 AOI 数据建立半径为 550m 的缓冲区，并使用擦除工具擦除在缓冲区内的选址备选点(图 6.80)。初步选定候选点共有 4639 个(图 6.81)。

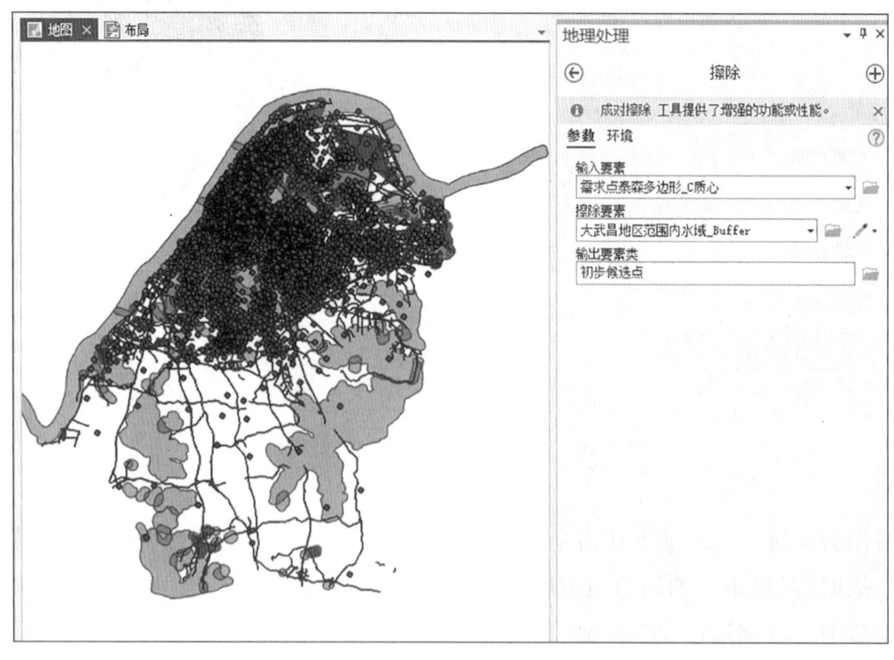

图 6.80　擦除水域及其保护区范围内的候选站址

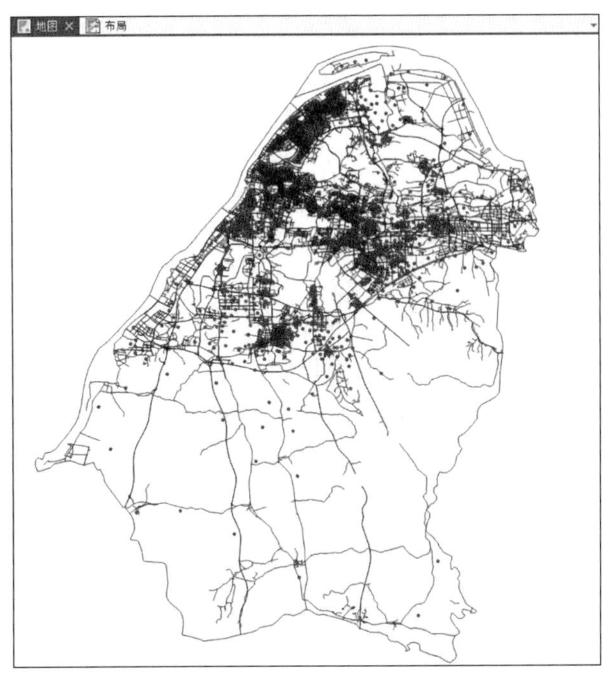

图 6.81　初步选定的候选点分布

(四)基于多准则及最小化设施点的候选站址优化

1. 对多准则条件赋分值权重

在确定候选站址后，以前面对公共充电设施空间布局进行分析及评价时所列出的协调性和安全性两个分析角度为优化方向，对候选站址进行用地、交通和安全三方面的进一步优化。为了能够从多准则出发同时进行评估，需要对不同准则下辖的指标赋予不同的权重。

在交通优化方面，依据《武汉市建设工程规划管理技术规定》第五十一条规定可知，快速路、主干路宽度为 50~70m，次干路宽度为 30~50m，支路宽度为 15~30m，考虑到公共充电站临路建设有利于城市车辆充电，因此充电站建设在距道路两侧 50m 范围内为宜。缓冲区半径的计算公式为

$$缓冲区半径=1/2\ 路宽估值+50 \tag{6.3}$$

不同等级道路设计路宽、对应路宽估值以及缓冲区半径取值见表 6.3。

表 6.3　**武汉市不同等级道路设计路宽、对应路宽估值以及缓冲区半径取值**

道路类型	设计路宽取值范围(m)	路宽估值(m)	缓冲区半径(m)
快速路	50~70	60	80

续表

道路类型	设计路宽取值范围(m)	路宽估值(m)	缓冲区半径(m)
主干路	50～70	60	80
次干路	30～50	40	70
支路	15～30	24	62

将位于道路缓冲区内的充电站候选点视为临此路建设的站点，位于不同等级道路缓冲区内的候选点，视为临其中等级较高道路建设的站点。

类似前文所述“导出不同等级的道路交叉口”步骤，依据道路类别将四个等级的道路从“大武昌地区路网”图层中提取出来成为单独图层，随后依据上述数值基于每个图层建立缓冲区(图 6.82)。

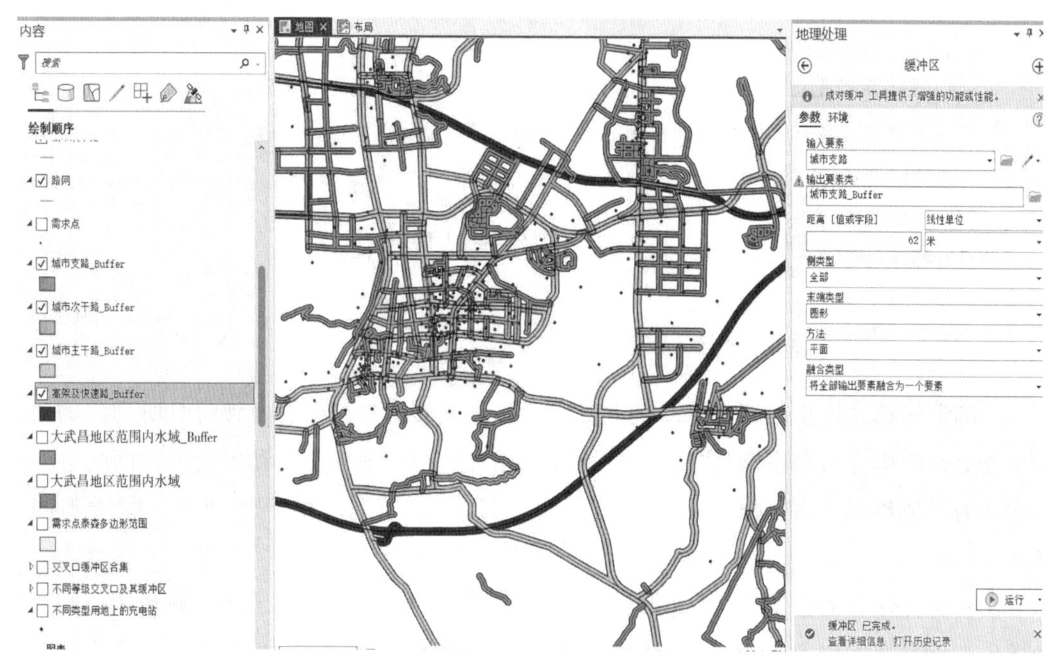

图 6.82　不同类别道路及其缓冲区

公共充电站建设于道路两侧，便于社会车辆随时驶入充电，但此类车辆行驶也有可能对不同等级、功能的道路带来不同的影响。对于高架桥和城市快速路而言，应以保障快速通行为主，因此不宜设置充电站；对于主干路沿线而言，充电站出入车辆可能会给密集的通行车流带来交通安全隐患；对于支路而言，充电站出入车辆也有可能会给道路较窄、非机动车较多的道路带来交通拥堵。次干路周边建设充电站最适宜。因此赋权重如表 6.4 所示。

表 6.4　　按充电站候选站址所临道路等级不同所赋权重

所临道路类型	得　　分
快速路	0
主干路	2
次干路	3
支路	1

在次干路缓冲区图层属性表中建立双精度新字段“class”，右击表头打开计算字段界面，按照表 6.4 所示输入“class = 3”。

新建字段及赋值如图 6.83 所示。

图 6.83　新建字段及赋值

另外三个等级的道路缓冲区也以同样步骤赋值，赋值后将四个图层合并为一个图层，命名为“城市道路缓冲区赋值合集”（图 6.84）。

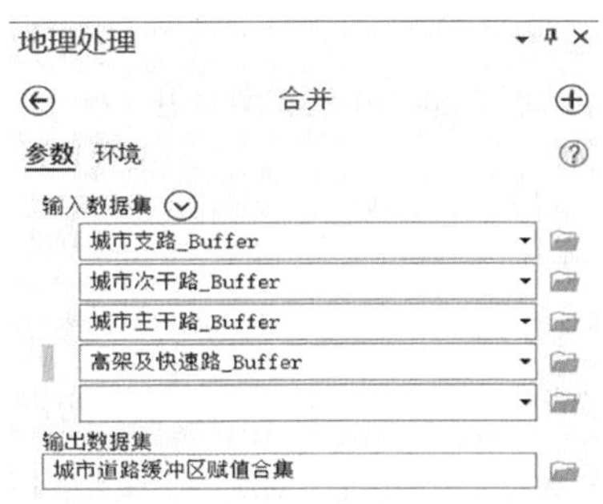

图 6.84　合并

在用地优化方面，依据《2022中国电动汽车用户充电行为白皮书》中的大数据调查结果，可知在公共充电桩建设位置方面，所调查的全部用户中有76.98%的充电用户希望建设在社区附近，37.9%的用户选择在办公区(写字楼、商务园区、工业园区等)附近，29.9%的用户则希望在商场等购物中心附近。因此可说明社区附近是社会公共充电站建设的最理想区域，其次是办公区和购物中心。依照用地类型，可大致将其归类为居住用地、工业用地、商业用地和其他用地，因此赋权重如表6.5所示。

表6.5　**按充电站候选站址所在用地类型不同所赋权重**

所临道路类型	得　分
居住用地	3
工业用地	2
商业用地	1
其他用地	0

如前文所述"导出不同等级的道路"步骤，将各类型用地从"大武昌地区用地分类"图层逐一导出为单独图层，然后各自添加一个双精度"class"字段并赋值。

其中现有数据中的"交通用地"及"公共管理和服务用地"合并为"其他用地"，因此两类用地导出赋值时赋值为0。其他三类用地请按照上述表格逐一赋值，赋值完成后合并四个图层为图层"用地类型赋值合集"(图6.85)。

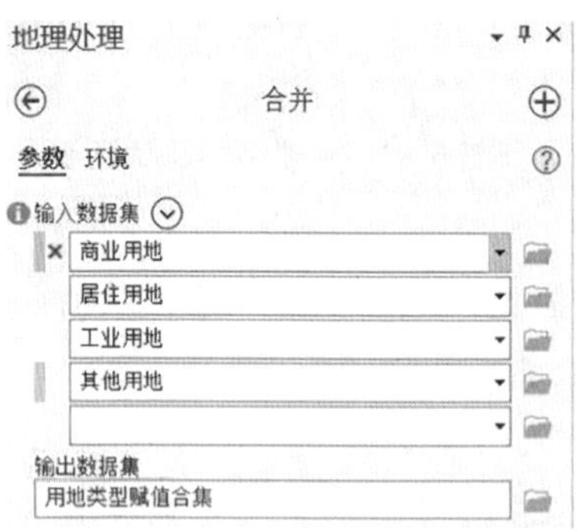

图6.85　用地类型赋值合集

安全优化可分为消防安全优化及交通安全优化。在消防安全优化方面，依据《城市消防规划规范》(GB 51080—2015)可知，普通消防站辖区面积应为7km²，而其最大辖区面积不应大于15km²。因此以半径为1.49km、2.18km，对消防站建立多环缓冲区：打开【工具箱】，点击【分析工具】，选择【多环缓冲区】，输入内容如图6.86所示。

地理处理
多环缓冲区
参数 环境
输入要素
大武昌地区范围内的消防站
输出要素类
大武昌地区范围内的消防多环缓冲区
距离
1.49
2.18
添加其他内容
距离单位
千米
缓冲区距离字段名
distance
融合选项
非重叠（环）
方法
测地线

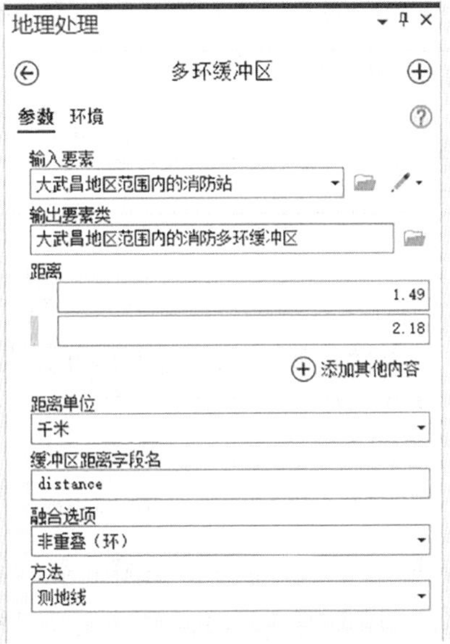

图 6.86　对消防站建立多环缓冲区

多环缓冲区运行后，按照前文所述相同步骤赋值(表 6.6)。

表 6.6　　按充电站候选站址与消防站位置关系不同所赋权重

与消防站的位置关系	得　　分
在正常辖区范围内	2
在正常辖区范围外但在最大辖区范围内	1
在最大辖区范围外	0

与消防站位置关系赋值合集如图 6.87 所示。

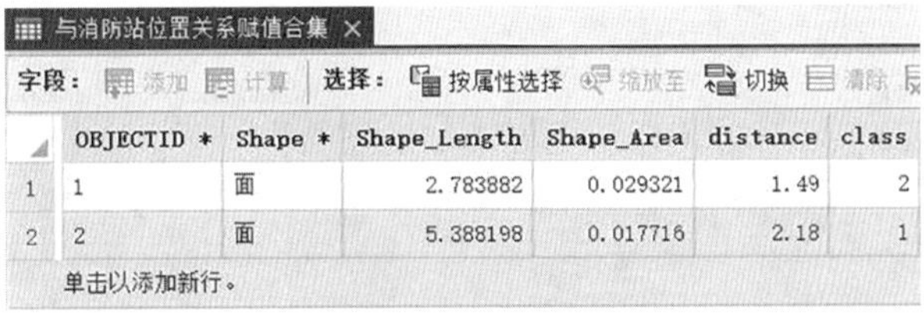

与消防站位置关系赋值合集
字段： 添加 计算 选择： 按属性选择 缩放至 切换 清除
OBJECTID * Shape * Shape_Length Shape_Area distance class
1 1 面 2.783882 0.029321 1.49 2
2 2 面 5.388198 0.017716 2.18 1
单击以添加新行。

图 6.87　与消防站位置关系赋值合集

在交通安全优化方面，使用评价阶段交通安全性评价的内容，沿用之前对四类道路的交叉口所做缓冲区，合并其形状，对图层命名为“交叉口缓冲区合集”。

在缓冲区范围内，则视为临交叉路口，距离过近，容易对交通安全带来隐患，因此对“交叉口缓冲区合集”图层赋权重如表 6.7 所示。

表 6.7　　按充电站候选站址与交叉口位置关系不同所赋权重

与消防站的位置关系	得　分
临交叉口	1
不临交叉口	0

基于以上不同准则所赋权重，候选站址得分计算公式如下：

$$\text{候选站址得分} = \text{所临道路得分} + \text{所在用地类型得分} + \text{与消防站位置关系得分} - \text{与交叉路口位置关系得分} \tag{6.4}$$

2. 基于候选站址分值及最小化设施点分析的最终优化

打开【工具箱】，选择【分析工具】【叠加分析】【联合】，将“与消防站位置关系赋值合集”“城市道路缓冲区赋值合集”“用地类型赋值合集”“交叉口缓冲区合集”通过联合工具合并为一个图层，命名为“充电站选址优化评估”(图 6.88)。

在生成的新图层中，建立双精度字段“等级”，右击“等级”表头，选择【计算字段】，依前文所述“候选站址得分计算公式”对各个合集的分数进行运算计分，如图 6.89 所示。需要注意的是，此处选用的字段即为四个合集各自的“class”字段，需要在“表达式”的“字段”中寻找各个合集中文名称下紧跟着对应的“class”字段，该 class 字段即为该合集的 class 字段。

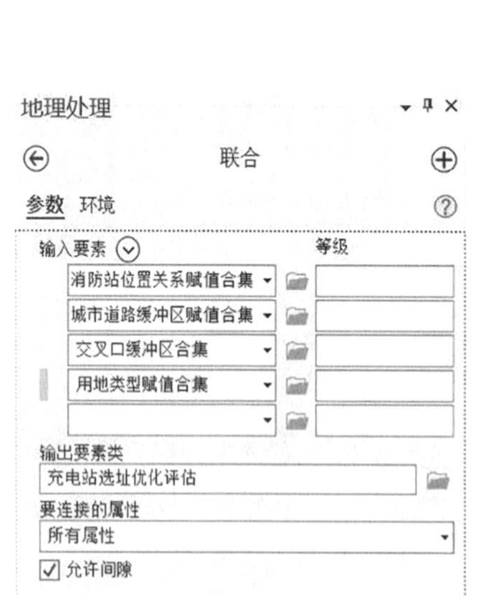

图 6.88　联合工具界面填写

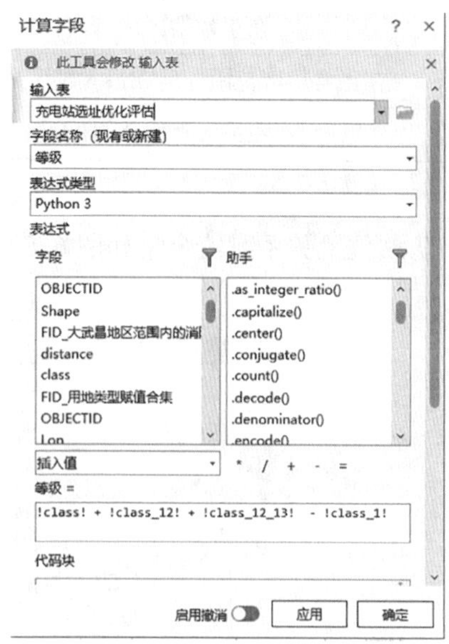

图 6.89　候选站址得分计算

计算完毕，点击内容列表中“充电站选址优化评估”图层，在【显示】一栏选取显示字段“等级”，再左键点击该图层，修改该图层符号系统如图 6.90 所示。

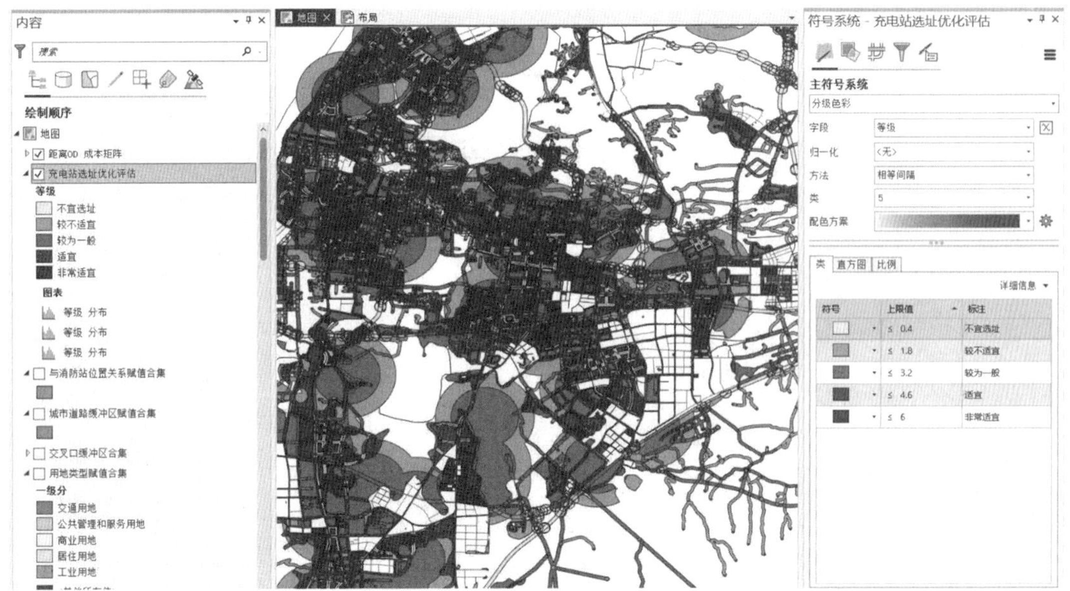

图 6.90　充电站选址优化评估

打开【工具箱】，选择【分析工具】【叠加分析】【标识】，在【标识】面板填写内容如图 6.91 所示。

（仅供参考：若【标识】步骤加载过慢，可以考虑将图层“充电站选址优化评估”进行【面转栅格】，再将转换结果与“初步候选点”连接，使用命令【值提取至点】，打开生成的图层属性表，点击【按属性选择】选择空格属性的字段，右击所有选中的空格属性字段运行【计算字段】，并赋值为 0，最后【取消选择】完成标识，但结果可能存在偏差。）

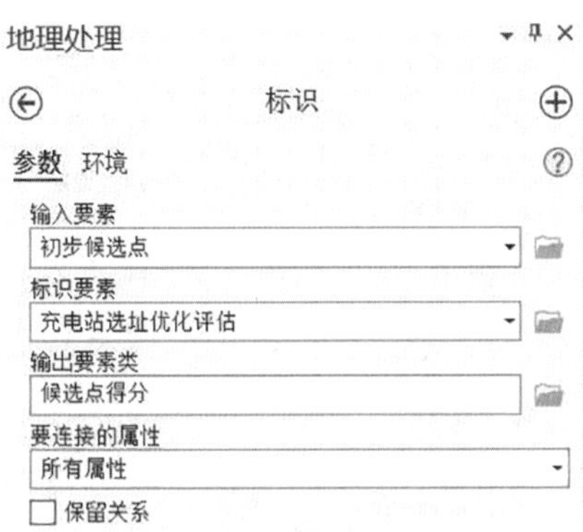

图 6.91　【标识】工具

运行完成后，打开生成的新图层，即“候选点得分”的属性表，选择并删除“等级”值小于等于 0 的点。剩余候选站址得分如图 6.92 所示。

大武昌地区范围内充电站候选站址得分示意图
N
Legend
0 1.352.7 5.4 8.1 10.8
英里
RASTERVALU
1
1-3
3-4
4-6
6-8

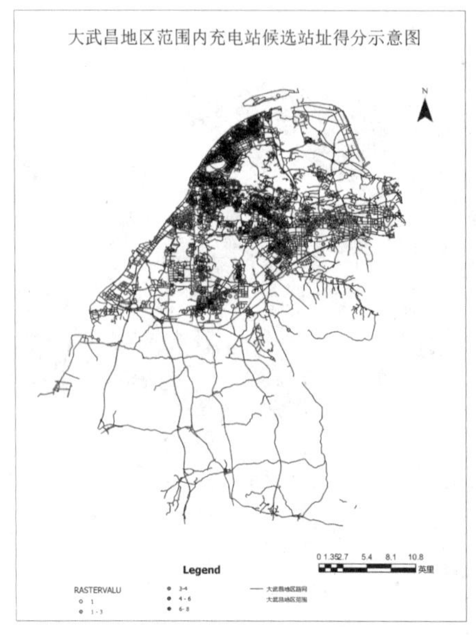

图 6.92　候选点得分

通过打分优化减少候选站址数量后，部分区域候选站址分布仍然过密。当社会公共充电站分布过密时，会带来公共资源的冗余浪费和充电设施利用率低等问题。

最小化设施点分析，是网络分析求解位置分配功能中的模型之一，其目标是在所有候选的设施选址中挑选出数目尽量少的设施，并使得位于设施最大服务半径之内的设施需求点最多。也就是说，该模型自动在设施数量和最大化覆盖范围中计算平衡点，自动求得合适的设施数量和位置。

打开【工具箱】【网络分析工具】【分析】【创建位置分配图层】，填写内容如图 6.93 所示。

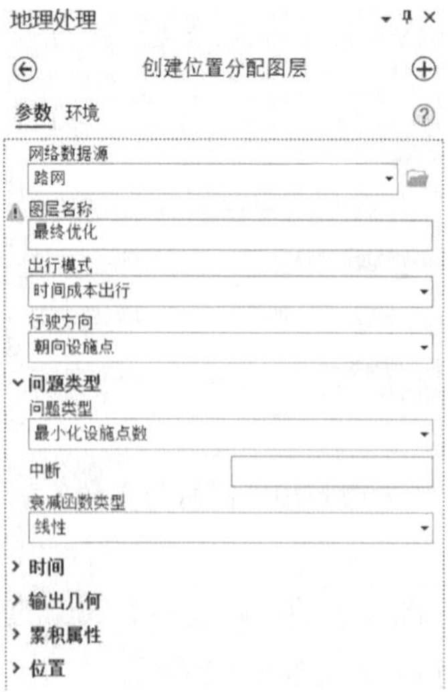

地理处理
创建位置分配图层
参数 环境
网络数据源
路网
图层名称
最终优化
出行模式
时间成本出行
行驶方向
朝向设施点
问题类型
问题类型
最小化设施点数
中断
衰减函数类型
线性
时间
输出几何
累积属性
位置

图 6.93　创建位置分配图层

先以"需求点"作为请求点,"已评分的候选点"作为设施点导入创建的位置分配图层。

由于 15 分钟内可以找到充电设施对于需要充电的电动汽车车主来说,是一种舒适与不适的临界状态,因此在位置分配界面填写内容如图 6.94 所示。

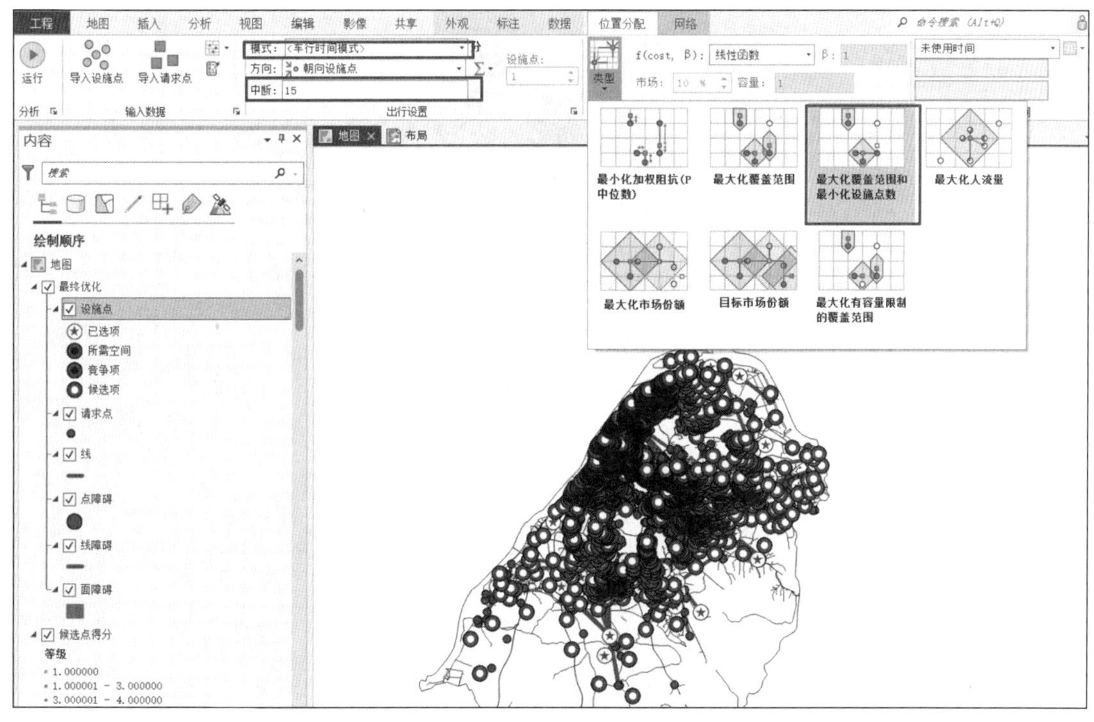

图 6.94　位置分配界面内容填写

以上所有设置完成后,再点击【运行】,结果如图 6.95 所示。

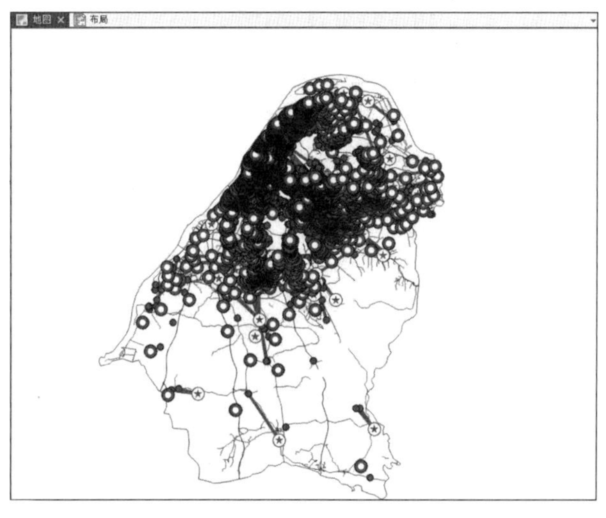

图 6.95　位置分配运行结果

在内容列表右击"设施点"图层，打开其属性表，将所有 FacilityType 字段值为"已选项"的点导出，并将新图层命名为"最终优化结果"(图 6.96)。优化后的充电站个数为 698 个。

图 6.96　优化后充电站分布

(五)最终优化结果验证

为检验最终优化成果，再次建立 OD 成本矩阵，填写内容如图 6.97 所示。

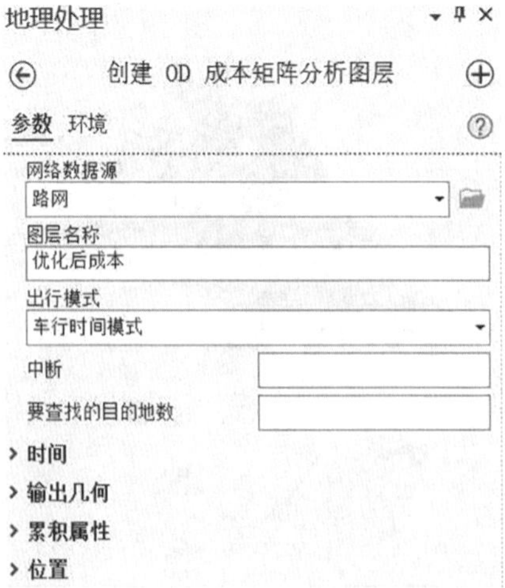

地理处理
创建 OD 成本矩阵分析图层
参数 环境
网络数据源
路网
图层名称
优化后成本
出行模式
车行时间模式
中断
要查找的目的地数
› 时间
› 输出几何
› 累积属性
› 位置

图 6.97　优化后 OD 成本矩阵的建立

运行后加载起始点为大武昌地区范围内“需求点”，加载目的地为“最终优化结果”。运行求解。求解完毕，打开内容列表中“优化后成本”图层下辖的“线”图层的属性表，右击“OriginID”表头，选择【汇总】，填写内容如图 6.98 所示。

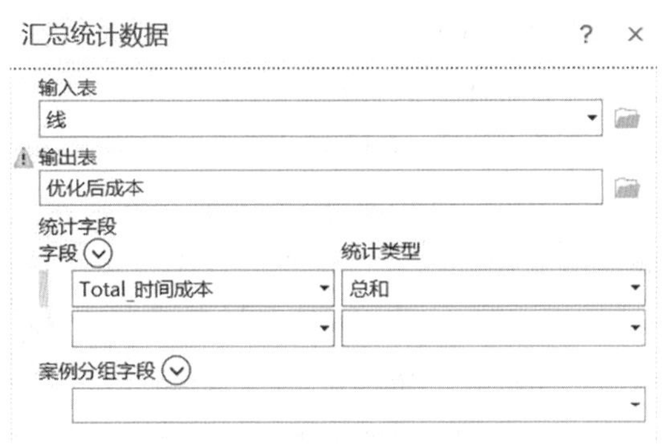

图 6.98　汇总统计数据

同样步骤，建立名为“优化前成本”的 OD 成本矩阵，运行后加载起始点为大武昌地区范围内“需求点”，加载目的地为“大武昌地区范围内现有充电站”。运行求解。求解完毕，打开内容列表中“优化前成本”图层下辖的“线”图层的属性表，右击“OriginID”表头，选择【汇总】，填写内容同上，输出表名为“优化前成本”。

操作完成后，在内容列表中找到名为“优化前成本”和“优化后成本”的独立表。其内容显示如图 6.99、图 6.100 所示。

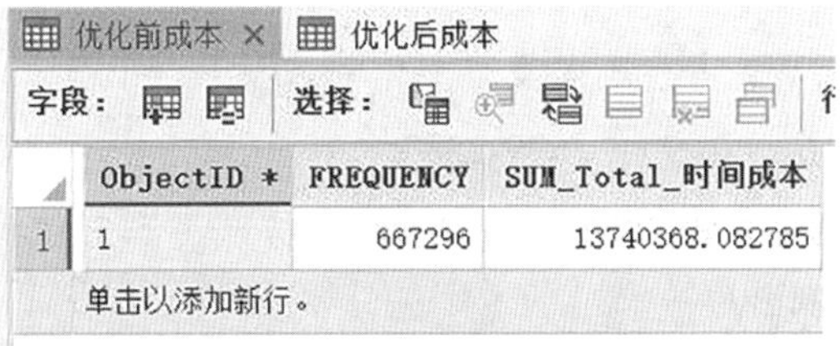

	ObjectID *	FREQUENCY	SUM_Total_时间成本
1	1	667296	13740368.082785

图 6.99　优化前时间成本数据

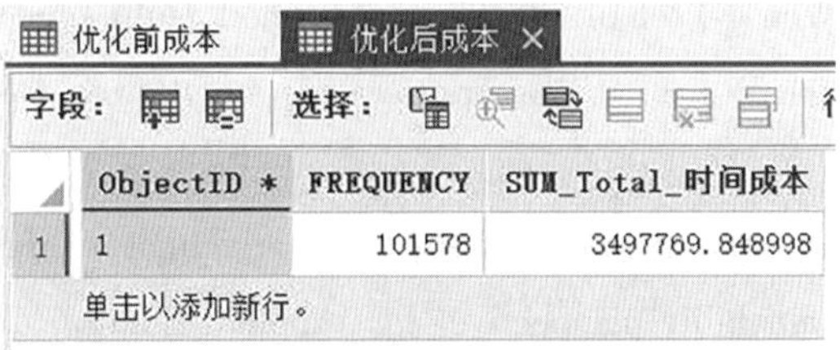

	ObjectID *	FREQUENCY	SUM_Total_时间成本
1	1	101578	3497769.848998

图 6.100　优化后时间成本数据

可见，优化后需求点到充电站的时间成本得到较大改善，便捷程度提高。

七、总结与思考

本实验从城市空间的视角出发，采用定性评价结合定量分析的方法，对武汉市行政范围内的武昌区、青山区、洪山区、江夏区四区内已建成的公共充电站现状进行评价和研究，通过搜集数据，利用 GeoScene Pro 软件的空间分析功能，对其发展现状、分布特征等信息进行描述、分析，概括其特征，进而从服务覆盖度、与周边现有基础设施的协调性以及充电站自身的安全性等多角度出发进行评价，并依据多准则进行优化选址的模拟。

为了构建更为理想的充电站选址情况，本实验首先对大武昌地区范围内充电需求点 POI 数据构建泰森多边形，以泰森多边形的质心作为优化选址的备选点，此做法保障了候选站址对现有充电需求点的全面覆盖。随后基于 GeoScene Pro 分析功能，基于以上三种评价准则，设计优化指标，并为不同指标下辖内容赋予权重进行归一计算，在叠加分析后对所得候选站址进行打分筛选，除去不合格点位后，采用空间分析功能中的最小化设施点模型进行最终优化。最终满足评价准则的优化后选址共计 698 个，利用 OD 成本矩阵对比优化前的分析结果进行验证，可知在需求点相同的情况下，优化后的站址相比优化前的站址在新能源汽车车主行驶的时间成本方面得到较大的改善，证明此优化结果具有积极意义，可为未来的充电站建设提供选址建议和参考。未来我们将在充电站与新能源车辆的供需匹配情况以及需求量预测方面开展后续研究。

◎ 本实验参考文献

[1]贾龙，胡泽春，宋永华．考虑不同类型充电需求的城市内电动汽车充电设施综合规划[J]．电网技术，2016，40(9)：2579-2587.

[2]陈静鹏，艾芊，肖斐．基于用户出行需求的电动汽车充电站规划[J]．电力自动化设备，2016，36(6)：34-39.

[3]邢强，陈中，冷钊莹，等．基于实时交通信息的电动汽车路径规划和充电导航策略[J]．中国电机工程学报，2020，40(2)：534-550.

[4]Wang GB，Xu Z，Wen F，et al. Traffic-constrained multi objective planning of electric-vehicle charging stations[J]. IEEE Transactions on Power Delivery，2013，28(4)：2363-2372.

[5]Guo S，Zhao H R. Optimal site selection of electric vehicle charging station by using fuzzy TOPSIS based on sustainability perspective[J]. Applied Energy，2015，158：390-402.

[6]卞芸芸，黄嘉玲，郑郁．基于供需平衡的广州市充电基础设施规划探索[J]．规划师，2017，33(12)：124-130.

[7]曹小曙，胡培婷，刘丹．电动汽车充电站选址研究进展[J]．地理科学进展，2019，38

(1): 139-152.
[8]徐凡，俞国勤，顾临峰，张华．电动汽车充电站布局规划浅析[J]．华东电力，2009，37(10): 1678-1682.
[9]葛尧，李鹍．基于核密度分析和空间句法的汽车充电桩布局规划研究——以湖北省武汉市为例[J]．城市建筑，2019，16(34): 41-45.
[10]董海涛．城市规划中电动汽车充电基础设施发展建设研究[J]．智能城市，2017，3(8): 15-17.
[11]崔冉冉，邱望．宿迁市新能源汽车充电桩规划研究[J]．城市建筑，2021，18(5): 32-34.
[12]刘鑫垚，陈亮．基于供需平衡的重庆市公交充电基础设施规划探索[J]．城市公共交通，2020(9): 42-46.
[13]雷自强．低碳城市公共交通承担率及公交发展策略研究[D]．武汉：华中科技大学，2013.
[14]方圆，张万益，曹佳文，等．我国能源资源现状与发展趋势[J]．矿产保护与利用，2018(4): 34-42，47.
[15]齐卓君．武汉市公共交通发展战略研究[D]．南宁：广西大学，2015.
[16]王宁，龚在研，马钧．基于经济与排放效益的混合动力和纯电动公交车发展前景分析[J]．中国软科学，2011(12): 57-65.
[17]王静宇，刘颖琦，Kokko Ari."十城千辆"示范工程政策与效果比较研究[J]．科学决策，2012(12): 1-14.
[18]陈良亮，张浩，倪峰，等．电动汽车能源供给设施建设现状与发展探讨[J]．电力系统自动化，2011，35(14): 11-17.
[19]张文亮，武斌，李武峰，等．我国纯电动汽车的发展方向及能源供给模式的探讨[J]．电网技术，2009，33(4): 1-5.
[20]居勇．建设电动汽车充电站的约束条件及综合效益分析[J]．华东电力，2011，39(4): 547-550.
[21]李映炼．基于电动汽车出行链的城市充电站布局研究[D]．北京：北京交通大学，2018.
[22]赵书强，李志伟，党磊．基于城市交通网络信息的电动汽车充电站最优选址和定容[J]．电力自动化设备，2016，36(10): 8-15，23.
[23]陆坚毅，杨超，揭婉晨．考虑绕行特征的电动汽车快速充电站选址问题及自适应遗传算法[J]．运筹与管理，2017，26(1): 8-17.
[24]徐青山，蔡婷婷，刘瑜俊，等．考虑驾驶人行为习惯及出行链的电动汽车充电站站址规[J]．电力系统自动化，2016，40(4): 59-65，77.
[25]张国亮，李波，王运发．多等级电动汽车充电站的选址与算法[J]．山东大学学报(工

学版)，2011，41(6)：136-142.

[26]谭洋洋，杨洪耕，徐方维，等．基于投资收益与用户效用耦合决策的电动汽车充电站优化配置[J]. 中国电机工程学报，2017，37(20)：5951-5960.

[27]李如琦，苏浩益．基于排队论的电动汽车充电设施优化配置[J]. 电力系统自动化，2011，35(14)：58-61.

[28]杜爱虎，胡泽春，宋永华，等．考虑电动汽车充电站布局优化的配电网规划[J]. 电网技术，2011，35(11)：35-42.

[29]葛少云，冯亮，刘洪，等．考虑车流信息与配电网络容量约束的充电站规划[J]. 电网技术，2013，37(3)：582-589.

[30]刘志鹏，文福拴，薛禹胜，等．电动汽车充电站的最优选址和定容[J]. 电力系统自动化，2012，36(3)：54-59.

[31]孙小慧，刘锴，左志．考虑时空间限制的电动汽车充电站布局模型[J]. 地理科学进展，2012，31(6)：686-692.

[32]刘亮，周羽生，周文晴，等．电动汽车充电站选址规划评价体系研究[J]. 电测与仪表，2016，53(18)：1-5.

[33]冯超，周步祥，林楠，等．Delphi 和 GAHP 集成的综合评价方法在电动汽车充电站选址最优决策中的应用[J]. 电力自动化设备，2012，32(9)：25-29.

[34]魏玲．基于多层次灰色评价方法的新能源电动汽车充电设施选址的研究[J]. 南昌大学学报(理科版)，2016，40(3)：225-228.

[35]Liu Y，Zhou B X，Feng，C & Pu，S W. Application of comprehensive evaluation method integrated by Delphi and GAHP in optimal siting of electric vehicle charging station[J]. 2012 International Conference on Control Engineering and Communication Technology (ICCECT 2012)，2012，88-91.

[36]Zhao H R & Li N N. Optimal Siting of Charging Stations for Electric Vehicles Based on Fuzzy Delphi and Hybrid Multi-Criteria Decision Making Approaches from an Extended Sustainability Perspective[J]. Energies，2016(270).

[37]Philipsen R，Schmidt T，Ziefle M. A Charging Place to Be - Users' Evaluation Criteria for the Positioning of Fast-charging Infrastructure for Electro Mobility[J]. 6th International Conference on Applied Human Factors and Ergonomics (AHFE 2015) and the Affiliated Conferences，AHFE 2015(3)：2792-2799.

[38]Dong J，Liu C Z，Lin Z H. Charging infrastructure planning for promoting battery electric vehicles：An activity-based approach using multi day travel data[J]. Transportation Research Part C-Emerging Technologies，2014(38)：44-55.

实验七　两步移动搜索法在规划选址中的应用

一、实验目的和意义

随着电商售卖模式的快速发展和居民消费的不断升级，城市中商业竞争愈发激烈。合理的选址与空间布局不仅能够使经营者获得更大的消费群体以及更好的竞争优势，也是购物中心保持持久力的关键。如今在电商时代，电子商务打通线上与线下，“线上购物线下取”成了新的时尚，这也对购物中心的选址产生了新的要求。

本案例以武汉市商业最为繁忙的地区——“武汉市东湖国家自主创新示范区”(光谷)的商业空间为例，利用 GeoScene Pro 软件的空间分析功能，用两步移动搜索法进行研究分析，选取最适宜建设购物中心的地段，以期为电商时代的购物中心选址提供参考与帮助。

二、实验内容

(1)学习对 POI 以及 AOI 数据空间分布特征的综合分析；

(2)学习两步移动搜索法；

(3)学习使用 Excel 计算数据。

三、实验数据

本实验相关数据见表 7.1。

表 7.1　**实验数据表**

数　据	类　型	数据格式
光谷购物中心	点状要素	shp 文件
光谷 aoi	面状要素	shp 文件

四、操作步骤

(1)导入。首先我们将数据“光谷 aoi”“光谷购物中心”导入 GeoScene Pro 地理信息系统软件。

(2)按属性选择。由于本数据来源为高德开放 API 接口的 POI 数据，根据高德 API 官网的数据解释与国家标准《零售业态分类》对购物中心的定义，本实验中对购物中心的【typecode】选择“60100”“60101”“60102”“60103”四种。然后右击“光谷购物中心”图层，打开【数据】【导出要素】，按照需要输入选择内容(图 7.1)，并对表达式进行保存。

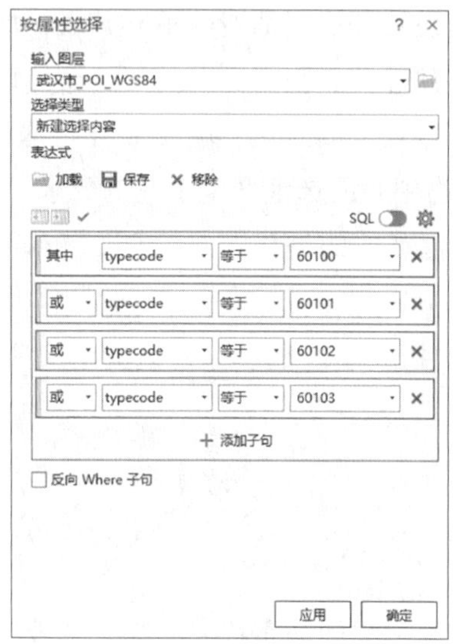

图 7.1 按属性选择

将选择内容导出并加载入 GeoScene Pro，由此得到“购物中心 poi”。

(3)投影。由于现在数据均为地理坐标系(WGS 1984)，需要投影至投影坐标系(WGS_1984_UTM_Zone_50N)。对“光谷 aoi”(面文件)、“购物中心 poi”分别进行投影，点击【数据管理工具】【投影与变换】【投影】，得到对应的投影文件。对武汉市 DEM 数据进行投影栅格处理，点击【数据管理工具】【投影与变换】【栅格】【投影栅格】，得到武汉市投影后的 DEM 数据(图 7.2，图 7.3)。(这一步只需要确认投影坐标系为 WGS_1984_UTM_Zone_50N)

(4)将“光谷购物中心”图层中【typecode】设为“60100”“60101”“60102”和“60103”四种按属性选择后导出，命名为“购物中心 poi”。然后打开“购物中心 poi”的属性表，并添加字段“Value”字段，【数据类型】选择“双精度”，并用字段计算器按照其服务等级分别赋值为“3”(60100)、“2”(60101)、“1”(60102 和 60103)(图 7.4)。

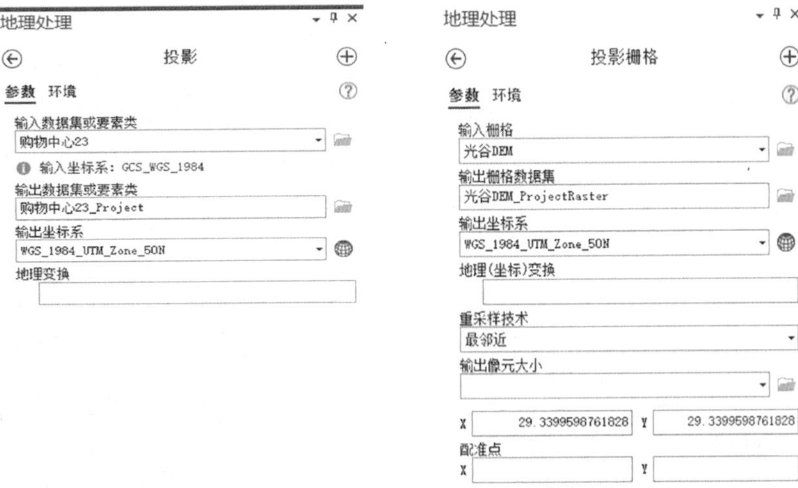

图 7.2　地理坐标转投影坐标(矢量)　　　图 7.3　地理坐标转投影坐标(栅格)

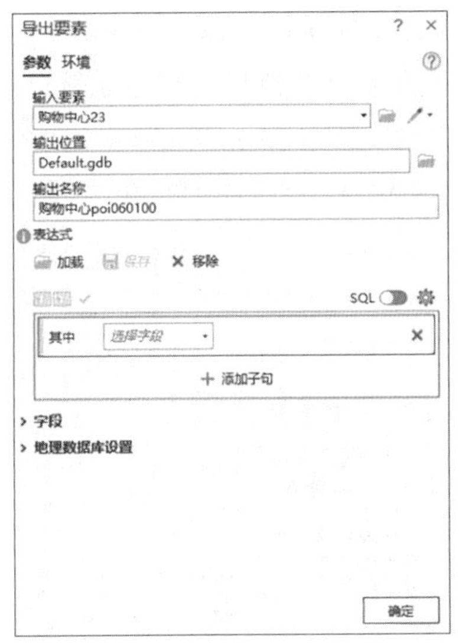

图 7.4　“购物中心 poi”的导出

(5)出行成本分析。利用 Ga2SFCA 高斯两步移动搜索法分析并对插值结果重分类。高斯两步移动搜索法是由两步移动搜索法改进而成，该法的基本思想是首先以研究单元内各个供给点为中心，搜索该点在规定阈值范围内的需求点，把供需比例定义为供给点的服务能力；然后以各个需求点为中心，搜索该点规定阈值范围内的供给点，对范围内供给点的服务能力进行求和，即为该需求点的可达性数值。

传统的高斯两步移动搜索法需要对需求点的人数进行统计，即：

$$RP = RH/DH \times DP$$

式中，RP 为居民点人口数，RH 为居民点户数，DH 为对应街道总户数，DP 为街道人口数。

本实验以简化计算为主，我们认为居民点居住的总人数与居住点的总面积成正比(一次线性)，因此以居住区 aoi 的面积近似为居民点人口。(提供另两种思路：运用开源平台 https：//www. worldpop. org/中精度 100m 的开源人口数据，制作 200m×200m 的网格，通过面转点进行需求点的获取；或者运用网络爬虫爬取房产网站获取上述 RH、DH、DP 三个数据。)

首先我们进行数据处理，对“光谷 aoi”数据进行按属性选择(选择“fclass”—“residential”)，选择后进行要素的导出，命名为“residential”。

打开“residential”属性表，新建双精度的“demand1”字段，使用字段计算器，赋予“demand1”字段值为“Shape_Area”。

由于前面进行商场分级时根据 typecode 为“060100”“060101”“060102”与“060103”分别赋值为“3”“2”“1”，因此我们需要将“residential”的“demand1”字段进行分级处理。

在符号系统中改变显示方式，选择“分级”，运用自然间断点分级法分成三级，并在“residential”的属性表中添加双精度“class”字段，根据分级显示的数值在属性表中按属性选择(同时选择大于等于和小于等于，数值按照符号系统分级的显示，中间用“和”)，在“class”中从大到小赋值“3”“2”“1”三级(图 7.5、图 7.6、图 7.7、图 7.8、图 7.9)。

然后对“residential”进行要素转点，将 aoi 面转化为 poi 点。(记得勾选“内部”，此后下文称 residential_POI)

图 7.5　按照属性进行选择

图 7.6　对“demand1”字段进行计算

图 7.7　将居住区 aoi 进行面转点

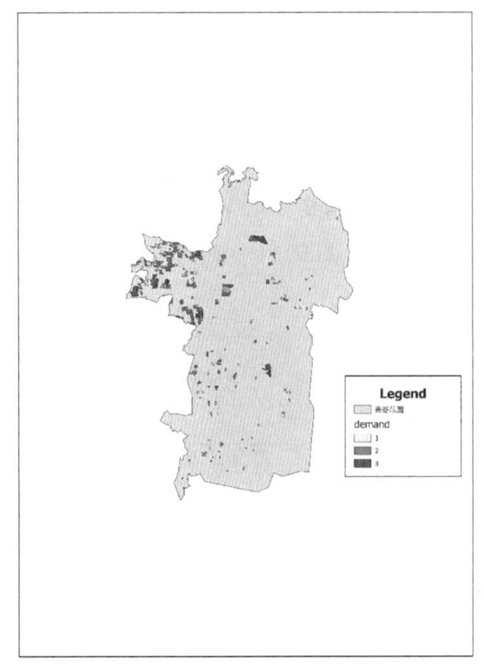

图 7.8　居住区 aoi 分级示意

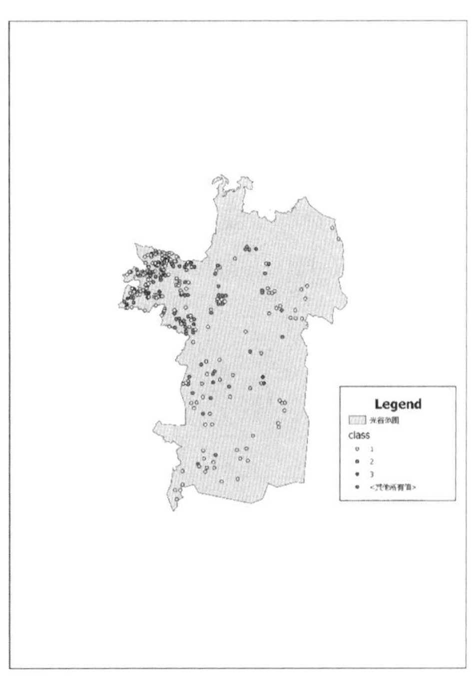

图 7.9　居住区 poi 分级示意

进行两步移动搜索的第一步，从购物中心去计算其对应阈值范围内的居住小区。

首先生成近邻表，点击【分析工具】【邻近分析】【生成近邻表】，并按照图 7.10 所示进行配置(【输入要素】选择“购物中心 poi”，【邻近要素】选择“residential_poi”)。经验数值以 30min 步行时间(2500m 路网距离)为其空间搜索阈值(需要取消勾选仅查找最近要素)，生成近邻表“gwzx_to_TAZ”。

图 7.10　生成近邻表

打开近邻表的属性表，此时的 IN_FID 为输入的购物中心的 OBJECTID，NEAR_FID 为 2500m 范围内搜索到的居住小区，NEAR_DIST 则表示购物中心到居住小区的距离。(注意，此时距离的单位应为米，若生成 0.00x 的数值，则很可能是因为未进行投影而造成计算错误)

为了后面的计算，我们进行数据连接。将 IN_FID 与“购物中心 poi”的 OBJECTID 相连接，并用 NEAR_FID 去连接 residential poi 的 OBJECTID_1(图 7.11、图 7.12)。

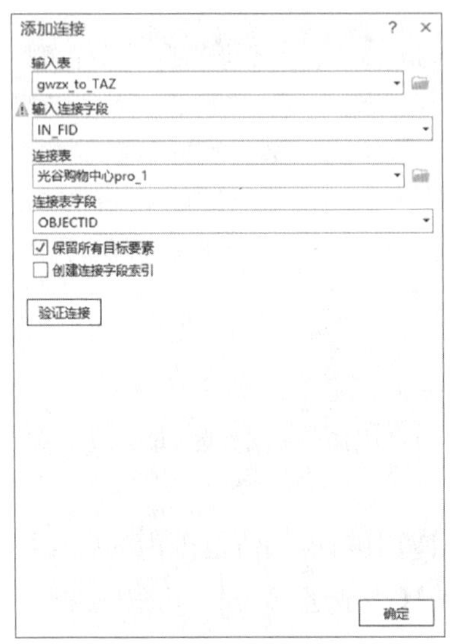

图 7.11　添加字段连接

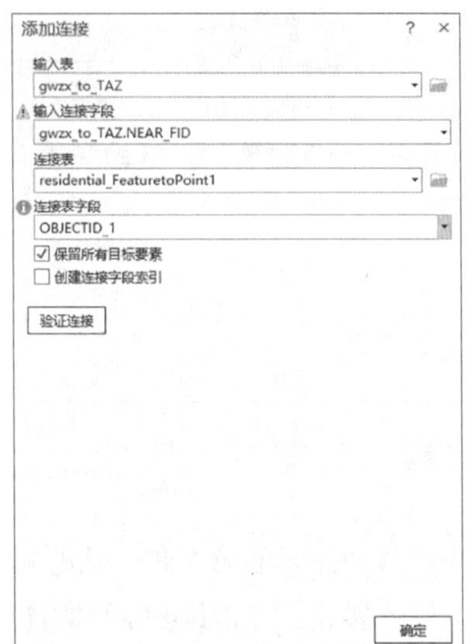

图 7.12　添加字段连接

如图 7.12 所示分别建立连接后，导出 Excel 表格，右击表，选择【数据】【导出 Excel 表格】，并在 Excel 中打开进行函数计算。

购物中心作为供给点 j，以人们前往购物中心的路网极限距离 d_0 为半径建立搜索域 j，汇总搜索域 j 内所有的居民点，利用高斯函数按照距离衰减规律赋以权重，并对这些加权后的人口进行加和汇总，计算供需比 R_j

$$R_j = \frac{S_j}{\sum_{k \in \{d_{k_j} \leq d_0\}} G(d_{ij}) D_k} \tag{1}$$

式中，D_k 是每个需求单元 k 的人口规模，d_{k_j} 为位置 k、j 之间的路网距离，单元 k 需落在搜寻域内(即 $d_{k_j} \leq d_0$)；S_j 为购物中心 j 的等级；$G(d_{ij})$ 是考虑空间摩擦问题的高斯衰减函数，其具体形式可表示为：

$$G(d_{ij}) = \frac{e^{-\frac{1}{2} \times \left(\frac{d_{ij}}{d_0}\right)^2} - e^{-\frac{1}{2}}}{1 - e^{-\frac{1}{2}}} \quad (d_{ij} < d_0) \tag{2}$$

(注意！此后每一步计算都要在第一行添加名称，以防不知道算出来的是什么。)

首先我们先来计算 d_{ij}。

在新一列中计算，其数值就等于 NEAR_DIST，输入表达式为=NEAR_DIST。

接着我们计算 D_k。

D_k 为需求单元 k 的人口规模，在本实验中我们采用居住单元的面积来近似看作人口数量，因此 D_k 的数值就等于 demand1（注意，"demand1"字段是有小数的，这里可以自己调整 Excel 的小数取值来更好地计算）。

接着计算 S_j。

S_j 在本题中采用之前的购物中心等级表示，其含义为服务供给，因而其等于 value。

接着计算 $G(d_{ij})$。

其是使用高斯衰减函数计算的，式中的自然数 e 在 Excel 中表示为 EXP(1)，d_0 则是我们之前采用的搜索半径 2500m。

因此计算表达式为

=(EXP(1)^(-0.5*(dij/2500)^2)-EXP(1)^-0.5)/(1-EXP(1)^-0.5)

接着计算 $G(d_{ij})*D_k$，其表达式即为两个数值相乘。

根据式(1)，我们要对 $G(d_{ij})*D_k$ 进行求和，这里求和采用了 Excel 中的数据透视表进行操作。

框选全部数据，在上栏点【插入】【数据透视表】，新建表格，生成数据透视表。

在数据透视表页面左边会出现数据透视表字段，这里会出现我们刚才框选的所有字段，将 In_FID 拖入【行】中，将 $G(d_{ij})*D_k$ 拖入【值】，点击【值】，其计算方式为求和，即可得到 $\sum_k (G(d_{ij})*D_k)$。

之后复制表中生成的所有数值，在空白处以数值的方式粘贴，此时的数值为 IN_FID 和 Σ，便于下一步计算。

之后使用 VLOOKUP 函数进行 S_j 的计算。

其表达式为=VLOOKUP(In_FID，跳转回上一个表，框选全部，数出 value(购物中心的等级赋值)所在列数，并输入这一数值。这一表达式的含义是进行搜索匹配，在这新的一列中，将表格中的 value 与 In_FID 进行对应匹配。

接着计算 R_j，根据式(1)，其表达式就是 $=S_j/\Sigma$。

复制生成的所有数值，建立一个新的 Excel 表，在新表空白处以数值的方式粘贴(此时最重要的数据为 In_FID 和 R_j)。

所以将 In_FID 和 R_j 粘贴至一个新的 Excel 表格中，最终生成 Excel 表"Step_1"，包含以下数据：购物中心编号 In_FID 和供需比 R_j(图 7.13)。将该表格另存为格式"Excel 97-2003 工作簿"，并在 GeoScene 中打开。此时我们完成了两步搜索法的第一步，即用购物中心去计算居住小区的供需比(用供给去拟合需求)。

1	In_FID	SUM	Sj	Rj
2	1	4.39698	3	0.682286
3	2	0.433823	3	6.915256
4	3	26.305	1	0.038016
5	4	19.59128	1	0.051043
6	5	21.18338	3	0.14162
7	6	16.50428	1	0.06059
8	7	28.02438	2	0.071366
9	8	5.579657	2	0.358445
10	9	36.49954	2	0.054795
11	10	45.2171	2	0.044231
12	11	38.26945	2	0.052261
13	12	39.10258	1	0.025574
14	13	18.28477	1	0.05469
15	14	50.52838	1	0.019791
16	15	50.76747	1	0.019698
17	17	5.364054	2	0.372852
18	18	0.106597	1	9.381158
19	19	50.00148	1	0.019999
20	20	51.59381	2	0.038764
21	21	52.85921	1	0.018918
22	22	50.87689	1	0.019655
23	23	52.87393	1	0.018913
24	24	51.91345	2	0.038526
25	25	52.84222	2	0.037849
26	26	54.65942	1	0.018295
27	27	48.40567	1	0.020659
28	28	20.5794	1	0.048592
29	29	57.97611	3	0.051745
30	30	56.38986	2	0.035467
31	31	41.4064	2	0.048302

图 7.13　数据

第二步，我们反向用居住小区去计算购物中心的供需比(用需求去拟合供给)。同理，再次生成近邻表“TAZ _to_ gwzx”。(注意，此时的 In_FID 为 residential 的 OBJECTID_1，NEAR_FID 为 2500m 内搜索到的购物中心，它与之前生成的表格是相反的)

为方便计算，我们依照图 7.14 所示配置将 NEAR_FID 连接到导出的“Step_1”表格中的 In_FID。

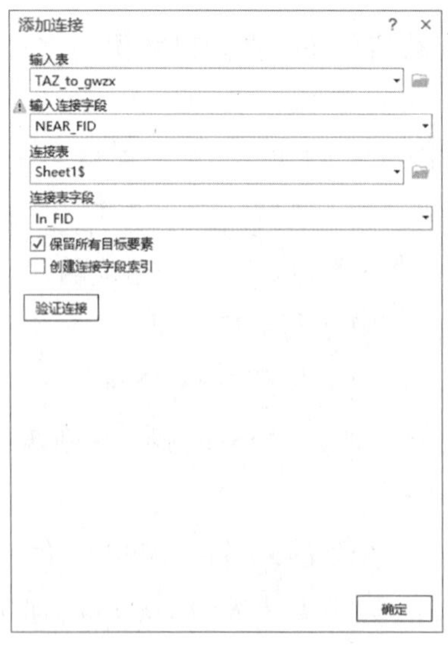

图 7.14　添加字段连接

按照之前导出教程所介绍的方法导出 Excel 表格，再次在 Excel 中进行计算。

我们需要再用一次高斯衰减函数，其表达式为

G(d_{ij})=(EXP(1)^(-0.5*(d_{ij}/2500)^2)-EXP(1)^-0.5)/(1-EXP(1)^-0.5)

(注意，此时的 d_{ij} 为 NEAR_DIST)

然后根据下面的式(3)计算 $G(d_{ij}) * R_j$，其表达式为两数值相乘。

为将数值求和，还需重复上一步的数据透视表。

仍旧将 IN_FID 拖入【行】中，将 $G(d_{ij}) * R_j$ 拖入【值】，点击【值】，其计算方式为求和。之后复制表中生成的所有数值，在空白处以数值的方式粘贴，此时的数值为 IN_FID (为 residential 的 In_FID 数值，分不清的话可以用名称进行区分)和 A_i。

求出得到居民点 i 的基于距离成本的购物中心可达性 A_i^D(见式(3))，其值越大表示可达性程度越高：

$$A_i^D = \sum_{j \in \{d_i \leq d_0\}} G(d_{ij}) R_j \tag{3}$$

导出最后生成的 sheet2 表格，将该表格另存为格式"Excel 97-2003 工作簿"，并在 GeoScene 中打开。

将 residential_poi 与 sheet2 连接，用 FID 与 FID 相连接。(注意，由于搜索半径的设置，不是所有都会连接上)

此后利用【三维分析工具】【栅格】【插值】【反距离权重法】进行可视化的表达。

点要素选择"residential_poi"，【Z 值字段】选择"A_i"，可得到最后结果(图 7.15)。

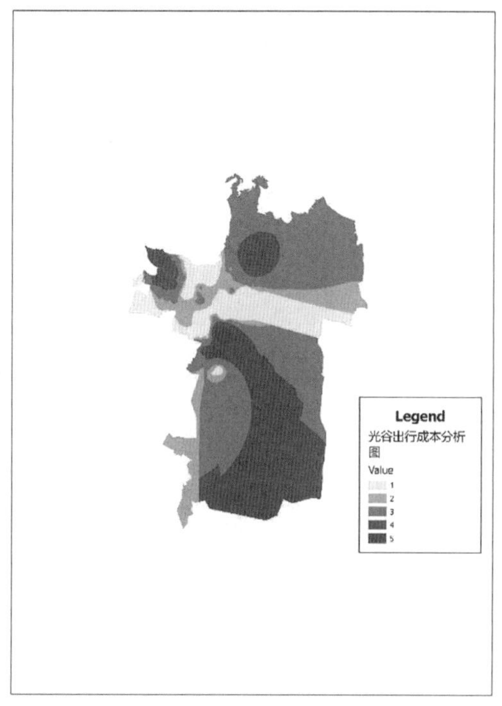

图 7.15　光谷出行成本

五、总结与思考

电商平台的发展是一个逐渐提升的过程。但相关研究表明，在新零售时代，消费者的消费和生活习惯得到了明显的改变。相较于以往的购物中心选址适宜性评价，本实验将新零售概念提出后消费者行为的转变纳入考量，从新的角度建立选址模型，且以此为依据分析影响因子权重，并对比电商兴起前后购物中心的时空分布变化，进一步佐证在充分考虑电商时代消费者的真实消费需求与倾向后所构建的选址模型具有一定的科学性和可参考性，对今后购物中心的布局规划具有一定的启示和借鉴意义。但本实验对于选址模型的构建以及应用仍存在一定不足之处，如受数据限制，部分一级指标评价较为单一等。后续的深入研究过程应该朝着应用更精确、更具有普适性的数据等方向努力，通过更加全面的因子评价和更加完备的分析方法来提高模型的准确度，使其更具实践与应用的价值。

◎ 本实验参考文献

[1] Chinmoy Sarkar，Chris Webster，John Gallacher. Residential greenness and prevalence of major depressive disorders：a cross-sectional，observational，associational study of 94 879 adult UK Biobank participants[J]. The Lancet Planetary Health，2018，2(4).

[2] Li H N，Chau C K，Tang S K. Can surrounding greenery reduce noise annoyance at home? [J]. Science of the Total Environment，2010，408(20).

[3] Harini Nagendra，Divya Gopal. Tree diversity，distribution，history and change in urban parks：studies in Bangalore，India[J]. Urban Ecosystems，2011，14(2).

[4] Coombes E，Jones A P，Hillsdon M. The relationship of physical activity and overweight to objectively measured green space accessibility and use[J]. Social Science and Medicine，2010，70(6).

[5] Catherine Paquet，Thomas P Orschulok，Neil T Coffee，et al. Are accessibility and characteristics of public open spaces associated with a better cardiometabolic health? [J]. Landscape and Urban Planning，2013，118.

[6] Sturm Roland，Cohen Deborah. Proximity to urban parks and mental health[J]. The Journal of Mental Health Policy and Economics，2014，17(1).

[7] Cristina Ayala-Azcárraga，Daniel Diaz，Luis Zambrano. Characteristics of urban parks and their relation to user well-being[J]. Landscape and Urban Planning，2019，189.

[8] 任安东. 基于空间句法的城市公园绿地可达性研究[D]. 合肥：合肥工业大学，2020.

[9] 潘剑彬，朱战强，付喜娥，等. 美国风景园林规划设计典型范例研究——奥姆斯特德及其比特摩尔庄园作品[J]. 中国园林，2019，35(8)：98-103.

[10]Turner T. Open space planning in London: From standards per 1000 to green strategy[J]. Town Planning Review, 1992, 63(4): 365-386.

[11]张森一. 基于 GIS 的长沙市主城区公园绿地可达性研究[D]. 长沙: 湖南农业大学, 2020.

[12]陶卓霖, 程杨. 两步移动搜寻法及其扩展形式研究进展[J]. 地理科学进展, 2016, 35(5): 589-599.

[13]熊芳芳. 湖北省崇阳县医疗服务可达性及布局优化研究[D]. 武汉: 湖北大学, 2021.

[14]易新宇. 轨道交通影响下的公共服务设施可达性研究[D]. 南京: 东南大学, 2021.

[15]Walter G Hansen. How accessibility shapes land use[J]. Journal of the American Planning Association, 1959, 25(2).

[16]Weibull Jörgen W. An axiomatic approach to the measurement of accessibility[J]. Regional Science and Urban Economics, 1976, 6(4).

[17] Joseph Alun E, Bantock Peter R. Measuring potential physical accessibility to general practitioners in rural areas: A method and case study[J]. Social Science & Medicine, 1982, 16(1).

[18]Huff David L. Defining and estimating a trading area[J]. Journal of Marketing, 1964, 28(3).

[19] Erkip F. The distribution of urban public services: The case of parks and recreational services in Ankara[J]. Cities, 1997, 14(6): 5597-5599.

[20]Talen Emily. Neighborhoods as service providers: A methodology for evaluating pedestrian access[J]. Environment and Planning B: Planning and Design, 2003, 30(2).

[21]Katherine B Vaughan, Andrew T Kaczynski, Sonja A Wilhelm Stanis, et al. Exploring the distribution of park availability, features, and quality across Kansas City, Missouri by income and race/ethnicity[J]. Annals of Behavioral Medicine, 2013, 45(1): 28-38.

[22]Sarah Nicholls. Measuring the accessibility and equity of public parks: a case study using GIS[J]. Managing Leisure, 2001, 6(4).

[23]Alexis Comber, Chris Brunsdon, Edmund Green. Using a GIS-based network analysis to determine urban greenspace accessibility for different ethnic and religious groups[J]. Landscape and Urban Planning, 2008, 86(1).

[24]Gary Higgs, Richard Fry, Mitchel Langford. Investigating the implications of using alternative GIS-based techniques to measure accessibility to green space[J]. Environment and Planning B: Planning and Design, 2012, 39(2).

[25]Hillsdon M, Panter J, Foster C, et al. The relationship between access and quality of urbangreen space with population physical activity[J]. Public Health, 2006, 120(12).

[26]Herzele A V, Wiedemann T. A monitoring tool for the provision of accessible and attractive

urban green spaces[J]. Landscape and Urban Planning, 2003, 63(2).

[27]Kyushik Oh, Seunghyun Jeong. Assessing the spatial distribution of urban parks using GIS [J]. Landscape and Urban Planning, 2007, 82(1).

[28]Luo W, Qi Y. An enhanced two-step floating catchment area (E2SFCA) method for measuring spatial accessibility to primary care physicians[J]. Health and Place, 2009, 15 (4).

[29]Dajun Dai. Racial/ethnic and socioeconomic disparities in urban green space accessibility: Where to intervene? [J]. Landscape and Urban Planning, 2011, 102(4).

[30]Wei F. Greener urbanization? Changing accessibility to parks in China[J]. Landscape and Urban Planning, 2017, 157.

[31]Zhang J, Cheng Y, Wei Wei, et al. Evaluating spatial disparity of access to public parks in gated and open communities with an improved G2SFCA model[J]. Sustainability, 2019, 11 (21).

[32]Chen Wen, Christian Albert, Christina Von Haaren. Equality in access to urban green spaces: A case study in Hannover, Germany, with a focus on the elderly population[J]. Urban Forestry & Urban Greening, 2020, 55.

[33]Huang Yiyi, Lin Tao, Zhang Guoqin, et al. Spatiotemporal patterns and inequity of urban green space accessibility and its relationship with urban spatial expansion in China during rapidurbanization period. [J]. The Science of the Total Environment, 2021, 809.

[34]俞孔坚，段铁武，李迪华，等．景观可达性作为衡量城市绿地系统功能指标的评价方法与案例[J]. 城市规划，1999(8)：7-10，42，63.

[35]杨育军，宋小冬．基于 GIS 的可达性评价方法比较[J]. 建筑科学与工程学报，2004(4)：27-32.

[36]周廷刚，郭达志．基于 GIS 的城市绿地景观引力场研究——以宁波市为例[J]. 生态学报，2004(6)：1157-1163.

[37]胡志斌，何兴元，陆庆轩，等．基于 GIS 的绿地景观可达性研究——以沈阳市为例[J]. 沈阳建筑大学学报(自然科学版)，2005(6)：671-675.

[38]仝德，孙裔煜，谢苗苗．基于改进高斯两步移动搜索法的深圳市公园绿地可达性评价[J]. 地理科学进展，2021，40(7)：1113-1126.

[39]李平华，陆玉麒．城市可达性研究的理论与方法评述[J]. 城市问题，2005(1)：69-74.

[40]薛晓方．论个体差异性理论在现代医院人力资源开发中的运用[J]. 中国卫生事业管理，2007(11)：746-748.

[41]王晓真．基于 AHP-熵值法的福建省高校科研绩效评价研究[D]. 福州：福州大学，2017.

实验八　基于 GeoScene Pro 的武夷山生态敏感性分析

一、实验目的和意义

武夷山自然保护区是珍贵的天然绿色栖息地，是快速城市化中山地城市的宝贵自然资源，可为城市提供一系列生态系统服务。当下受城市扩张和气候变化影响，武夷山市生态敏感性增加，生态系统日益脆弱。针对现状，本实验定量分析了武夷山市在自然因子和人为干扰下的脆弱性，构建了适用于特定高生态价值残山系统指标的评估体系，以期为规划和保护多山城市栖息地提供理论支持，向城市规划者和决策者提供有价值的见解。同时，作为操作方面的典型案例，还可以检验学生对栅格数据叠加分析的掌握程度，有助于学生将所学知识应用于实践。

二、实验内容

(1)学习 GeoScene Pro 中栅格合并、掩膜提取等工具的使用；

(2)学习 GeoScene Pro 中坡度、坡向等 DEM 数据分析方法；

(3)学习【重分类】方法；

(4)学习【加权叠加】工具的运用方法；

(5)学习符号系统修改的方法，并生成评价结果图纸。

三、实验数据

本实验相关数据见表 8.1。

表 8.1　**实验数据表**

数　据	类　型	数据格式
武夷市所在图幅 30m×30m 数字高程数据	栅格数据	tif

续表

数　据	类　型	数据格式
武夷山市矢量行政边界	面状要素	shp
中国土地利用遥感监测数据集	栅格数据集	文件系统栅格
中国生长季 1km 植被指数(NDVI)空间分布数据集	栅格数据集	文件系统栅格

四、实验流程

在 GeoScene Pro 中实现生态敏感性评估，首先要构建生态敏感性评价体系(表 8.2)，确定各个指标、权重与分级分数，利用武夷山市域矢量边界掩膜提取武夷山市高程数据、武夷山市土地利用遥感数据、武夷山市植被指数空间分布数据。然后对高程数据进行坡度、坡向提取，分别得出武夷山市植被覆盖度、土地利用类型、坡度、坡向、高程的指标评价结果。最后通过栅格计算器将五个图层按照评价体系确立的相应权重叠加得出武夷山市综合生态敏感性评价结果。

表 8.2　　**生态敏感性评价体系**

单因子评价表				
评价因子	类　别	敏感度	等级	权重
高程	>1500m	高度敏感	4	0.22
	1000m~1500m	中度敏感	3	
	500m~1000m	低度敏感	2	
	<500m	不敏感	1	
坡度	>45°	高度敏感	4	0.15
	20°~45°	中度敏感	3	
	10°~20°	低度敏感	2	
	<10°	不敏感	1	
坡向	正北	高度敏感	4	0.25
	东北、西北、正东、正西	中度敏感	3	
	东南、西南	低度敏感	2	
	正南、平面	不敏感	1	
植被覆盖度	稀疏 0.2~0.4	高度敏感	4	0.20
	较少 0.4~0.6	中度敏感	3	
	适中 0.6~0.8	低度敏感	2	
	茂密>0.8	不敏感	1	

续表

单因子评价表				
评价因子	类　　别	敏感度	等级	权重
土地利用类型	居民用地 耕地(水田、旱地) 水域(河流、水库) 草地、林地、未利用土地	高度敏感 中度敏感 低度敏感 不敏感	4 3 2 1	0.18

具体实验逻辑过程如图 8.1 所示。

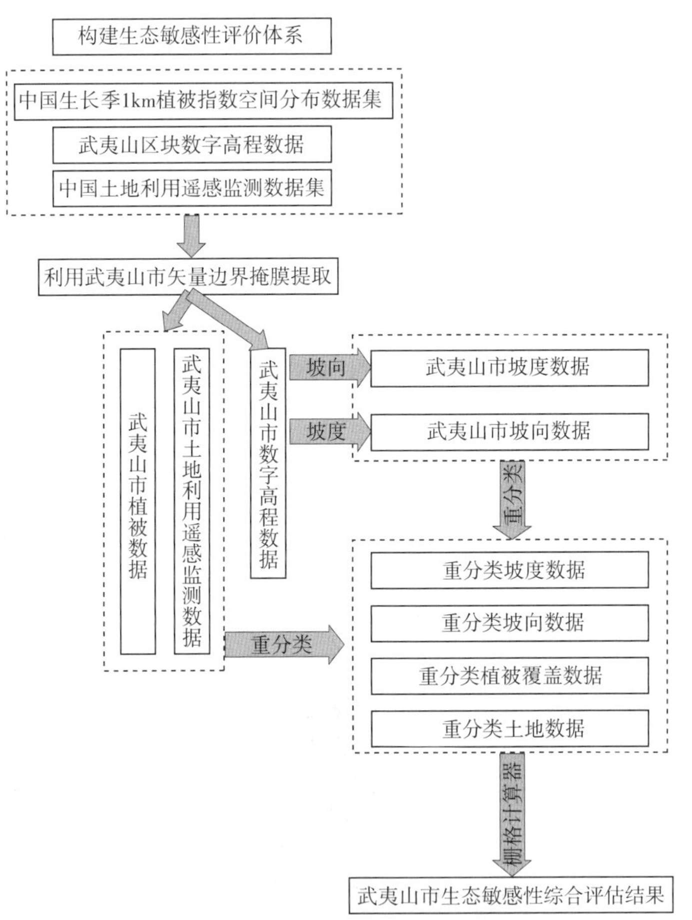

图 8.1　实验流程图

五、模型结构

图 8.2 所示为本实践选题的模型结构图。

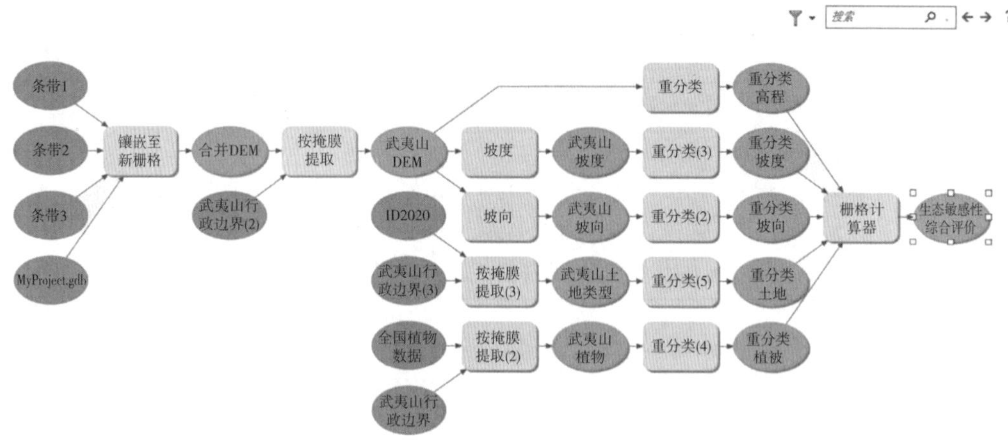

图 8.2 模型结构图

六、操作步骤

(1)打开 GeoScene Pro，单击【新建文件地理数据库(地图视图)】，命名为“武夷山市生态敏感性评估”。

(2)单击导航栏中的【添加数据】(图 8.3)，选择数据文件中 DEM 数据(含三个图幅)与“武夷山行政边界”，点击【确认】，向地图中添加数据(图 8.4、图 8.5)。

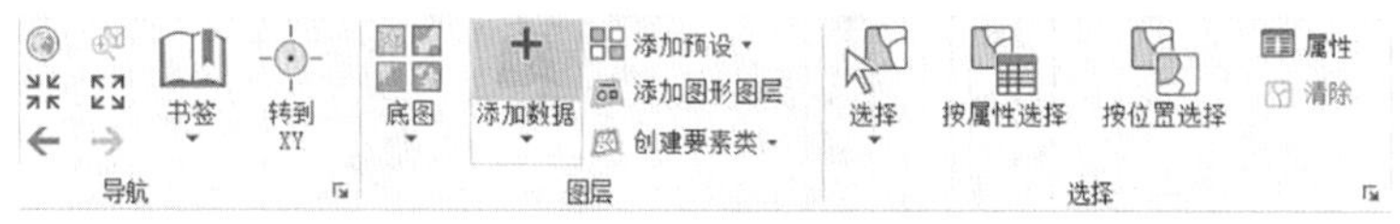

图 8.3 【添加数据】步骤导航栏

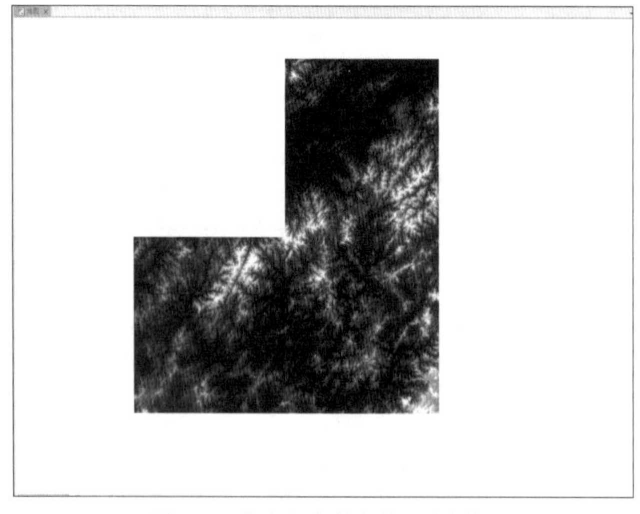

图 8.4 武夷山市所在的三个图幅

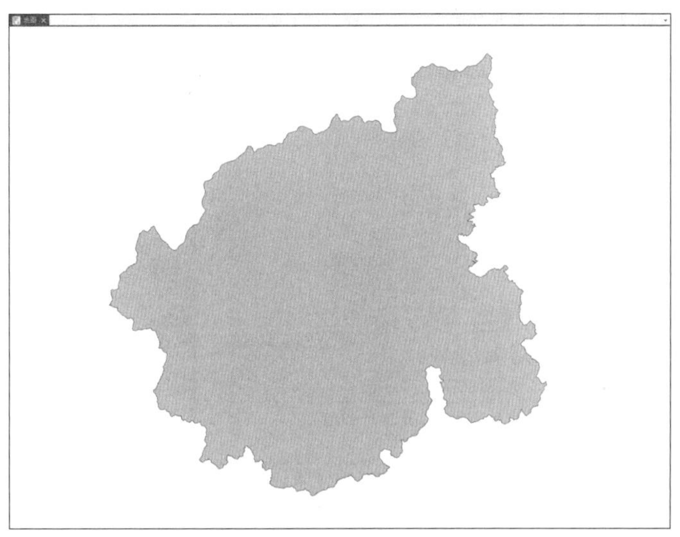

图 8.5　武夷山市行政矢量边界

(3)在右上角工具搜索栏(图 8.6)搜索“镶嵌至新栅格”，将内容栏中三个 DEM 图幅拖入右侧运行栏，参数如图 8.7 所示，将新建栅格数据集命名为“合并 DEM”，点击【运行】，得到合并后的区块高程数据(图 8.8)。

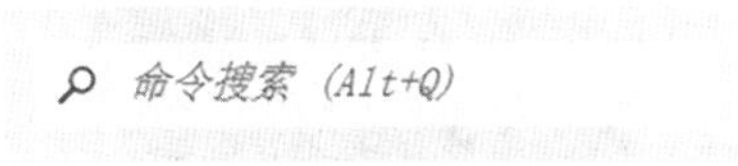

命令搜索 (Alt+Q)

图 8.6　GeoScene Pro 工具搜索栏

图 8.7　镶嵌至新栅格设置界面

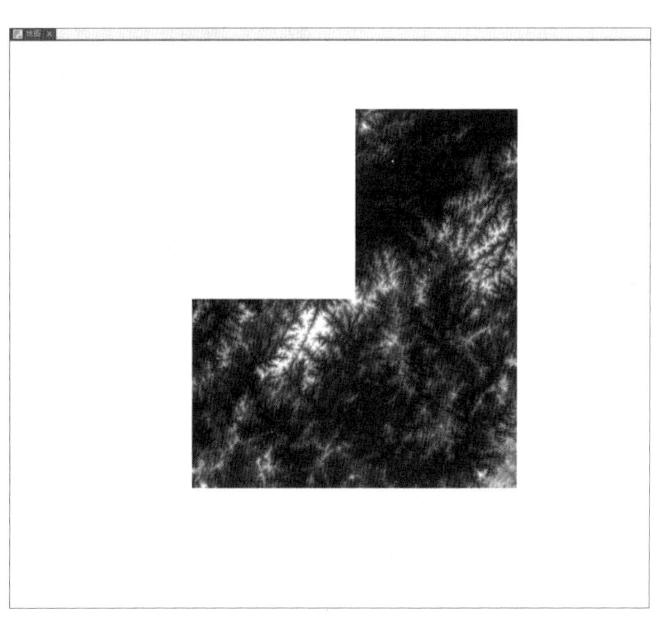

图 8.8　合并 DEM 完成界面

(4)在搜索栏搜索“按掩膜提取”，将“武夷山行政边界”与“合并 DEM”分别拖入右侧运行栏(图 8.9)，将新建栅格数据集命名为“武夷山 DEM”，点击【运行】，得到武夷山市域范围 DEM 高程数据(图 8.10)。

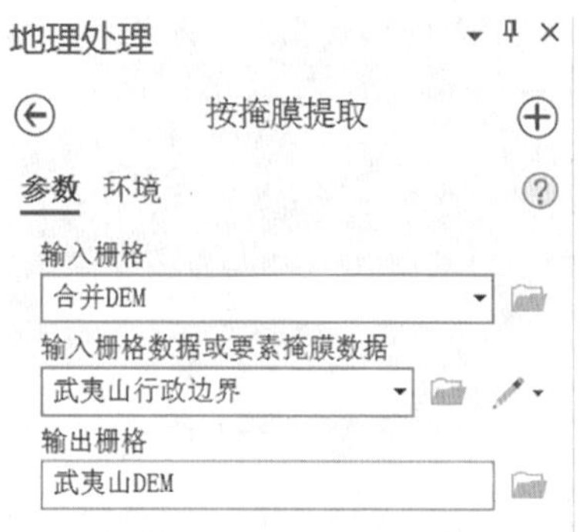

图 8.9　掩膜提取设置界面

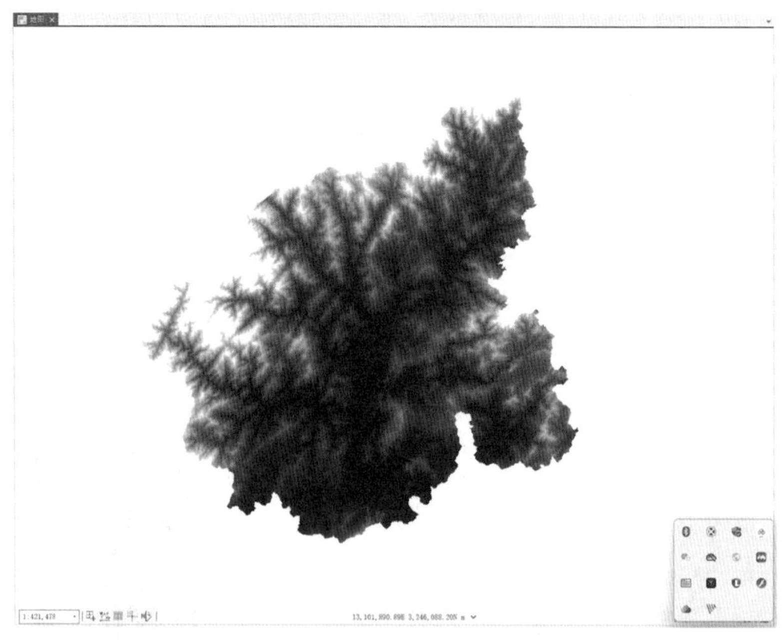

图 8.10　武夷山 DEM 完成界面

(5)在搜索栏搜索“坡度”，点击输入栅格栏目右侧文件夹图标，从中选取“武夷山 DEM”(图 8.11)；将新建栅格数据集命名为“坡度”，点击【运行】，得到武夷山市坡度数据(图 8.12)。

(6)在搜索栏搜索“坡向”，点击输入栅格栏目右侧文件夹图标，从中选取“武夷山 DEM”(图 8.13)；将新建栅格数据集命名为“坡向”，点击【运行】，得到武夷山市坡向数据(图 8.14)。

坡度
表面参数 工具提供了增强的功能或性能。
参数 环境
输入栅格
武夷山DEM
输出栅格
坡度
输出测量单位
度
方法
平面
Z 因子
1

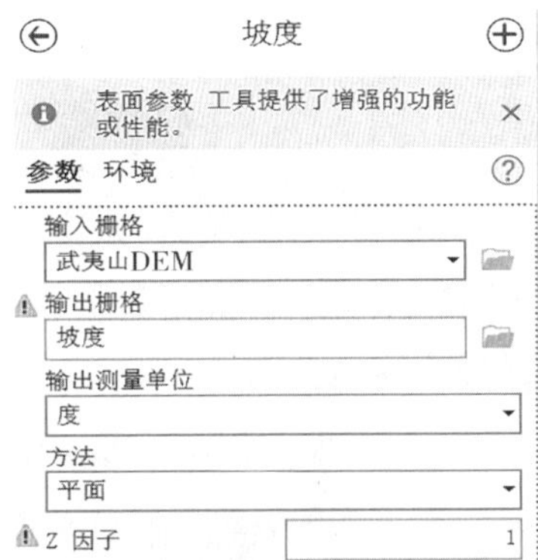

图 8.11　坡度数据生成界面

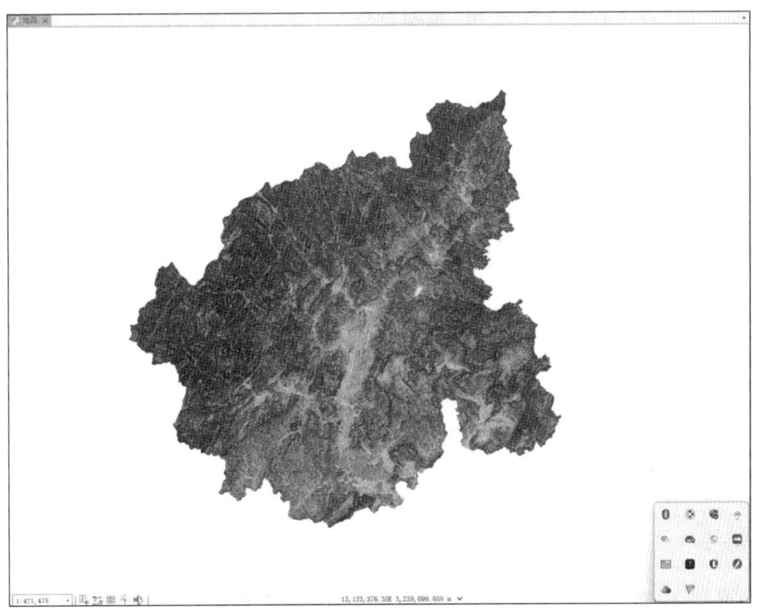

图 8.12　坡度完成界面

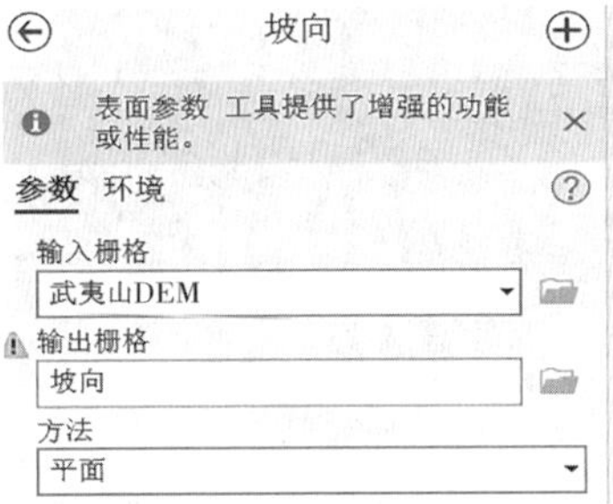

坡向
表面参数 工具提供了增强的功能或性能。
参数 环境
输入栅格
武夷山DEM
输出栅格
坡向
方法
平面

图 8.13　坡向设置界面

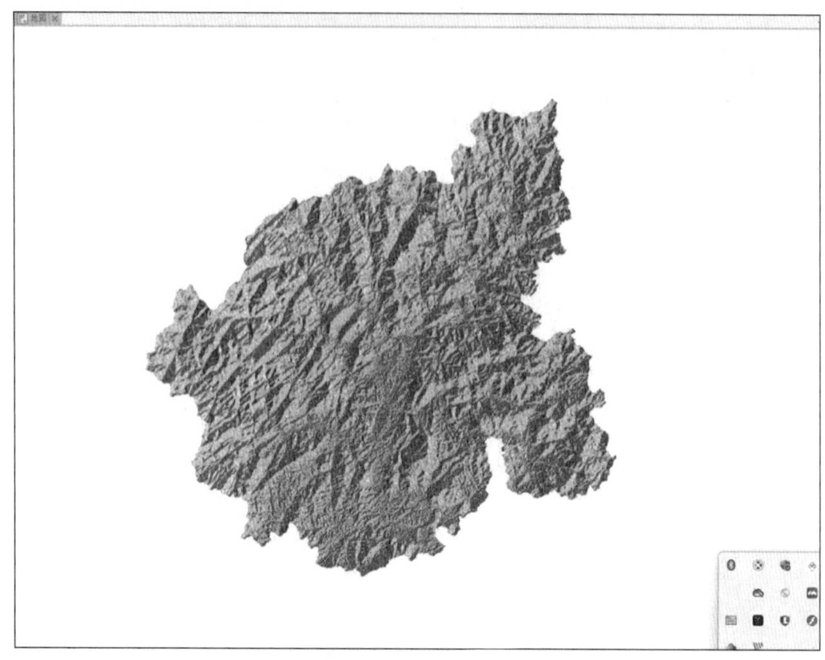

图 8.14　坡向完成界面

(7)单击导航栏中的【添加数据】，选择数据文件“中国土地利用遥感监测数据集”“中国生长季 1km 植被指数(NDVI)空间分布数据集”，点击【确认】，向地图中添加数据。

(8)在搜索栏搜索“按掩膜提取”，分别点击输入栅格栏目与输入要素栏目右侧文件夹图标，从中选取“中国土地利用遥感监测数据集”与“武夷山行政边界”，将新建栅格数据集命名为“武夷山土地”，点击【运行】，得到武夷山市域范围土地利用类型数据(图 8.15)。

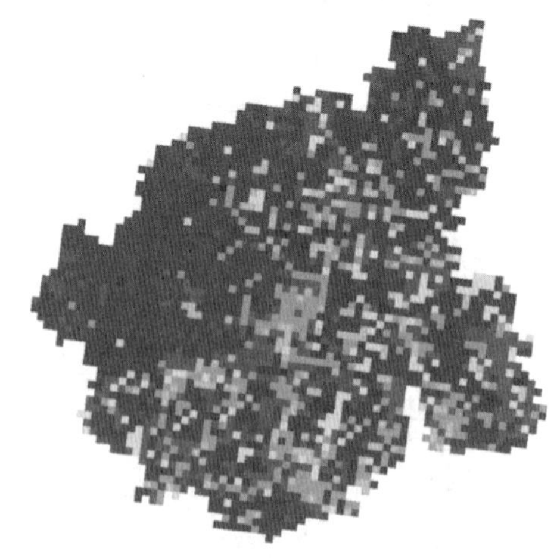

图 8.15　武夷山土地完成界面

(9)在搜索栏搜索“按掩膜提取”，分别点击输入栅格栏目与输入要素栏目右侧文件夹图标，从中选取“中国生长季 1km 植被指数(NDVI)空间分布数据集”与“武夷山行政边界”，将新建栅格数据集命名为“武夷山植被”，点击【运行】，得到武夷山市域范围植被覆盖数据(图 8.16)。

图 8.16　武夷山植被完成界面

(10)根据生态敏感性评价体系对武夷山市高程数据进行重分类，点击工具栏中【空间分析】【重分类】【重分类】，点击输入栅格栏目右侧文件夹图标，从中选取“武夷山 DEM”，并在右侧运行栏中修改分类数据(图 8.17)，将新建栅格数据集命名为“重分类高程”，点击【运行】，得到按评价体系重分类后的武夷山市域范围内高程数据(图 8.18)。

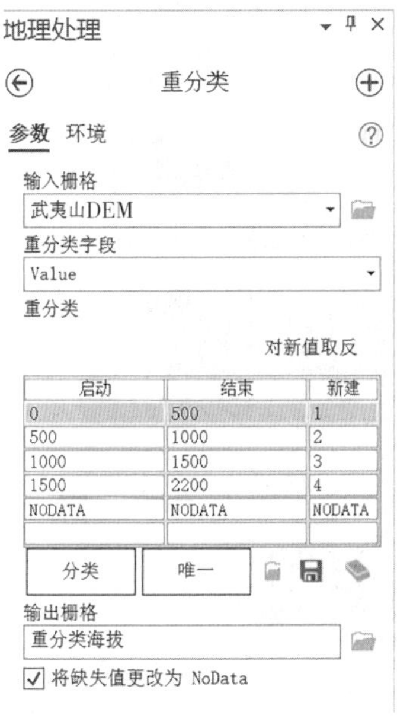

图 8.17　重分类高程设置界面

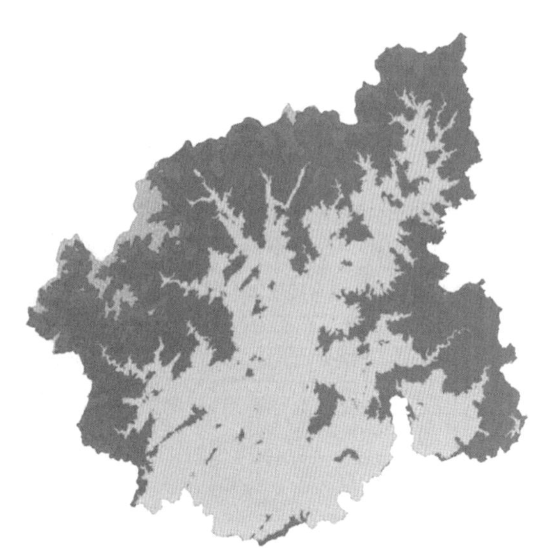

图 8.18　重分类高程完成界面

(11)根据生态敏感性评价体系对武夷山市 NVDI 植被数据进行重分类；点击工具栏中【空间分析】【重分类】【重分类】，点击输入栅格栏目右侧文件夹图标，从中选取“武夷山 DEM”，并在右侧运行栏中修改分类数据(图 8.19)，将新建栅格数据集命名为“重分类植被”，点击【运行】，得到按评价体系重分类后的武夷山市域范围内植被数据(图 8.20)。

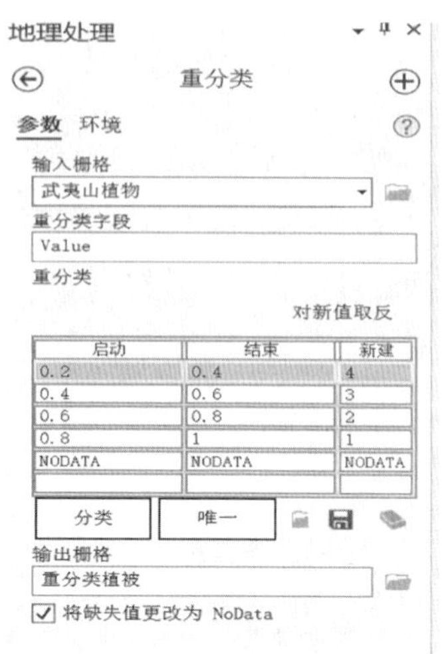

图 8.19　重分类植被设置界面

图 8.20　重分类植被完成界面

(12)根据生态敏感性评价体系对武夷山市植被数据进行重分类；点击工具栏中【空间分析】【重分类】【重分类】，点击输入栅格栏目右侧文件夹图标，从中选取“武夷山 DEM”(图 8.21)，将新建栅格数据集命名为“重分类坡度”，点击【运行】，得到按评价体系重分类后的武夷山市域范围内坡度数据(图 8.22)。

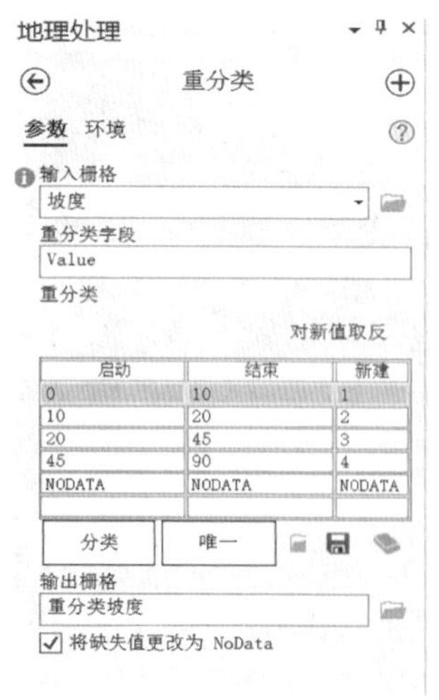

图 8.21　重分类坡度设置界面

图 8.22　重分类坡度完成界面

(13)根据生态敏感性评价体系对武夷山市坡向数据进行重分类；点击工具栏中【空间分析】【重分类】【重分类】，点击输入栅格栏目右侧文件夹图标，从中选取“武夷山 DEM”(图 8. 23)，将新建栅格数据集命名为“重分类坡向”，点击【运行】，得到按评价体系重分类后的武夷山市域范围内坡向数据(图 8. 24)。

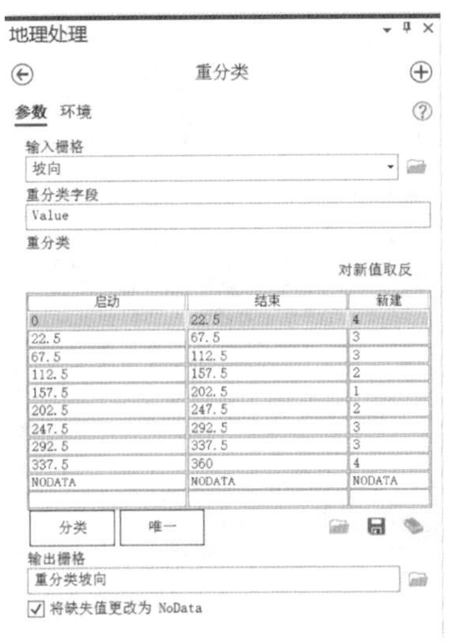

图 8. 23　重分类坡向设置界面

图 8. 24　重分类坡向完成界面

(14)根据生态敏感性评价体系对武夷山市土地数据进行重分类；点击工具栏中【空间分析】【重分类】【重分类】，点击输入栅格栏目右侧文件夹图标，从中选取“武夷山土地数据”(图 8. 25)，将新建栅格数据集命名为“重分类土地”，点击【运行】，得到按评价体系重分类后的武夷山市域范围内土地类型数据(图 8. 26)。

图 8. 25　重分类土地数据设置界面

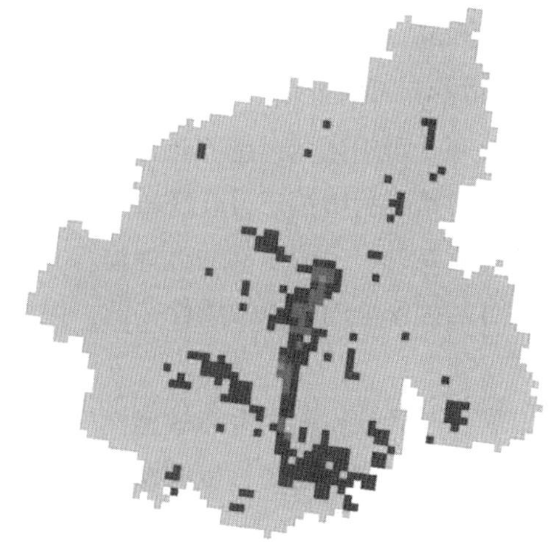

图 8. 26　重分类土地数据完成界面

(15)在工具栏点击【空间分析工具】【地图代数】【栅格计算器】，将重分类后的五项评价数据在右侧操作栏进行权重公式计算(图 8.27)，将新建栅格数据集命名为“生态敏感性叠加结果”，点击【运行】，得到武夷山市域范围综合生态敏感性数据(图 8.28)。

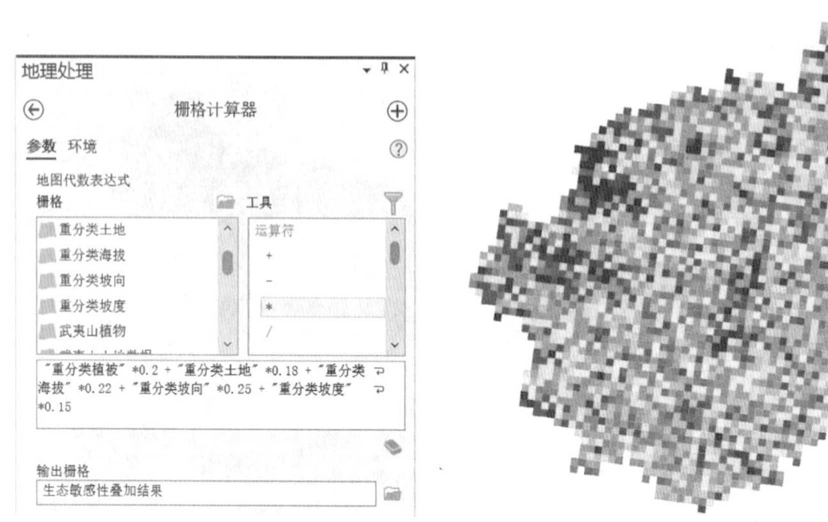

图 8.27　栅格计算器设置界面

图 8.28　综合生态敏感性完成界面

七、总结与思考

1. 结论

评价结果表明，武夷山市的生态敏感性总体较低，大体分布规律是西高东低。高度敏感区主要分布在武夷山市西部连绵的丘陵山脉(黄木连山、香炉山、望夫山、东路山等)地带，面积约 618km^2，占总区域的 22%左右；中度敏感区域与低度敏感区域在全市均有分布，两者均占约 10%的面积，约为 280km^2；不敏感区域占比极大，为 56%，面积 1600km^2 左右，主要分布于市中区域，越靠近市域边缘，不敏感区域分布越稀疏。在众多街道中，武夷街道、星村镇、兴田镇三行政区域交界处的不敏感区域较为集中，而此区域恰好是武夷山国家公园所在处，公园东部的九曲溪保护地带与风景名胜区的不敏感程度尤为突出，说明武夷山自然国家公园生态敏感性较低，保护较为良好。

规划建议如下：

第一，划分与管理：不同生态敏感性区域实施不同方针，尤其考虑武夷山国家公园，考虑特别保护区、严格控制区、生态修复区与传统利用区 4 个区域的环境与管理现状，有针对性地提出对策与建议。

第二，评估与构建：在宏观的市域范围评估基础上对县域乃至更低级别区域进行因地制宜的评估，在“反规划”时代背景下构建新时代生态安全格局。

第三，衔接与缝合：如研究结果所示，武夷山国家公园位于三镇交界处，维持其生态格局稳定需要跨行政区的配合对接，构建县域生态廊道。生态廊道是生态源地流通的低成本路线，为生物迁移、繁衍提供便利，对自然界的生物流通意义重大。

2. 问题与未来展望

本实验通过各类栅格图层的提取与重分类对武夷山市生态敏感性进行系统评估，研究中生态敏感性评估体系的确立使用层次分析法，其中引用了专家的主观和客观方面的知识认知，存在在结果方面一定程度上会受到个人主观影响的弊端。目前各种评价方式不断涌现，这些评价方式如何在主观和客观的赋权中取得平衡还有待突破。

另一方面，本实验主要从自然因子的角度来评价武夷山市生态敏感性，而在生态系统中，人类是不可缺少的部分，人类意识观念及生产生活对自然环境产生的影响也应被考虑在内。因此，有关自然-人耦合系统的生态敏感评价还有待进一步探讨。

◎ 本实验参考文献

[1]尹海伟，徐建刚，陈昌勇，等．基于 GIS 的吴江东部地区生态敏感性分析[J]. 地理科学，2006(1)：64-69.

[2]钱乐祥，秦奋，许叔明．福建土地退化的景观敏感性综合评估与分区特征[J]. 生态学报，2002(1)：17-23.

[3]彭建，赵会娟，刘焱序，等．区域生态安全格局构建研究进展与展望[J]. 地理研究，2017，36(3)：407-419.

[4]王欣．基于 GIS 的武夷国家公园生态敏感性分析[J]. 福建林业科技，2022，49(2)：42-48，57.

[5]陈榕榕，丁铮．基于 GIS 的泉州市生态敏感性分析[J]. 环境与发展，2022，34(4)：100-109，116.

实验九　基于 DEM 的地表水文分析

一、实验目的和意义

水文分析是 DEM 数字地形分析的一个重要方面。基于 DEM 地表水文分析的主要内容是利用水文分析工具提取水流方向、汇流累积量、水流长度、河流网络、河网分级以及进行流域分割等。

二、实验内容

(1)学习 GeoScene Pro 中字段计算器、流向、汇流量等工具的使用;
(2)学习无洼地 DEM 数据生成;
(3)学习水文分析中的流向分析;
(4)学习河流河网生成及分级。

三、实验数据

本实验的相关数据见表 9.1。

表 9.1　实验数据表

数据	类型	数据格式
原始高程数据	面要素	srtm_59_06.img

四、实验流程

GeoScene Pro 中进行基于 DEM 数据的水文分析，首先要进行洼地判断及填洼处理，获得无洼地 DEM 数据；然后进行流向分析和汇流量分析；最后进行河流长度和河网提取，并进行河网分级。

具体实验逻辑过程如图 9.1 所示。

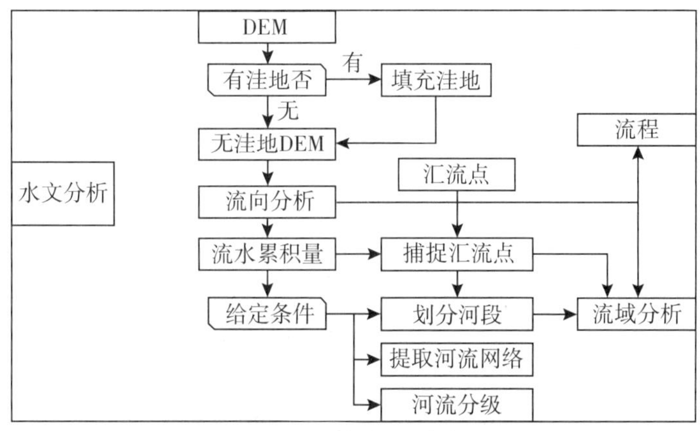

图 9.1　实验流程图

五、模型结构

图 9.2 所示为本实践选题的模型结构图。

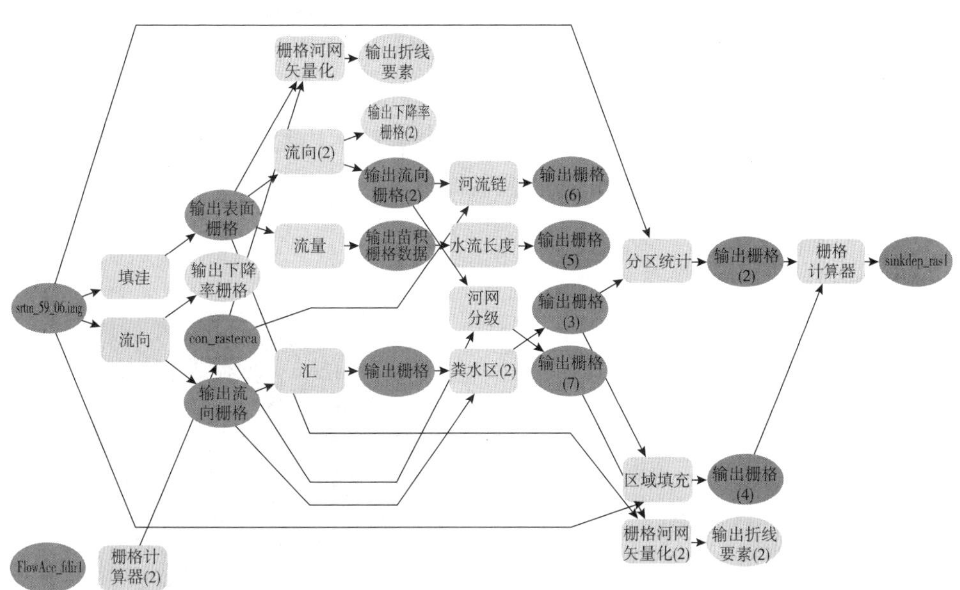

图 9.2　模型结构图

六、操作步骤

(1)打开 GeoScene Pro，单击【新建文件地理数据库(地图视图)】，命名为“水文分析”。

(2)单击导航栏中的【添加数据】(图 9.3)，选择数据文件中的“srtm_59_06. img”，点击【确认】，向地图中添加 DEM 数据(图 9.4)。

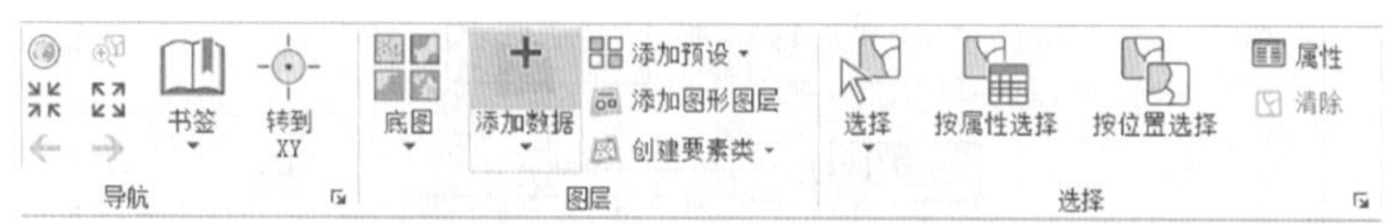

图 9.3　【添加数据】步骤导航栏

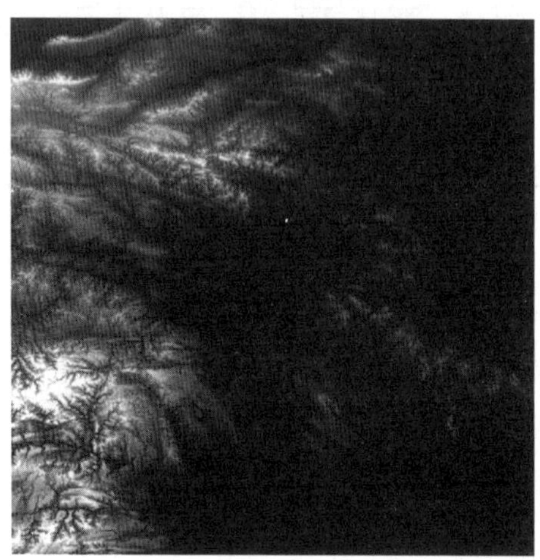

图 9.4　srtm_59_06. img

(3)在右侧目录菜单搜索【流向】，打开流向计算工具，设置【输入表面栅格】为“srtm_59_06. img”；设置【输出流向栅格】的路径及名称为“FlowDir_srtm1”(图 9.5)，【流向类型】为“D8”；点击【运行】(图 9.6)。

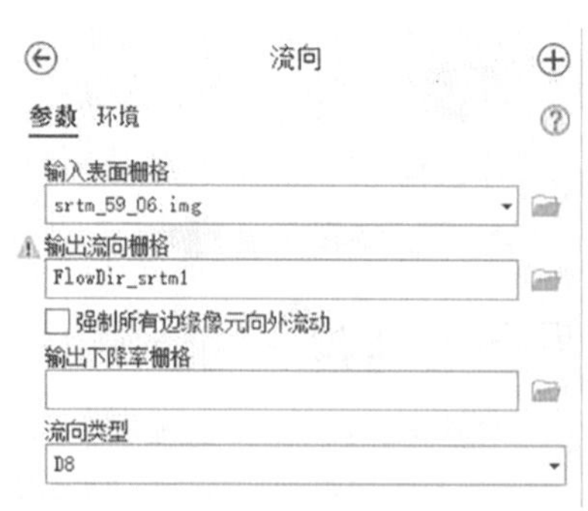

图 9.5　流向工具设置界面

图 9.6　FlowDir_srtm1

(4)在右侧目录菜单搜索“汇”，打开洼地工具，设置【输入 D8 流向栅格】为“FlowDir_srtm1”，设置【输出栅格】数据的文件名为“Sink_FlowDir1”(图 9.7)；点击【运行】(图 9.8)。

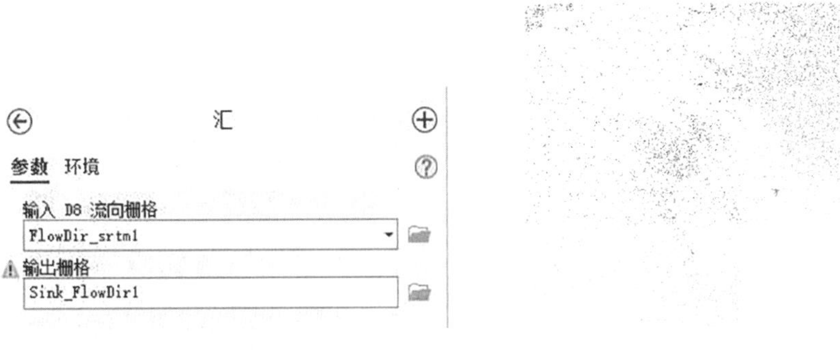

图 9.7 【汇】工具界面　　图 9.8 Sink_FlowDir1

(5)在右侧目录菜单搜索“集水区”，打开分水岭工具(图 9.9)，它用来计算洼地的贡献区域。设置相关参数：【输入 D8 栅格】为“FlowDir_srtm1”；【输入数据或要素倾泻点数据】为“Sink_FlowDir1”；【倾斜点字段】为“Value”；【输出栅格】命名为“Watersh_Flow1”；点击【运行】(图 9.10)。

(6)在右侧目录菜单搜索“分区统计”(图 9.11)，打开【分区统计】工具。其次，设置相关参数：【输入栅格数据或要素区域数据】为“Watersh_Flow1”；【输入赋值栅格】为“srtm_59_06.img”；【输出栅格】为“ZonalSt_Wate1”；【统计类型】为“平均值”；勾选“在计算中忽略 NoData”；点击【运行】(图 9.12)。

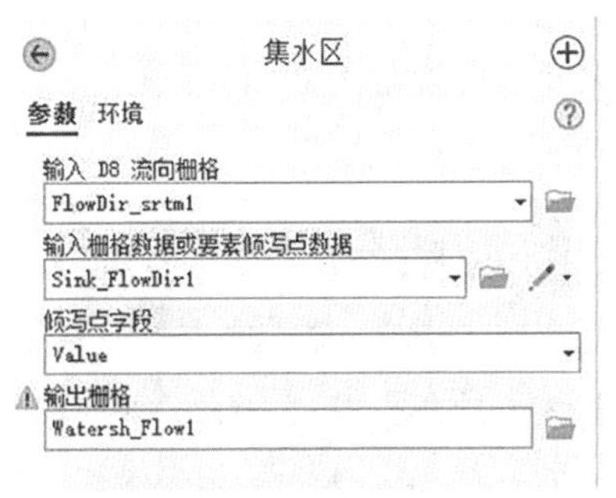

图 9.9 集水区工具界面

图 9.10 Watersh_Flow1

图 9.11 分区统计工具界面

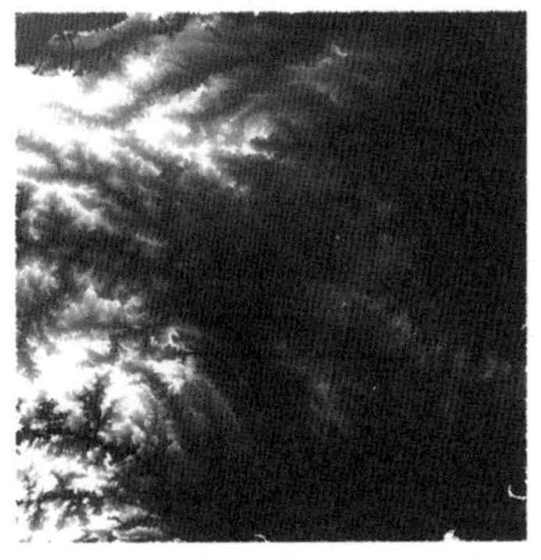

图 9.12 ZonalSt_Wate1

(7)在右侧目录菜单搜索“区域填充”(图 9.13)，打开【区域填充】工具。其次，设置【栅输入区域栅格数据】为“Watersh_Flow1”；【输入权重栅格数据】为“srtm_59_06. img”；【输出栅格】为“ZonalFi_Wate1”；点击【运行】(图 9.14)。

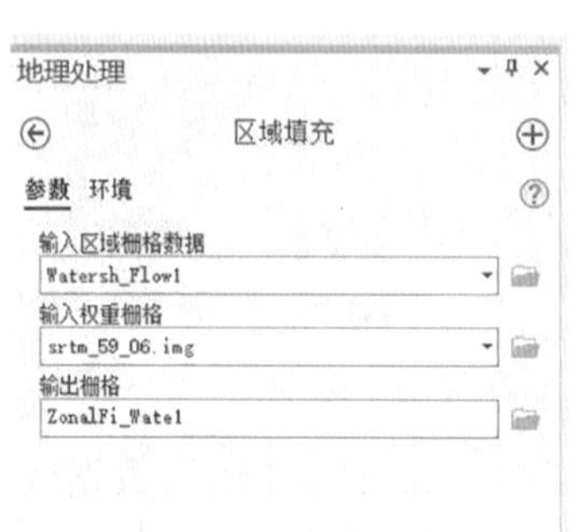

图 9.13　区域填充工具界面

图 9.14　ZonalFi_Wate1

(8)在右侧目录菜单搜索“栅格计算器”，打开栅格计算器工具(图 9.15)。其次，在文本框里面输入 sinkdep=("ZonalFi_Wate1"-"ZonalSt_Wate1")，其中 ZonalFi_Wate1，ZonalSt_Wate1 可以通过在地图代数表达式中选取。然后，将【输出栅格】命名为“sinkdep_rast”；点击【运行】。通过以上步骤，就可得到所有洼地贡献区域的洼地深度，如图 9.16 所示。通过对研究区地形的分析，可以确定出哪些洼地区域是由数据误差而产生的，哪些洼地区域又真实地反映了地表形态，从而根据洼地深度来设置合理的填充阈值。

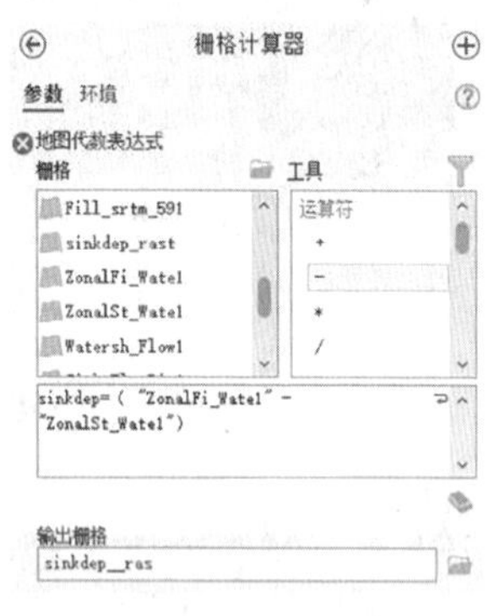

图 9.15　栅格计算器界面

图 9.16　sinkdep_ras

(9)在右侧目录菜单搜索“填洼”，打开【填洼】工具(图 9.17)，设置参数：【输入表面栅格数据】为“srtm_59_06. img”；【输出表面栅格】为“Fill_srtm_591”。同时在环境设置中将并行处理因素设置为 0；点击【运行】(图 9.18)。当一个洼地区域被填平之后，这个区域与附近区域再进行洼地计算，可能还会形成新的洼地。因此，洼地填充是一个不断反复的过程，直到所有的洼地都被填平，新的洼地不再产生为止。

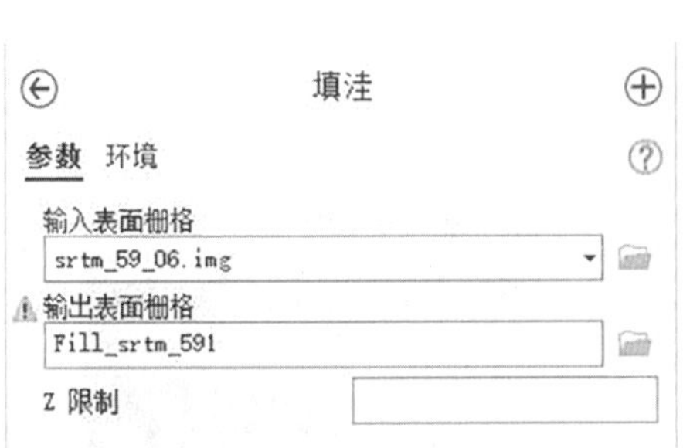

图 9.17　填洼工具界面

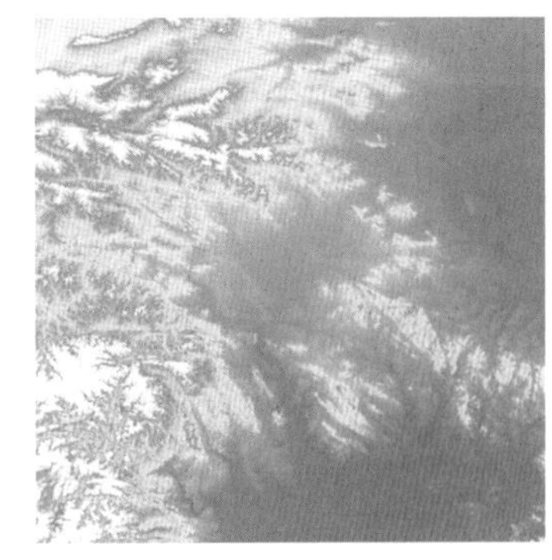

图 9.18　Fill_srtm_591

(10)基于无洼地 DEM 的水流方向的计算。计算过程同上一节水流方向的计算一样，使用的 DEM 数据是无洼地 DEM："Fill_srtm_591"。将生成的水流方向文件命名为"fdirfill"；在得到水流方向之后，可以利用水流方向数据计算汇流累积量(图 9.19)。

图 9.19　fdirfill

(11)在右侧目录菜单搜索"流量"，打开【流量】工具(图 9.20)。设置【输入流向栅格】为"fdirfill"；【输出蓄积栅格数据】为"FlowAcc_Fill1"；【输出数据类型】为"浮点型"；【输入流向类型】为"D8"；点击【运行】，结果见图 9.21。

图 9.20　流量工具界面

图 9.21　FlowAcc_Fill1

(12)在右侧目录菜单搜索“水流长度”，打开【水流长度】工具(图 9.22)。设置【输入流向栅格数据】为“fdirfill”；【输出栅格】为“FlowLen_Fill1”；【测量方向】为“下游”；点击【运行】，结果见图 9.23。

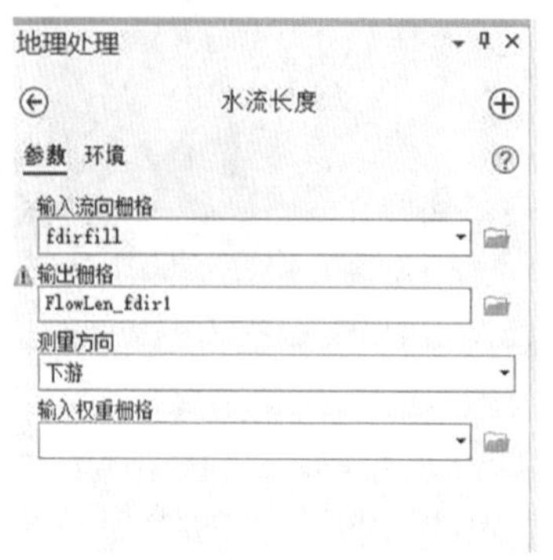

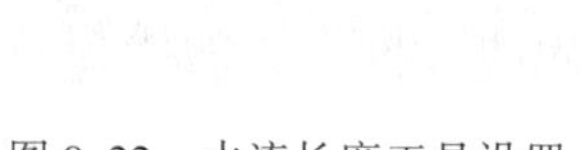

图 9.22　水流长度工具设置

图 9.23　FlowLen_Fill1

(13)在右侧目录菜单搜索“栅格计算器”(图 9.24)，经过反复尝试选定阈值 100，输入：Con(“FlowAcc”>100，1)。设置【输出栅格】为“streamnet”；点击【运行】。获得河流栅格数据(图 9.25)。

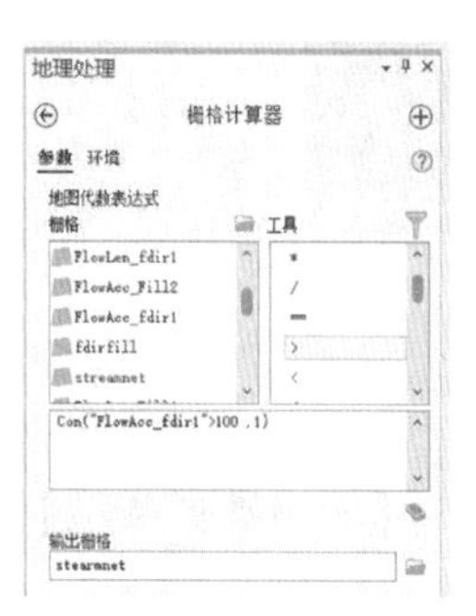

图 9.24　栅格计算器工具设置

图 9.25　streamnet

(14)在右侧目录菜单搜索“栅格河网矢量化”(图 9.26)，设置相关参数：【输入河流栅格数据】为“Streamnet”。输入由无洼地 DEM 计算出来的：【输入流向栅格数据】为“fdirfill”，【输出折线要素】为“streamT_streamn”，勾选“简化折线”；点击【运行】，结果见图 9.27。

(15)在右侧目录菜单搜索“河流链接”(图 9.28)，打开【河流链接】工具，设置相关参数：【输入河流栅格数据】为“Streamnet”；【输入流向栅格数据】为“fdirfill”；【输出栅格】为“StreamL_stre”；点击【运行】，结果见图 9.29。

图 9.26　栅格河网矢量化工具设置

图 9.27　streamT_streamn

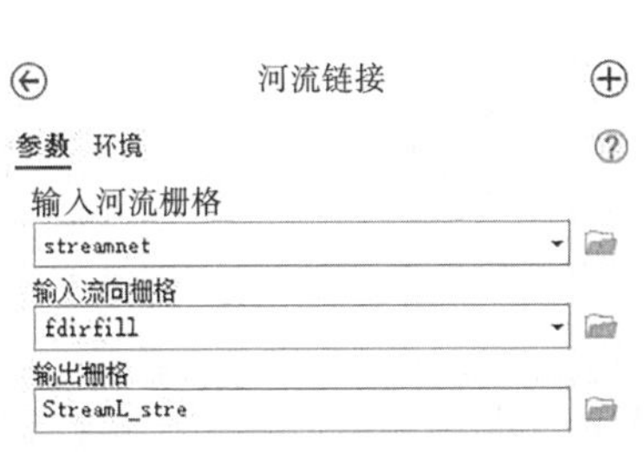

图 9.28　【河流链接】工具设置

图 9.29　StreamL_stre

(16)在右侧目录菜单搜索"河网分级"(图 9.30)，打开【河网分级】工具；设置相关参数：【输入河流栅格数据】为"streamnet"；【输入流向栅格数据】为"fdirfill"；【河网分级方法】为"放射状/发射状"，将【输出栅格】命名为"StreamO_stre1"；点击【运行】，结果见图 9.31。

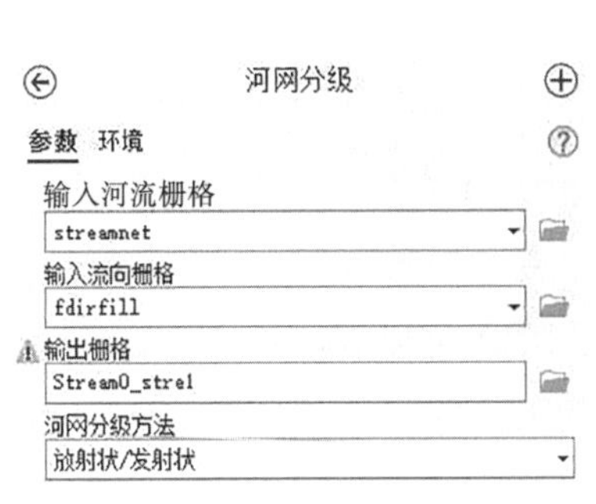

图 9.30　河网分级工具设置

图 9.31　StreamO_stre1

(17)在右侧目录菜单搜索、打开【栅格河网矢量化】工具(图 9.32)，设置【输入河流栅格】为"StreamO_stre1"；【输入流向栅格数据】为"fdirfill"；【输出折线要素】为

"smotrfeat. shp"；勾选"简化折线"；点击【运行】。

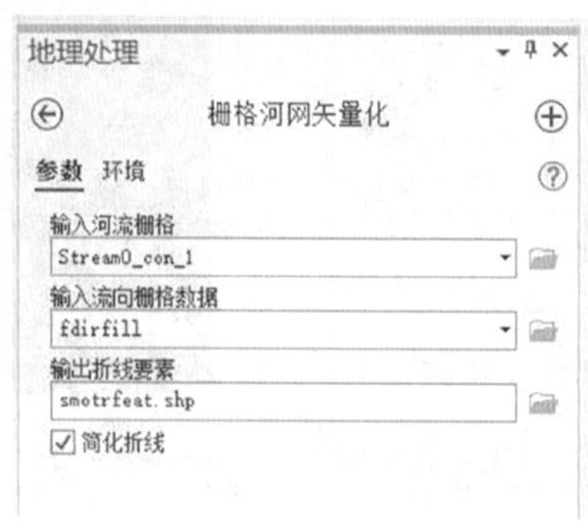

图 9.32　栅格河网矢量化工具设置

(18)调整"smostrfea"图层的符号系统设置，并与高程数据"strmdem_59_6"叠加显示，获得该地区的河网系统分析图。

七、总结与思考

本实验基于 DEM 数据，通过【水文分析】工具提取水流方向、汇流累积量、水流长度、河流网络、河网分级以及流域分割，对该区域进行水文分析。具体分析图如图 9.33 所示。

图 9.33　河网系统分析图

(1)DEM 中的洼地有两种情况：数据误差，源于采集和处理地表真实形态的反映。首先找出洼地，计算洼地深度，以判断洼地的情形，然后设置合理的阈值进行洼地填充。洼地填充是无洼地 DEM 生成的最后一个步骤。通过洼地提取之后，可以了解原始的 DEM 上是否存在着洼地，如果没有洼地存在，原始 DEM 数据就可以直接用来进行河网生成、流域分割等。而洼地深度的计算又为在填充洼地时设置填充阈值提供了很好的参考。当一个洼地区域被填平之后，这个区域与附近区域再进行洼地计算，可能还会形成新的洼地。因此，洼地填充是一个不断反复的过程，直到所有的洼地都被填平，新的洼地不再产生为止。

(2)判断水流方向的基本原理是水往低处流。计算中心 Cell 与周围 8 个 Cell 高程落差，寻找最大坡降。最大坡降 Cell 与中心 Cell 之间由高到低的方向即为水流方向。

(3)采用数值矩阵表示区域地形每个 Cell 的流水累积量。以规则格网表示的 DEM 每个 Cell 处有一个单位的水量，按照自然水流从高处流往低处的自然规律，根据区域地形的水流方向数据计算每个 Cell 处所流过的水量数值得到该区域的汇流累积量。

(4)水流长度指地面上一点 Cell 沿水流方向到其流向起点间的最大地面距离在水平面上的投影长度。水流长度直接影响地面径流的速度，进而影响地面土壤的侵蚀力，其提取与分析在水土保持工作中有很重要的意义。目前，在 GeoScene Pro 中水流长度的提取方式主要有两种：顺流计算和溯流计算。顺流计算是计算地面上每一点沿水流方向到该点所在流域出水口的最大地面距离的水平投影；溯流计算是计算地面上每一点沿水流方向到其流向起点的最大地面距离的水平投影。

(5)Streamlink 记录着河网中的一些节点之间的连接信息。Streamlink 的每条弧段连接着两个作为出水点或汇合点的节点，或者连接着作为出水点的节点和河网起始点。通过 Streamlink 的计算，即可得到每一个河网弧段的起始点和终止点。同样，也可以得到该汇水区域(流域)的出水口。

(6)河网分级是对一个线性的河流网络以数字标识的形式划分级别。在地貌学中，对河流的分级是根据河流的流量、形态等因素进行的。不同级别的河网所代表的汇流累积量不同，级别越高，汇流累积量越大，一般是主流；而级别较低的河网一般则是支流。

(7)流域(Watershed)又称集水区域，是指流经其中的水流和其他物质从一个公共的出水口排出从而形成的一个集中的排水区域，也可以用流域盆地(Basin)、集水盆地(Catchment)等来描述。流域显示了每个流域汇水区域的大小，流域间的分界线即为分水岭。

(8)一定范围内汇流累积量较高的栅格点，即为小级别流域的出水口。若没有出水点的栅格或矢量数据，可利用已生成的 SteamLink 作为汇水区的出水点。

(9)ArcGIS 中，水流方向采用 D8 算法，即通过计算中心栅格与邻域栅格的最大距离权落差来确定。距离权落差是指中心栅格与邻域栅格的高程差除以两栅格间的距离，栅格间的距离与方向有关，如果栅格的方向值为 2、8、32、128，则栅格间的距离为 4 倍的栅格大小，否则距离为 1。

运用 GeoScene Pro 和 DEM 数据提取流域水文特征信息的方法具有速度快、方便的特点，能广泛应用于流域水文分析，为水资源管理提供技术支持。但不同分辨率的 DEM 数据可能会对提取的河网结果产生影响，并造成与实际情况的差异。阈值的设定对流域河网的提取具有较大的影响，不同的阈值提取的河网不同，阈值越小，河网越稠密；阈值越大，河网越稀疏。

◎ 本实验参考文献

[1]汤国安，杨昕．ARCGIS 地理信息系统空间分析实验教程[M]．2 版．北京：科学出版社，2006.

[2]周婕，牛强．城乡规划 GIS 实践教程[M]．北京：中国建筑工业出版社，2017.

[3]王云，梁明，汪桂生．基于 ArcGIS 的流域水文特征分析[J]．西安科技大学学报，2012，32(5)：581-585.

实验十　某市农业生产适宜性评价

一、实验目的和意义

开展土地评价是编制土地利用规划的前提和基础，也是国土空间规划编制过程中研究分析的重要组成部分。本实验将以农业生产适宜性评价为例，介绍 GIS 技术在城乡规划工作中的综合应用。

农业生产适宜性是指国土空间中进行农业生产活动的适宜程度。农业生产适宜性评价以资源环境综合条件和地块集中连片度为基础，在生态保护极重要区以外的区域识别农业生产适宜区与不适宜区，从而能够明确农业生产的适宜空间和最大合理规模，为科学编制国土空间规划、优化国土空间开发保护格局、划定永久基本农田、实施国土空间用途管制提供技术支撑。

二、实验内容

(1)通过本实验，掌握 GeoScene Pro 中矢量数据与栅格数据的转换、添加及计算字段等基本操作；

(2)学习使用“克里金法”进行空间插值分析，掌握基于已知点数据模拟整个研究区域分布特征的空间分析方法；

(3)掌握数据重分类等空间分析功能；

(4)了解类别符号化的意义，掌握基本的符号化方法；

(5)了解农业生产适宜性评价的实验流程和工作路径，能够使用上述工具分析类似评价问题。

三、实验数据

打开随书数据中的地图文档“chp10/基础数据/农业生产适宜性评价 . aprx”(图 10. 1)，浏览【图层】面板，其中列出了本实验需要用到的基础数据，详见表 10. 1。

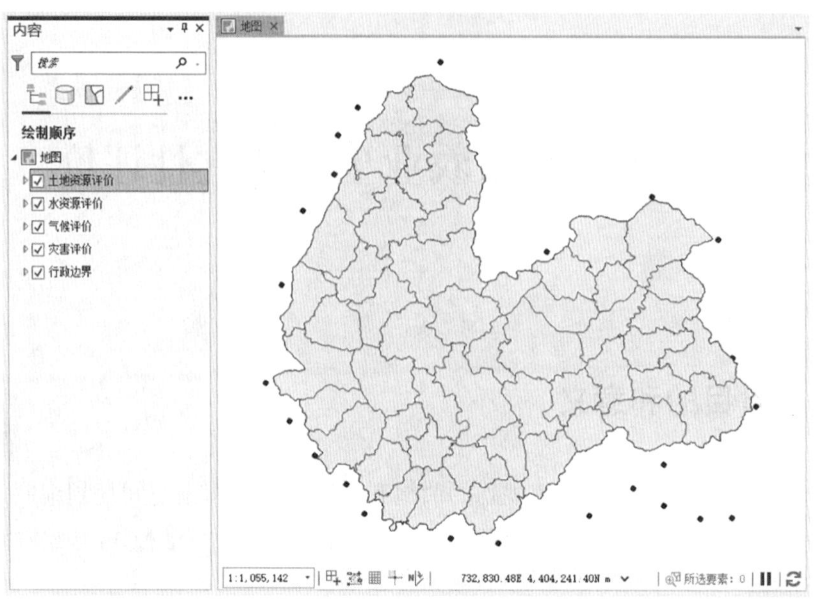

图 10.1　农业生产适宜性评价 . aprx

表 10.1　**实验数据表**

数据名称	数据类型	数 据 内 容
活动积温	点要素	某市气象站点长期观测数据，主要字段为“温度”
土壤质地	面要素	某市土壤质地数据，主要字段为“粉砂土质”
干旱灾害	面要素	某市近十年干旱灾害的发生频率，主要字段为“灾害频率”
用水总量控制指标	面要素	某市各区县的用水量指标，主要字段为“用水总量”
行政边界	面要素	某市行政范围
坡度	栅格	基于某市 DEM 数据进行插值计算得到的栅格数据

四、实验流程

GeoScene Pro 中实现农业生产适宜性评价，首先要利用基础数据分别进行土地资源、水资源、气候、灾害等 4 项单项评价，统一划分级别；此后通过集成评价依次进行农业生产条件等级的初判和修正；最后考虑地块集中连片度，在城市范围内划分农业生产适宜区、不适宜区和一般适宜区，得到农业生产适宜性分区图。具体实验逻辑过程如图 10.2 所示。

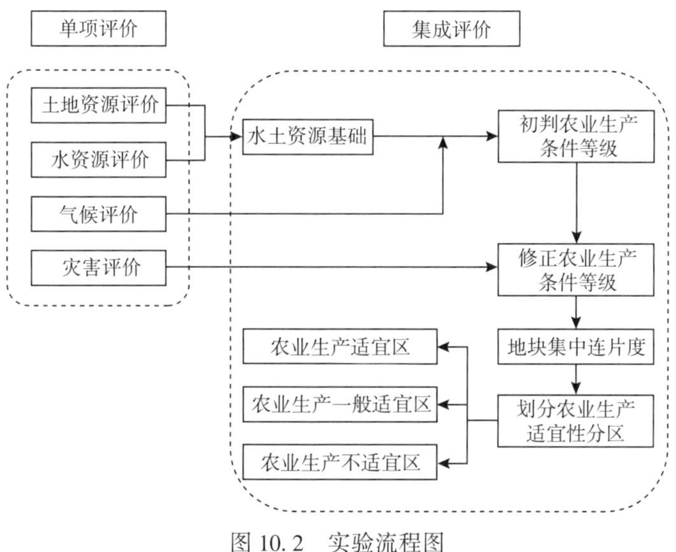

图 10.2　实验流程图

五、操作步骤

单击【新建文件地理数据库】，将数据库命名为“Newdatabase”。本实验所有过程及结果要素都存储在该数据库中(图 10.3)。

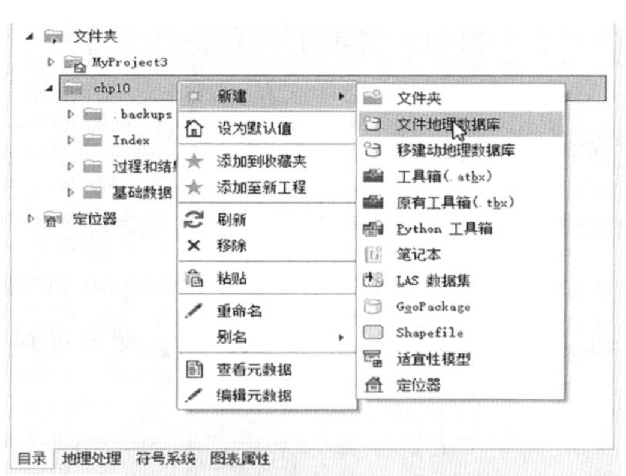

图 10.3　新建文件地理数据库

(一)单项评价一：土地资源评价

1. 地形坡度评价

启动【空间分析工具】【重分类】【重分类】工具，设置【输入栅格】为“坡度”，根据表 10.2 所示设置重分类的分级阈值。设置【输出栅格】为“Newdatabase.gdb/土地资源初评”。

点击【环境】，设置【掩膜】为“行政边界”。其余参数保持默认(图 10.4)。点击【运行】，即可得到土地资源初评栅格。

表 10.2　　坡度分级阈值

评价因子	分级阈值	评价值
坡度	≤2°	5
	2°～6°	4
	6°～15°	3
	15°～25°	2
	≥25°	1

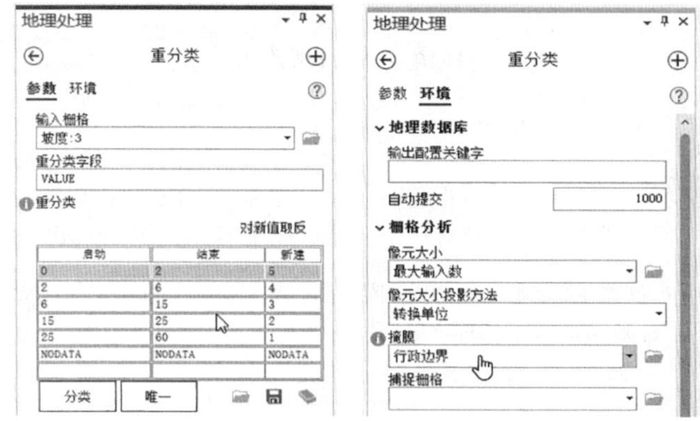

图 10.4　【重分类】参数设置

2. 将上一步的栅格数据转化为矢量数据

启动【转换工具】【由栅格转出】【栅格转面】工具。设置【输入栅格】为“土地资源初评”，【字段】为“Value”，【输出面要素】为“Newdatabase.gdb/土地资源初评”，取消勾选“简化面”，其余参数保持默认(图 10.5)。点击【运行】，即可得到土地资源初评面要素。

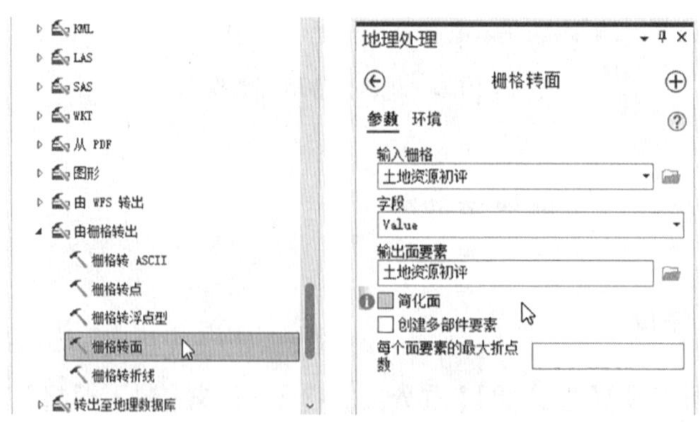

图 10.5　【栅格转面】参数设置

3. 用土壤质地数据修正初评结果

启动【分析工具】【叠加分析】【相交】工具，设置【输入要素】为“土地资源初评_1”和“土壤质地”，【输出要素类】为“Newdatabase. gdb/土地资源评价”。其余参数保持默认(图10. 6)。点击【运行】，即可得到土地资源评价图层。

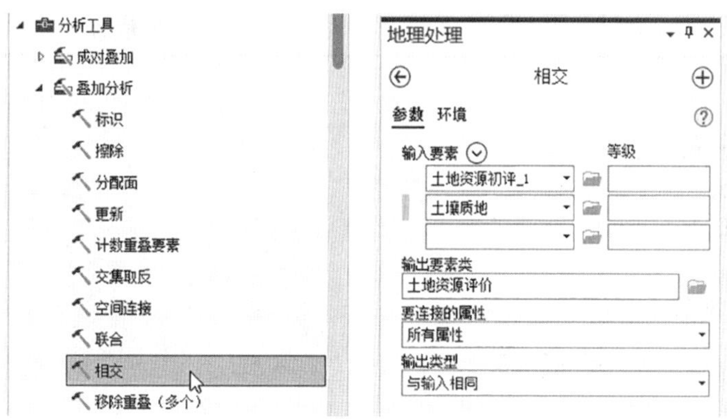

图 10. 6 【相交】参数设置

4. 添加并更改字段

在图层面板上右键点击【土地资源评价】，打开其属性表，点击【添加字段】，向属性表中添加短整型字段“土地资源评价值”。将字段名“gridcode”更改为“土地资源初评值”(图 10. 7)。

土地资源评价 | *字段： 土地资源评价

当前图层 土地资源评价

可见	只读	字段名	别名	数据类型	允许空值	突出显示	数字格式	属性域
☑	☐	Id_1	Id	长整型	☑	☐	数字	
☑	☐	xian	xian	文本	☑	☐		
☑	☐	xiang	xiang	文本	☑	☐		
☑	☐	粉砂土质	粉砂土质	双精度	☑	☐	数字	
☑	☑	Shape_Length	Shape_Length	双精度	☑	☐	数字	
☑	☑	Shape_Area	Shape_Area	双精度	☑	☐	数字	
☑	☐	土地资源评价值		短整型	☑	☐		

单击此处添加新字段。 短整型

图 10. 7 添加“土地资源评价值”字段

5. 计算字段

右键点击字段“土地资源评价值”，启动【计算字段】工具。输入表达式为“Calculate(!

粉砂土质!,! 土地资源初评值!)”。根据表 10.3 所示在代码块中输入以下代码并运行。

表 10.3　　　　**土壤质地分级阈值表**

评价因子	分级阈值	评价值
土壤质地	粉砂含量<60%	取土地资源初评值
	60%≤粉砂含量<80%	将土地资源初评值降 1 级作为取值
	粉砂含量≥80%	取值为 1

```
def Calculate(x,y):
    global value
    if x <= 60:
        value=y
    elif x <= 80:
        value=y-1
    else:
        value=1
    return max(value,1)
```

6. 符号化表达

在图层面板上右键点击【土地资源评价】【符号系统】，设置【主符号系统】为“唯一值”，【字段 1】为“土地资源评价值”。设置【配色方案】为“应用于填充和轮廓”(图 10.8)。进行类别符号化后可以得到一张土地资源评价结果图(图 10.9)。

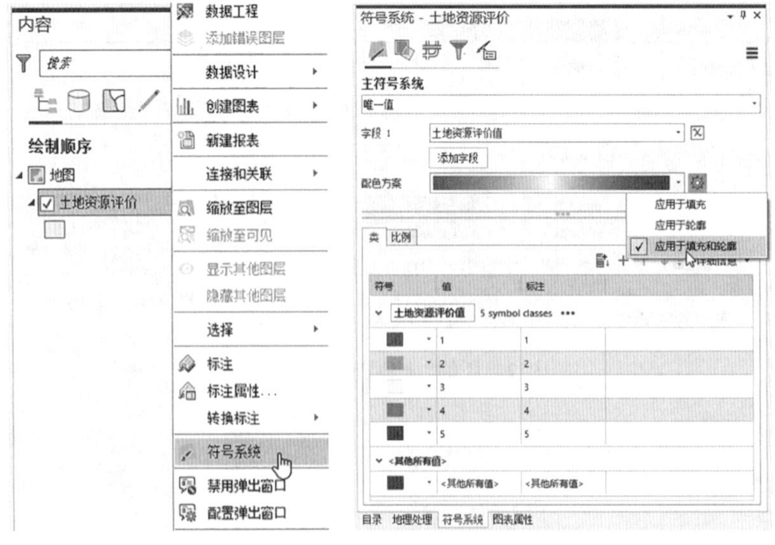

图 10.8　类别符号化参数设置

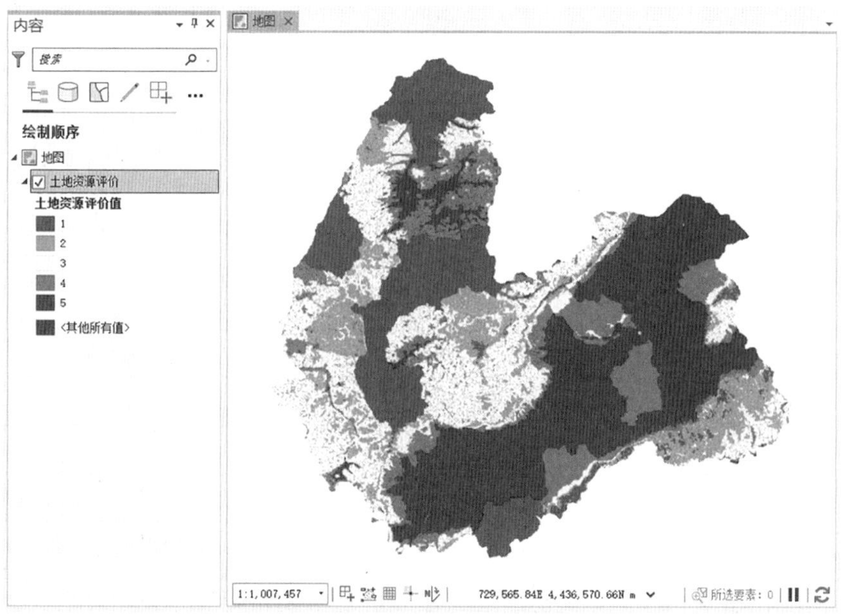

图 10.9　土地资源评价结果图

(二)单项评价二：水资源评价

1. 将面要素转换为栅格数据

启动【转换工具】【转为栅格】【面转栅格】工具。设置【输入要素】为"基础数据.gdb/用水总量控制指标"，【值字段】为"用水总量"，【输出栅格】为"Newdatabase.gdb/用水总量控制指标_1"。其余参数保持默认(图 10.10)。点击【运行】，即可得到用水总量控制指标栅格数据。

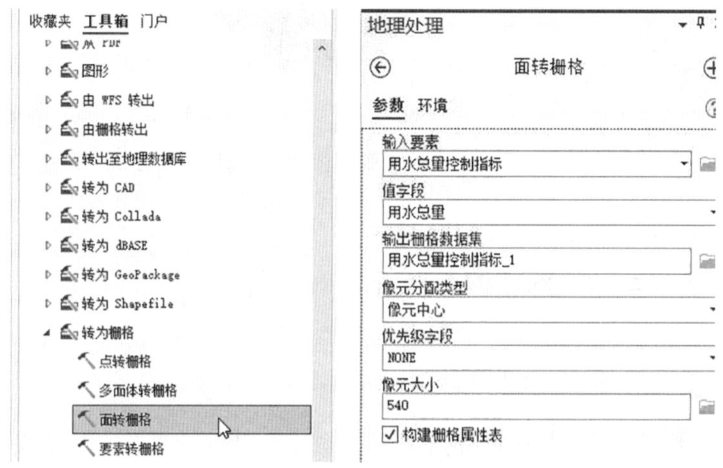

图 10.10　【面转栅格】参数设置

2. 水资源分级评价

启动【空间分析工具】【重分类】【重分类】工具，根据表 10.4 所示设置重分类的分级阈值。设置【输出栅格】为“Newdatabase. gdb/水资源评价”，其余参数保持默认。点击【运行】，即可得到水资源评价结果(图 10.11)。

表 10.4　农业指向水资源分级阈值表

评价因子	分级阈值	评价值
用水总量控制指标	<3 万 m^3/km^2	1(差，干旱)
	3 万~8 万 m^3/km^2	2(较差，半干旱)
	8 万~13 万 m^3/km^2	3(一般，半湿润)
	13 万~25 万 m^3/km^2	4(较好，湿润)
	≥25 万 m^3/km^2	5(好，很湿润)

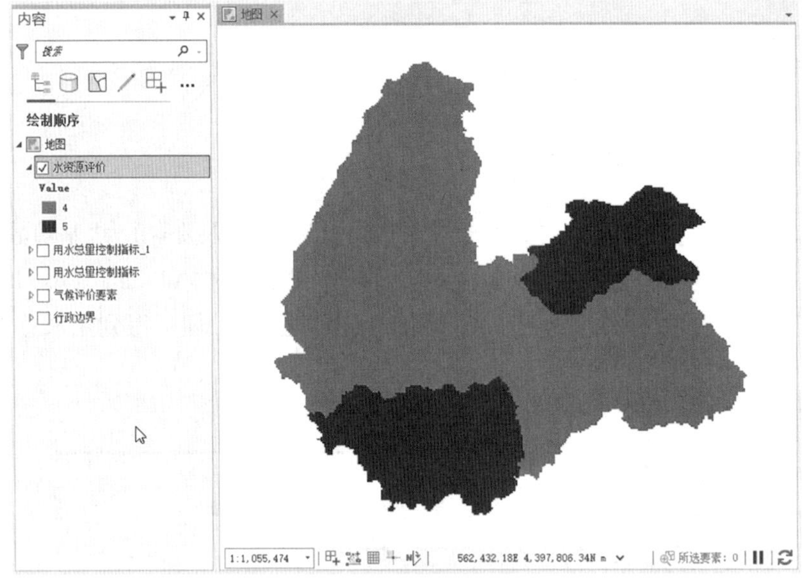

图 10.11　水资源评价结果图

(三) 单项评价三：气候评价

1. 对活动积温点进行空间插值

启动【空间分析工具】【插值分析】【克里金法】工具。设置【输入点要素】为“活动积温”，【Z 值字段】为“多年平均活动积温”，【输出表面栅格】为“Newdatabase. gdb/多年平均活动积温插值"，【输出像元大小】为"10"。点击【环境】，设置【掩膜】为"行政边界"。其余参数保持默认(图 10.12)。点击【运行】，即可得到某市行政区范围内格网尺度的活动积温分布(图 10.13)。

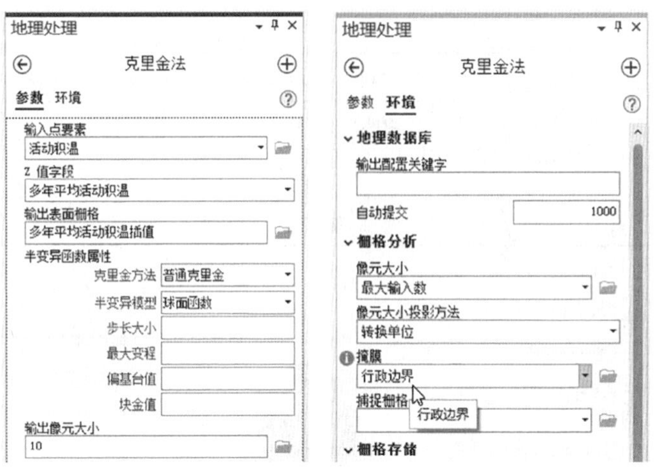

图 10.12 【克里金法】参数设置

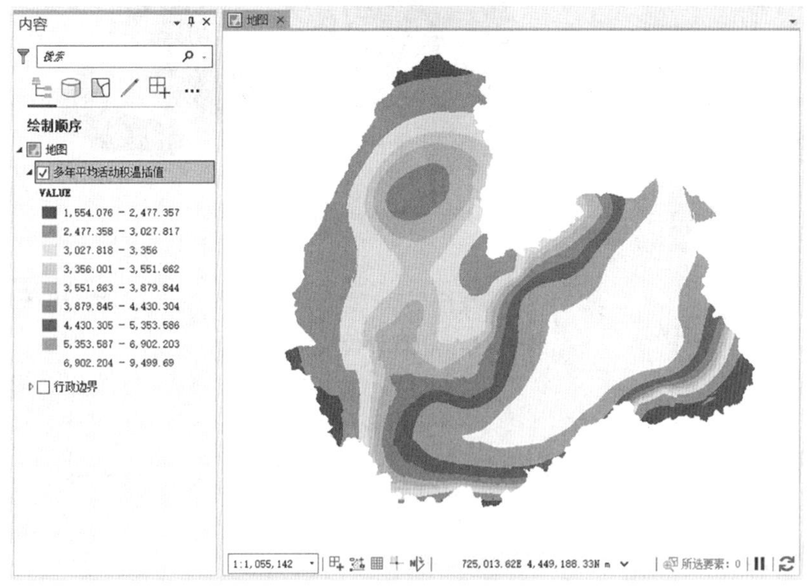

图 10.13 多年平均活动积温插值

2. 气候分级评价

启动【空间分析工具】【重分类】【重分类】工具，根据表 10.5 所示设置重分类的分级阈值。设置【输出栅格】为"Newdatabase. gdb/气候评价"。其余参数保持默认。点击【运行】，即可得到气候评价栅格。进行符号化操作即可得到气候评价结果图(图 10.14)。

表 10.5　　　　　　　　　　　　**活动积温分级阈值表**

评价因子	分级阈值	评价值
活动积温	<1500℃	1(差)
	1500~4000℃	2(较差)
	4000~5800℃	3(一般)
	5800~7600℃	4(较好)
	≥7600℃	5(好)

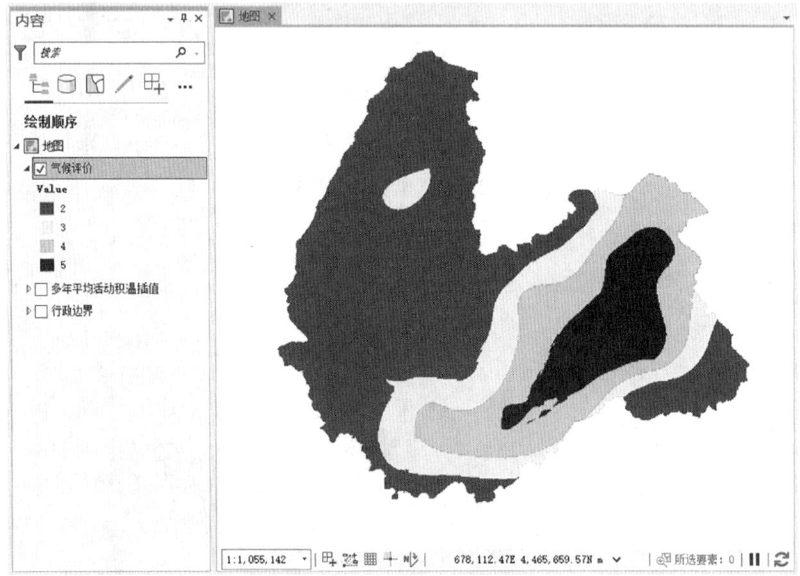

图 10.14　气候评价结果图

(四)单项评价四：灾害评价

1. 添加字段

在图层面板上右键点击【干旱灾害】，打开其属性表。点击【添加字段】，向属性表中添加短整型字段“灾害评价值”。

2. 计算字段

右键点击字段“灾害评价值”，启动【计算字段】工具。输入表达式为“Calculate(！灾害频率！)”。根据表 10.6 所示在代码块中输入以下代码并运行。

表 10.6　　气象灾害频率分级阈值表

评价因子	分级阈值	评价值
灾害频率	≤20%	5(低)
	20%～40%	4(较低)
	40%～60%	3(一般)
	60%～80%	2(较高)
	>80%	1(高)

```
def Calculate(x):
  global value
  if x <= 0.2:
      value = 5
  elif x <= 0.4:
      value = 4
  elif x <= 0.6:
      value = 3
  elif x <= 0.8:
      value = 2
  else:
      value = 1
  return value
```

3. 符号化表达

在图层面板上右键点击【干旱灾害】【符号系统】，设置【主符号系统】为“唯一值”，设置【字段 1】为“灾害评价值”。进行类别符号化后可以得到一张气象灾害评价结果图(图 10.15)。

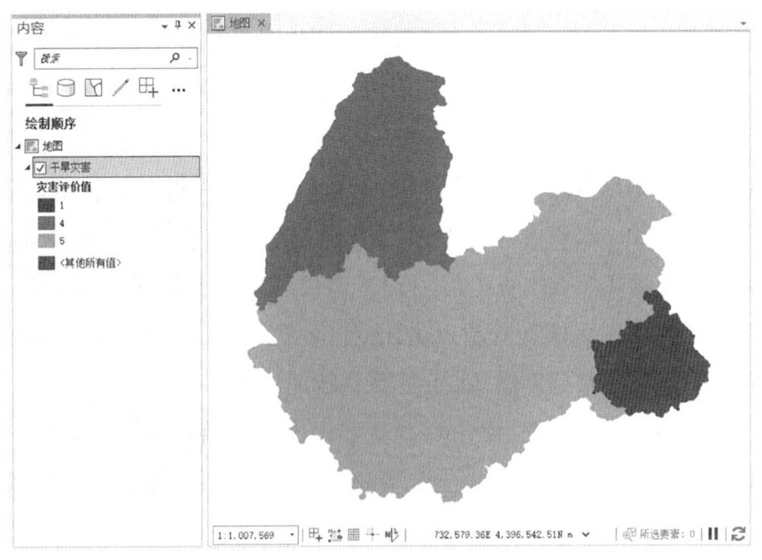

图 10.15　气象灾害评价结果图

(五)集成评价一：初判农业生产条件等级

(1)数据准备。右键单击启动【转换工具】【由栅格转出】【栅格转面】工具的【批处理】操作，【选择批处理参数】设置为“输入栅格”。将“水资源评价”和“气候评价”两个栅格载入，设置【输出面要素】为“Newdatabase. gdb/%名称%要素”，取消勾选“简化面”。点击【运行】(图 10.16)。

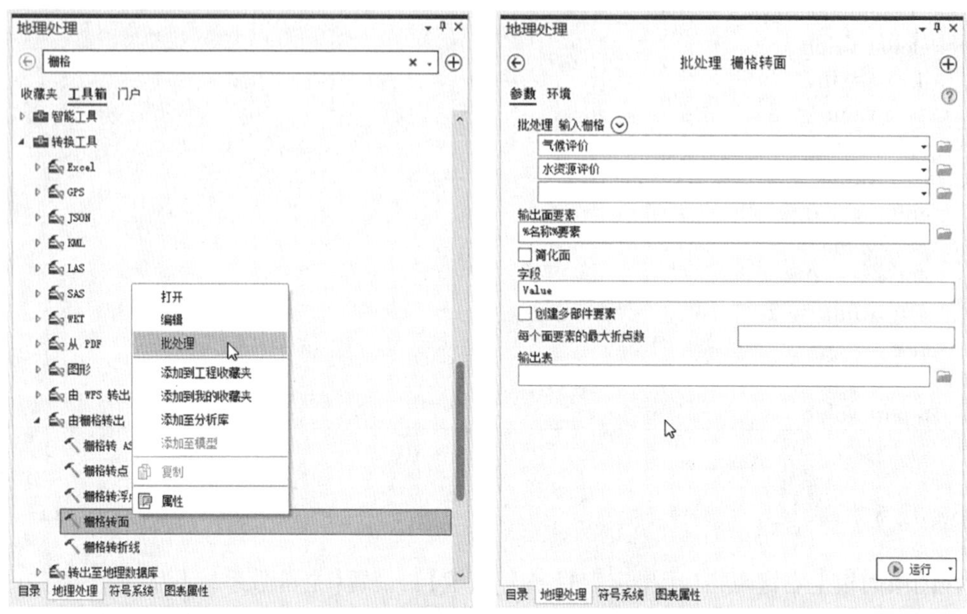

图 10.16　“栅格转面”的“批处理”操作

(2)更改字段名。打开上一步生成的“水资源评价要素”和“气候评价要素”图层的属性表，将两个图层的“gridcode”字段名称分别修改为“水资源评价值”和“气候评价值”并保存。

(3)获取水土资源基础数据。启动【分析工具】【叠加分析】【相交】工具，设置【输入要素】为“土地资源评价”和“水资源评价要素”，【输出要素类】为“Newdatabase. gdb/水土资源基础”。其余参数为默认参数。点击【运行】，即可得到水土资源基础图层(图 10.17)。

(4)添加字段。在图层面板上右键点击【水土资源基础】，打开其属性表。点击【添加字段】，向属性表中添加短整型字段“水土资源基础评价值”。

(5)计算字段。右键点击字段“水土资源基础评价值”，启动【计算字段】工具。输入表达式为“Calculate(！水资源评价值!,！土地资源评价值!)”。根据表 10.7 所示在代码块中输入以下代码并运行。

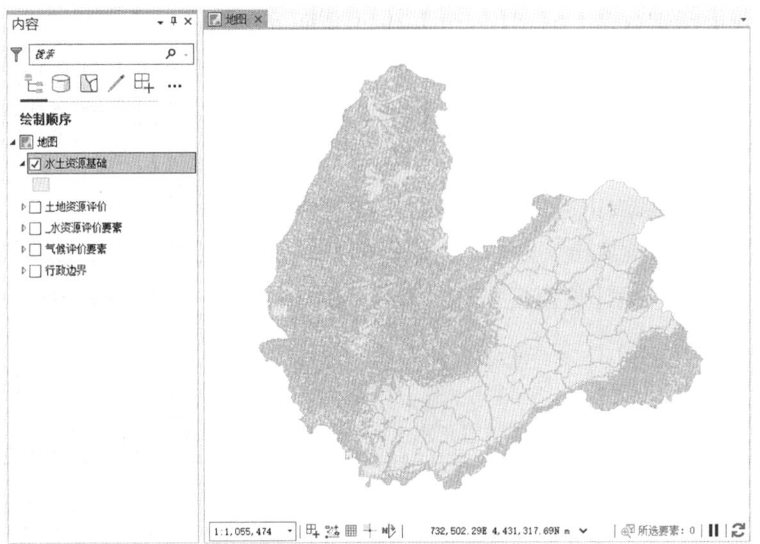

图 10.17　水土资源基础

表 10.7　**农业指向水土资源基础判别矩阵表**

水资源评价值 \ 土地资源评价值	5	4	3	2	1
5	5	5	4	3	1
4	5	5	4	2	1
3	5	4	3	2	1
2	4	3	2	1	1
1	1	1	1	1	1

```
def Calculate(x,y):
    if x == 5:
        switcher = {5:5,4:5,3:4,2:3,1:1}
        value = switcher[y]
    elif x == 4:
        switcher = {5:5,4:5,3:4,2:2,1:1}
        value = switcher[y]
    elif x == 3:
        switcher = {5:5,4:4,3:3,2:2,1:1}
        value = switcher[y]
    elif x == 2:
        switcher = {5:4,4:3,3:2,2:1,1:1}
        value = switcher[y]
    else:
        switcher = {5:1,4:1,3:1,2:1,1:1}
        value = switcher[y]
    return value
```

(6)获取评价基础数据。启动【分析工具】【叠加分析】【相交】工具，设置【输入要素】为“水土资源基础”和“气候评价要素”，【输出要素类】为“Newdatabase. gdb/农业生产条件等级初判”。其余参数为默认参数。点击【运行】，即可得到农业生产条件等级初判图层。

(7)添加字段。在图层面板上右键点击【农业生产条件等级初判】，打开其属性表。点击【添加字段】，向属性表中添加短整型字段“条件等级初判值”。

(8)计算字段。右键点击字段“条件等级初判值”，启动【计算字段】工具。设置输入表达式为“Calculate(！气候评价值!,！水土资源基础评价值!)”。根据表 10. 8 所示在代码块中输入以下代码并运行。

表 10. 8　**气候评价修正水土资源基础判别矩阵表**

气候评价值 \ 水土资源基础评价值	5	4	3	2	1
5	5	5	4	3	1
4	5	4	4	2	1
3	5	4	3	2	1
2	4	3	2	1	1
1	1	1	1	1	1

```
def Calculate(x,y):
    if x == 5:
        switcher = {5:5,4:5,3:4,2:3,1:1}
        value = switcher[y]
    elif x == 4:
        switcher = {5:5,4:4,3:4,2:2,1:1}
        value = switcher[y]
    elif x == 3:
        switcher = {5:5,4:4,3:3,2:2,1:1}
        value = switcher[y]
    elif x == 2:
        switcher = {5:4,4:3,3:2,2:1,1:1}
        value = switcher[y]
    else:
        switcher = {5:1,4:1,3:1,2:1,1:1}
        value = switcher[y]
    return value
```

(9)根据“条件等级初判值”对“农业生产条件等级初判”图层进行类别符号化处理，得到如图 10. 18 所示的结果。

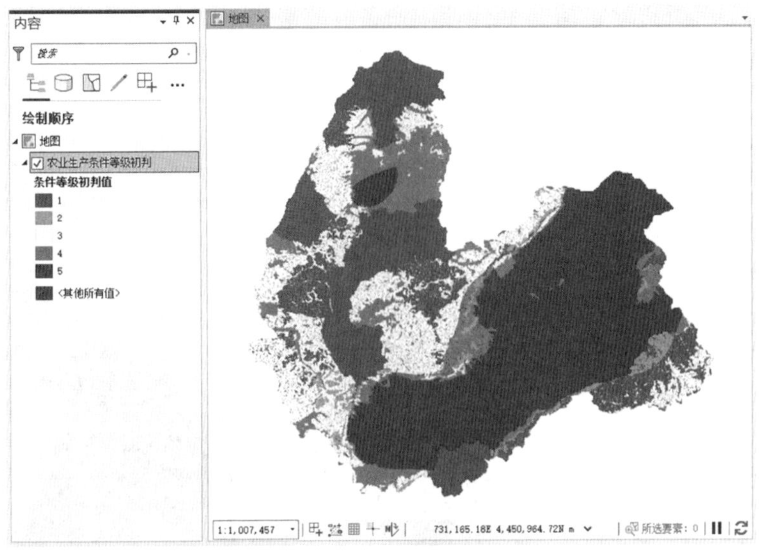

图 10.18　农业生产条件等级初判结果

(六)集成评价二：修正农业生产条件等级

(1)获取综合评价数据。启动【分析工具】【叠加分析】【相交】工具，设置【输入要素】为“农业生产条件等级初判”和“干旱灾害”，【输出要素类】为“Newdatabase.gdb/农业生产条件等级修正”。点击【运行】。

(2)添加字段。打开“农业生产条件等级修正”的属性表，添加短整型字段“条件等级修正值”。

(3)计算字段。右键点击字段“条件等级修正值”，启动【计算字段】工具，输入表达式为“Calculate(！灾害评价值!,！条件等级初判值!)”。根据表10.9所示在代码块中输入以下代码并运行。

表 10.9　**农业生产条件等级初判结果修正标准表**

评价因子	评价标准	评价值
灾害评价	1(高)	将初判结果为5(高)的下降为4(较高)
	其他值	维持初判结果，不做修正

```
def Calculate(x,y):
    global value
    if x == 1 and y == 5:
        value == 4
    else:
        value = y
    return value
```

(4)根据“条件等级修正值”对“农业生产条件等级修正”图层进行类别符号化处理，得到的结果如图 10.19 所示。

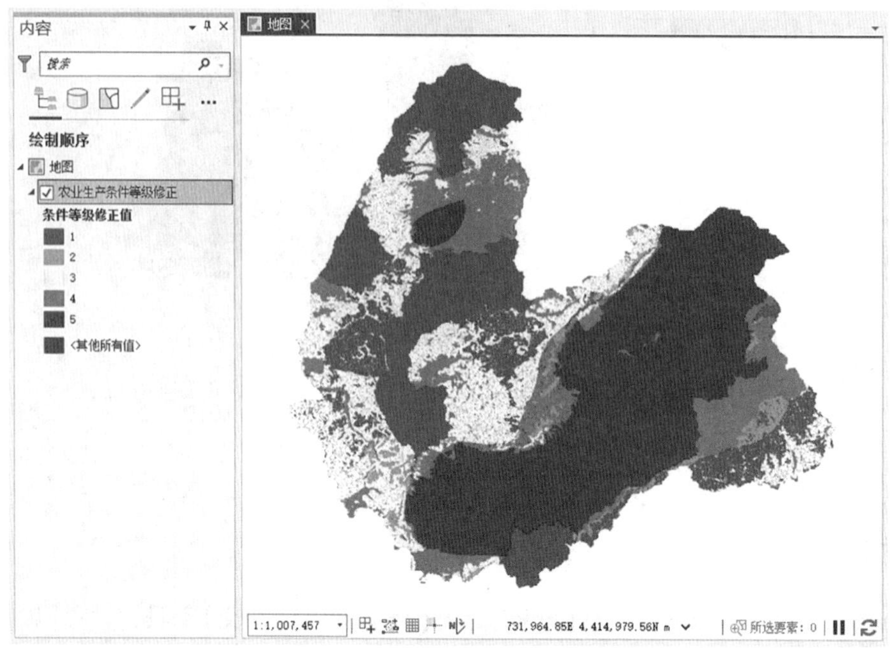

图 10.19　农业生产条件等级修正结果

(七)集成评价三：划定农业生产适宜性分区

(1)计算适宜性等级。打开“农业生产条件等级修正”图层的属性表，添加短整型字段“适宜性等级”。右键点击字段“适宜性等级”，启动【计算字段】工具，输入表达式为“Calculate(！条件等级修正值!)”。根据表 10.10 所示在代码块中输入以下代码并运行。

表 10.10　**农业生产适宜性分区备选区划分表**

评价因子	评价标准	备选区划分
农业生产条件等级修正值	5(高)、4(较高)	适宜区备选区
	5(高)、4(较高)、3(一般)、2(较低)	适宜和一般适宜区备选区
	1(低)	不适宜区备选区

```
def Calculate(x):
    switcher = {5:3,4:3,3:2,2:3,1:1}
    value = switcher[x]
    return value
```

(2)提取三大适宜性分区备选区。启动【分析工具】【提取分析】【选择】工具的批处理操作。设置【选择批处理参数】为“表达式”，【输入要素】为“农业生产条件等级修正”，【输出要素类】为“Newdatabase. gdb/%名称%备选区”。如图 10. 20 所示设置相关批处理表达式并运行，即可得到两个图层“适宜性等级_2 备选区”和“适宜性等级_3 备选区”。

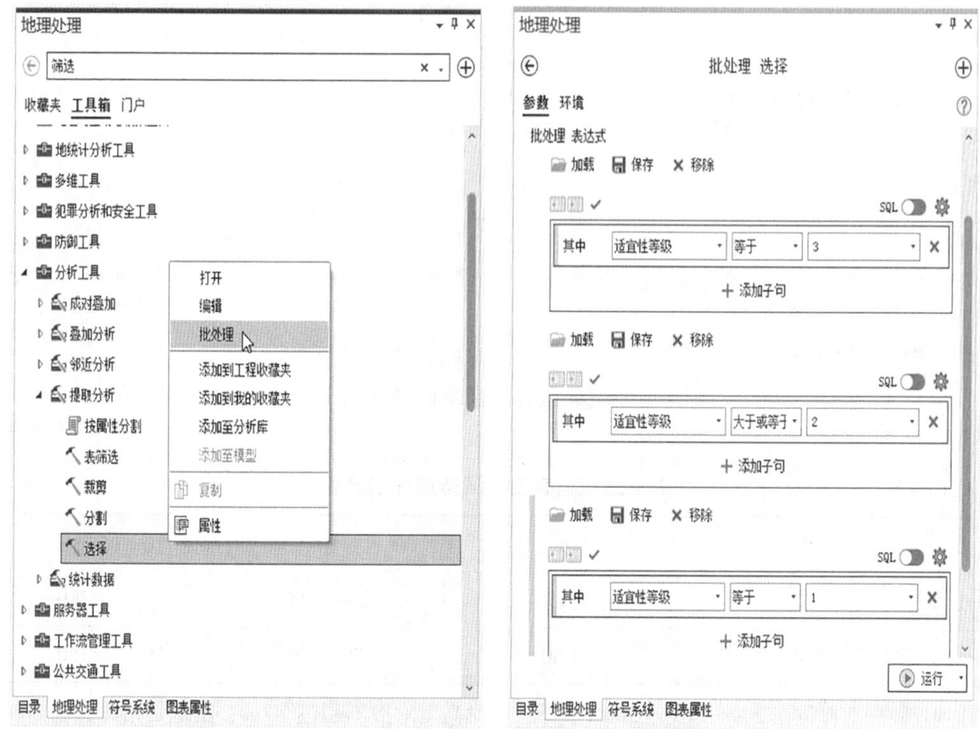

图 10. 20 【批处理选择】工具表达式设置

(3)聚合备选区。启动【制图工具】【制图综合】【聚合面】工具的批处理操作。设置【选择批处理参数】为“输入要素”，【输入要素】为“适宜性等级_2 备选区”和“适宜性等级_3 备选区”，【输出要素类】为“Newdatabase. gdb/%名称%聚合”。勾选“保留正交形状”并运行(图 10. 21)，即可得到两个图层“适宜性等级_2 备选区聚合”和“适宜性等级_3 备选区聚合”。

(4)计算地块集中连片度。打开“适宜性等级_3 备选区聚合”和“适宜等级_2 备选区聚合”图层的属性表，分别添加一个短整型字段“地块集中连片度”。右键点击字段“地块集中连片度”，启动【计算字段】工具，输入表达式为“Calculate(! Shape_Area!)”。根据表 10. 11 所示在代码块中输入以下代码并运行。

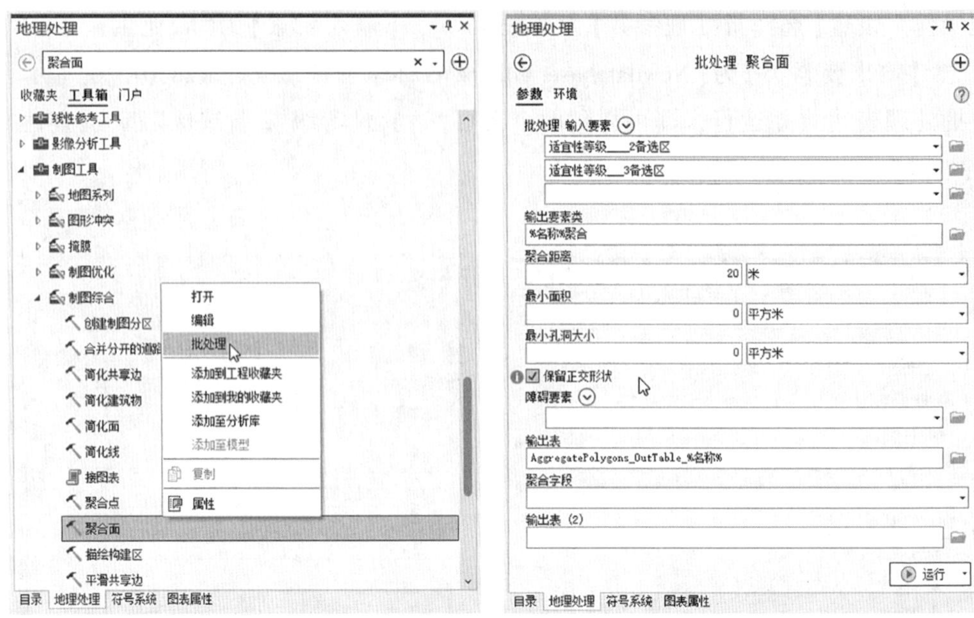

图 10.21　【批处理聚合面】工具参数设置

表 10.11　**农业生产适宜性分区备选区划分表**

地块集中连片度	低	中	高
平原田块面积(亩)	<150	150~300	≥300
山地丘陵田块面积(亩)	<80	80~150	≥150

注：丘陵一般海拔在200m以上、500m以下，相对高度一般不超过200m；山地是指海拔在500m以上的高地，起伏很大，坡度陡峻，沟谷幽深，一般多呈脉状分布。本试验区范围以山地为主，因此评价过程中采用山地丘陵田块面积作为评价参考阈值。

```
def Calculate(x):
    global value
    if x >= 100000:
        value = 3
    elif x >= 53333:
        value = 2
    else:
        value = 1
return value
```

(5)获取地块集中连片度。启动【分析工具】【叠加分析】【相交】工具。如表10.12所示设置参数，在该步骤点击【运行】工具两次，即可得到两个图层“适宜和一般适宜区备选区”和“适宜区备选区”。

表10.12 农业生产适宜性分区备选区划分表

输入要素	输出要素类	……
适宜性等级_2备选区 适宜性等级_2备选区聚合	适宜和一般适宜区备选区	其他参数保持为默认参数
适宜性等级_3备选区 适宜性等级_3备选区聚合	适宜区备选区	其他参数保持为默认参数

(6)划分适宜区。启动【分析工具】【提取分析】【选择】工具(图10.22)，设置【输入要素】为“适宜区备选区”，【输出要素类】为“Newdatabase.gdb/适宜区”。设置表达式为“[地块集中连片度]等于3”并运行。

(7)打开“适宜区”的属性表，添加文本型字段“适宜性分区”，利用【计算字段】工具将其赋值为“适宜区”(图10.23)。

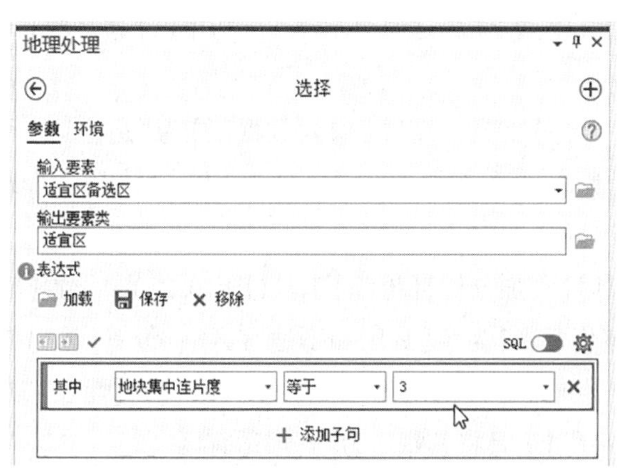

图10.22 使用【选择】工具提取适宜区

图10.23 为“适宜性分区”字段赋值

(8)划分不适宜区。启动【分析工具】【提取分析】【选择】工具，设置【输入要素】为“适宜和一般适宜区备选区”，【输出要素类】为“Newdatabase.gdb/不适宜区_来自降级”。设置表达式为“[地块集中连片度]等于1”并运行。

(9)启动【数据管理工具】【常规】【合并】工具(图10.24)。设置【输入数据集】为“不适宜区_来自降级”和“适宜性等级_1备选区”，设置【字段映射】合并规则为“适宜性等级”，设置【输出数据集】为“Newdatabase. gdb/不适宜区”并运行。

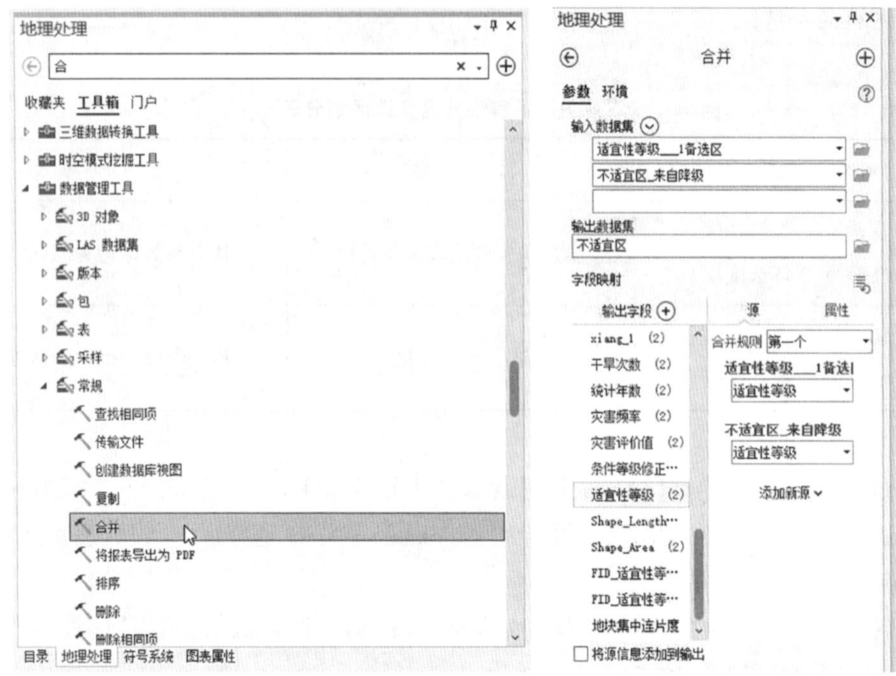

图 10.24　使用【合并】工具提取不适宜区

(10)打开“不适宜区”的属性表，添加文本型字段“适宜性分区”，利用【计算字段】工具将其赋值为“不适宜区”。

(11)合并适宜区和不适宜区。启动【合并】工具，设置【输入数据集】为“适宜区”和“不适宜区”，设置【字段映射】合并规则为“适宜性等级”，设置【输出数据集】为“Newdatabase. gdb/适宜区和不适宜区”并运行。

(12)划分一般适宜区。启动【分析工具】【叠加分析】【擦除】工具(图 10.25)，设置【输入要素】为“农业生产条件等级修正”，【擦除要素】为“适宜区和不适宜区”；设置【输出要素类】为“Newdatabase. gdb/一般适宜区”，点击【运行】；打开“一般适宜区”的属性表，添加文本型字段“适宜性分区”，利用【计算字段】工具将其赋值为“一般适宜区”。

(13)获得农业生产适宜性分区。启动【数据管理工具】【常规】【合并】工具，设置【输入数据集】为“适宜区和不适宜区”和“一般适宜区”，设置【字段映射】合并规则为“适宜性分区”，设置【输出数据集】为“Newdatabase. gdb/农业生产适宜性分区”并运行。

(14)类别符号化。根据字段“适宜性分区”对“农业生产适宜性分区”图层进行类别符号化处理，得到某市农业生产适宜性评价结果如图 10.26 所示。

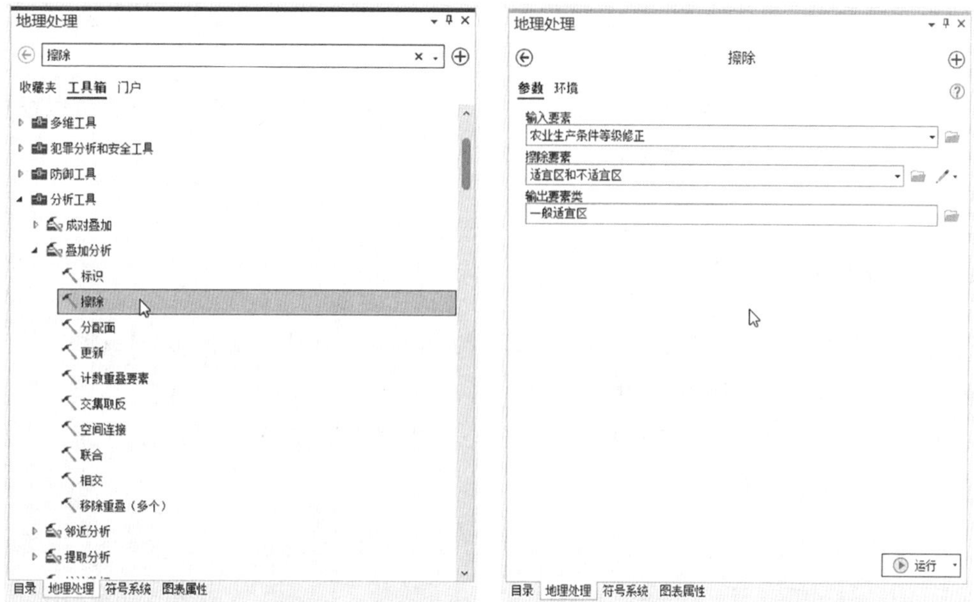

图 10.25 使用【擦除】工具提取一般适宜区

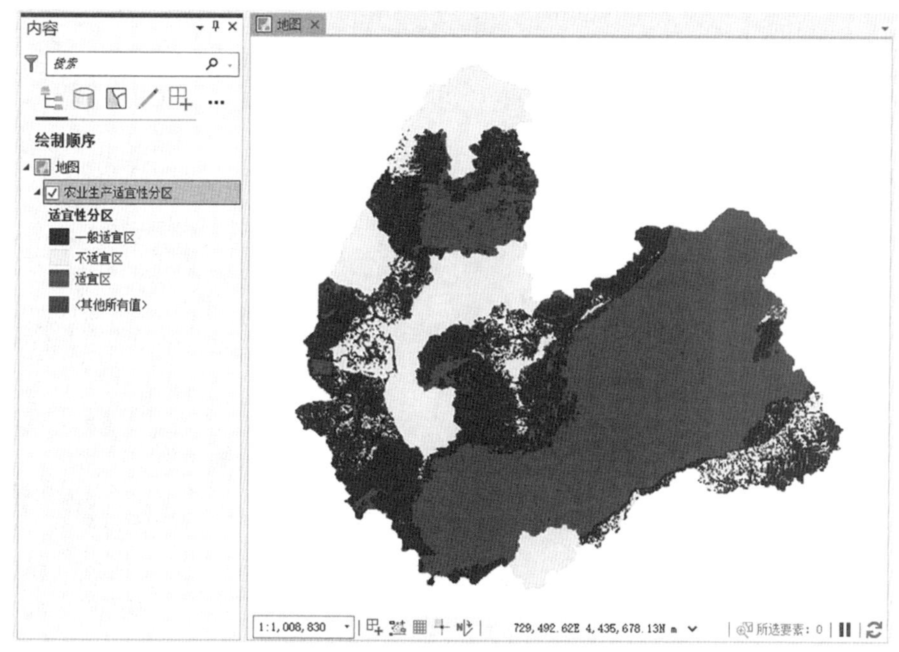

图 10.26 农业生产适宜性评价结果

六、总结与思考

本案例的目的是帮助读者在实践中深化 GeoScene Pro 的操作，对有关农业生产适宜性评价的原理层面并未过多涉及。为了简化实验流程，同时省略了环境单项评价步骤，读者可以根据需要查阅双评价相关书籍进行学习。

本实验在计算字段时多采用 Python3 语言，涉及 Arcade 表达式较少，读者可以根据兴趣自主尝试使用 Arcade 表达式来完成相应步骤。

◎ 本实验参考文献

[1]王亚飞，樊杰，周侃．基于“双评价”集成的国土空间地域功能优化分区[J]．地理研究，2019，38(10)：2415-2429.

[2]牛强．城乡规划 GIS 技术应用指南：国土空间规划编制和双评价[M]．北京：中国建筑工业出版社，2020.

实验十一　基于最小阻抗的校园校车停靠点的可达性分析——以武汉大学为例

一、实验目的和意义

交通可达性是城市规划要考虑的一个重要因素，交通可达性分析可在路网优化、土地使用规划、地价评价、区位分析等方面发挥重要作用。所谓可达性，一般指某一地点到达其他地点的交通方便程度，也可指其他地点到达这一地点的交通方便程度。其中，公共交通站点的可达性分析则可以帮助我们了解规划的公交线路、公交站点和道路规划对交通的影响，识别因为公交改善得益的一些区域，对公交站点的选址进行优化调整，提升居民出行的交通便捷性。

本次实验选取大学校园内的校车站点进行交通可达性分析。可达性分析一般分为基于最小阻抗、基于平均出行时间和基于出行范围的分析，基于最小阻抗的分析最常用且可较便捷地分析交通便捷性，本次选取基于最小阻抗来分析校车站点可达性。

二、实验内容

(1)学习如何在 GeoScene Pro 中进行基础数据处理，比如路网数据的拓扑检查及修改；

(2)学习网络数据集构建方法；

(3)学习网络分析中的 OD 成本矩阵求解方法；

(4)学习【字段计算器】工具的使用方法，利用公式生成可达性数据；

(5)学习【连接字段】工具的使用方法，基于公用属性字段将一个表的指定内容添加到另一个表，便于将 OD 成本表中的求解结果做可视化处理；

(6)学习空间插值方法的使用，通过已知的空间数据来预测其他位置空间数据值，最终生成实验所需的可达性图纸。

三、实验数据

本实验相关数据见表 11.1。

表 11.1　　实验数据表

数　　据	类　　型	数据格式
校内校车停靠点	点要素	校车停靠点 . shp
校内道路	线要素	校内道路 . shp

四、实验流程

在 GeoScene Pro 中实现校车站点可达性分析，首先导入基础路网数据，并进行拓扑检查及修改，利用路网数据构建网络要素数据集，导入校车停靠点，构建 OD 成本矩阵并完成分析得到成本数据集，再利用字段计算器进行可达性求解，连接字段将在此后运用反距离权重法求得可达性分布图。

具体实验逻辑过程如图 11.1 所示。

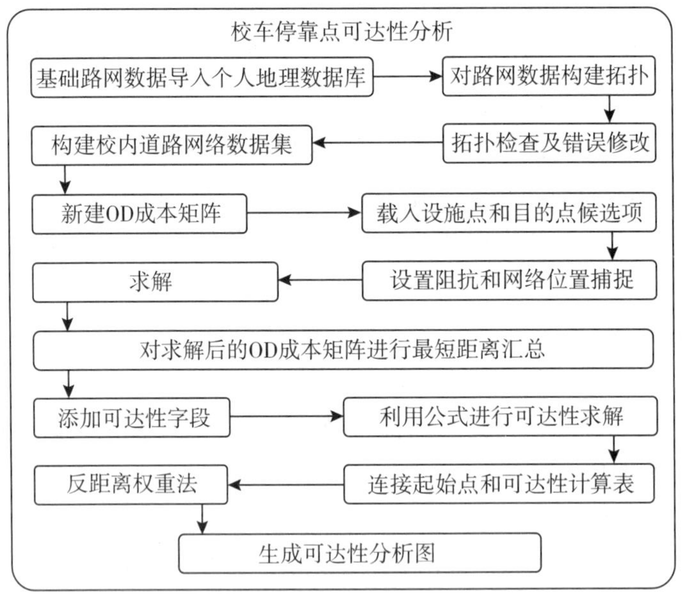

图 11.1　实验流程图

五、模型结构

图 11.2 所示为本实践选题的模型结构图(不包括基础路网数据前期拓扑检查及错误修改部分)。

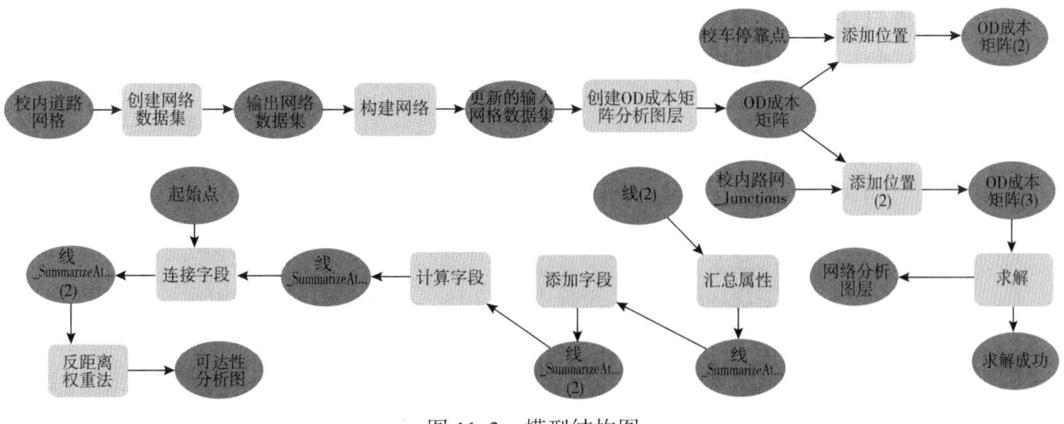

图 11.2　模型结构图

六、操作步骤

(1)打开 GeoScene Pro，单击【新建文件地理数据库(地图视图)】，命名为“可达性分析”。

(2)单击导航栏中的【添加数据】(图 11.3)，选择数据文件中的校内道路数据，点击【确认】，向地图中添加路网数据(图 11.4)。

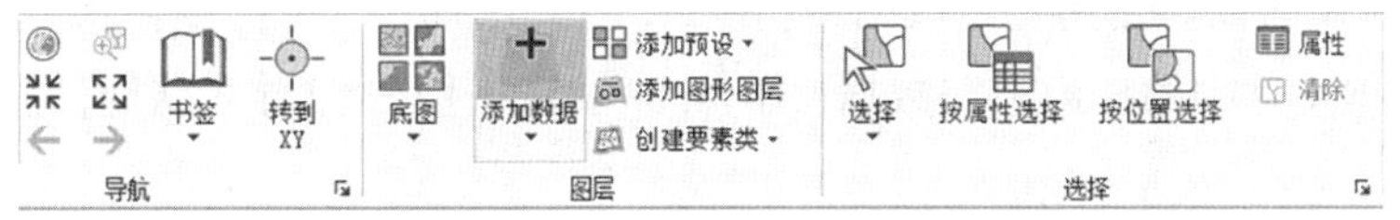

图 11.3　【添加数据】步骤导航栏

图 11.4　校内路网数据

(3)在右侧目录菜单选择展开【工程】【数据库】，右击“可达性评价 .gdb”，选择【新建】【要素数据集】(图 11.5)，将新建要素数据集命名为“校内路网”(图 11.6)，点击【运行】。

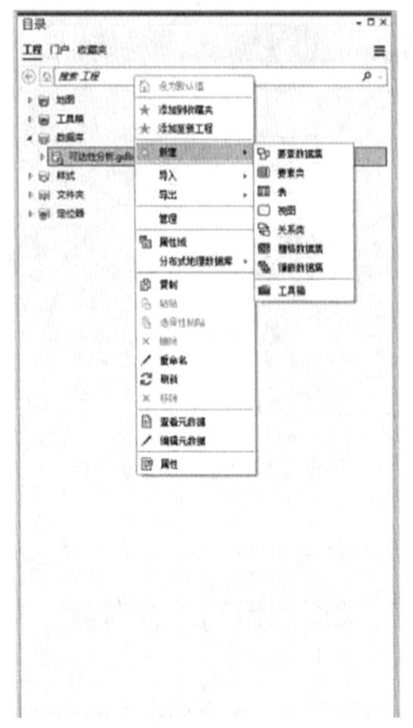

图 11.5　工程目录界面

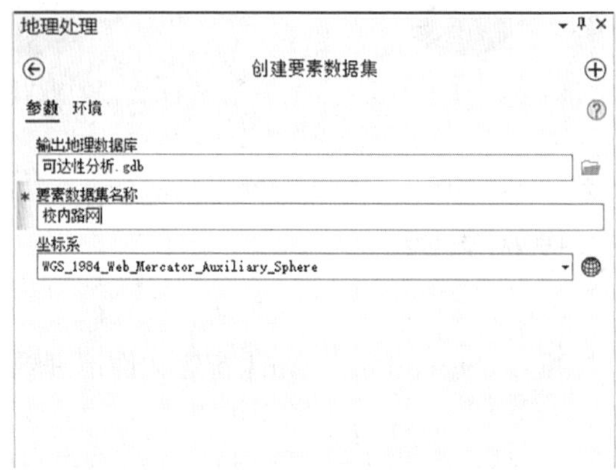

图 11.6　创建要素数据集设置界面

(4)右击新建的校内路网要素数据集(图 11.7)，选择【导入】【要素类(多个)】，选择输入要素为数据文件中的校内道路数据(图 11.8)，点击【运行】导入路网信息。

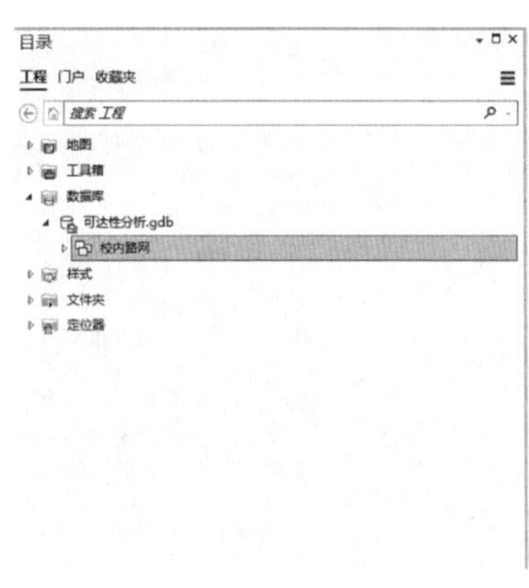

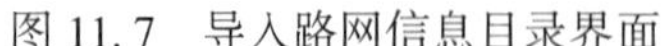

图 11.7　导入路网信息目录界面

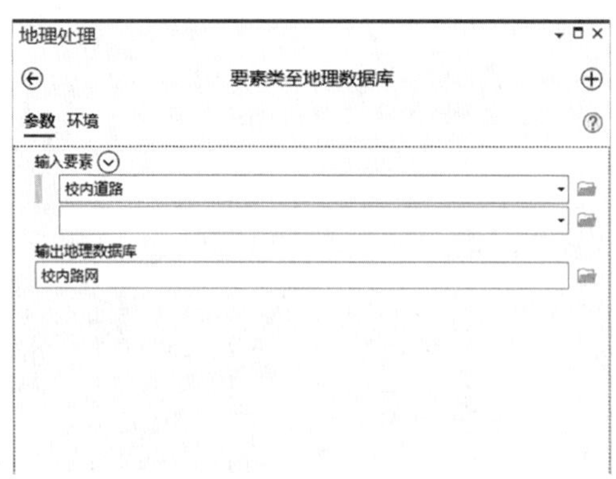

图 11.8　导入路网信息设置界面

(5)单击菜单栏中的【编辑】【选择】，框选校内道路全部要素(图 11.9)，单击菜单栏中的【编辑】【修改】(图 11.10)，选择【打断】(图 11.11)，将要素校内道路在交点处打断并移除任何重复片段(图 11.12)，这是构建交通网络数据集的需要，编辑完后注意点击

【保存】(图 11.13)。

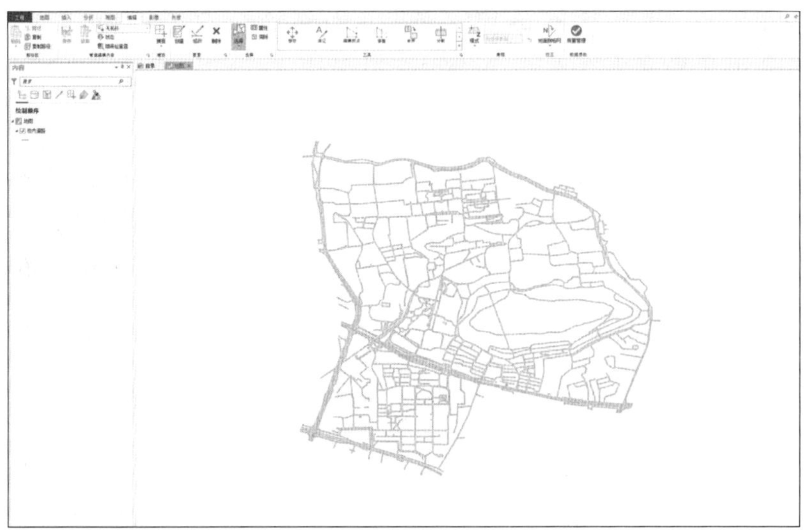

图 11.9　框选要素界面

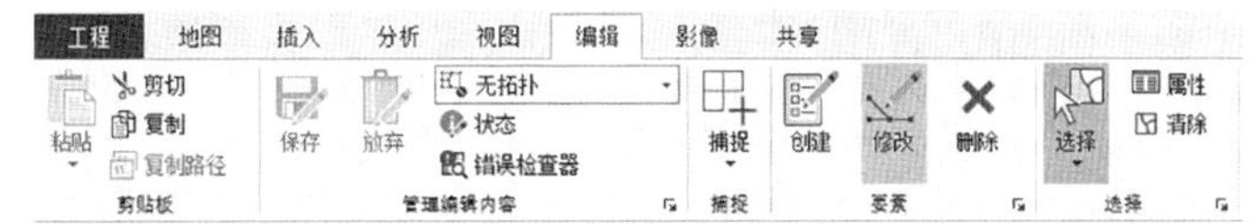

图 11.10　修改要素界面

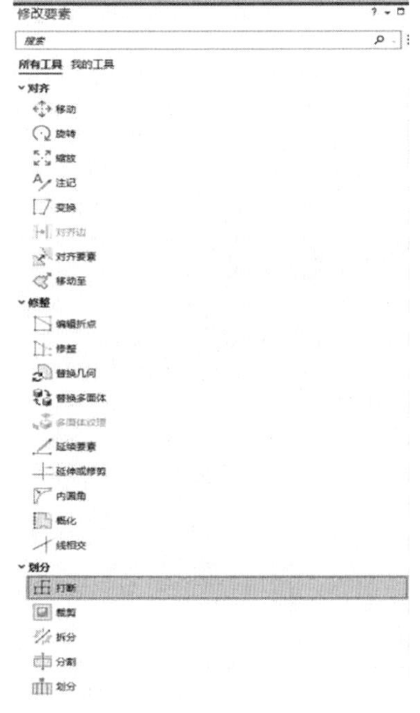

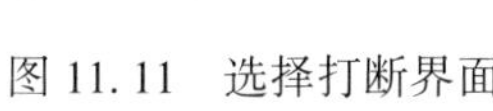
图 11.11　选择打断界面

图 11.12　打断操作界面

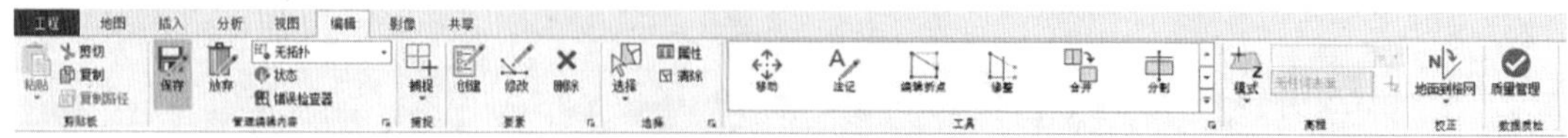

图 11.13　保存编辑界面

(6)右击新建的【校内路网要素数据集】，选择【新建】【拓扑】，【拓扑名称】设置为英文，勾选“校内道路要素类”(图 11.14)，添加规则，选择【要素类】为校内道路，添加规则“不能自相交”“不能相交或内部接触”“不能有悬挂点”(图 11.15)，汇总，检查各部分设置，点击【完成】(图 11.16)。

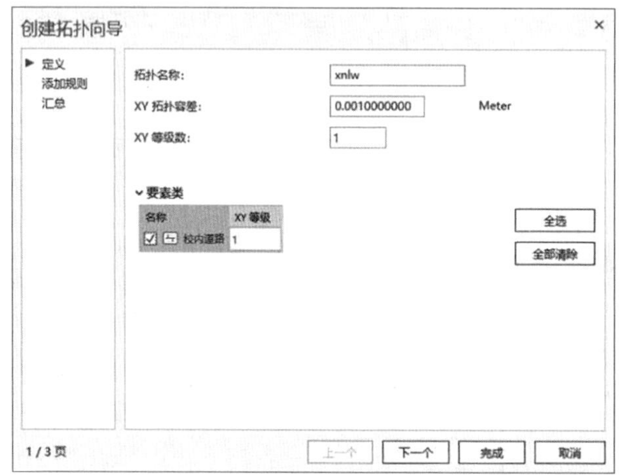

图 11.14　构建拓扑步骤一

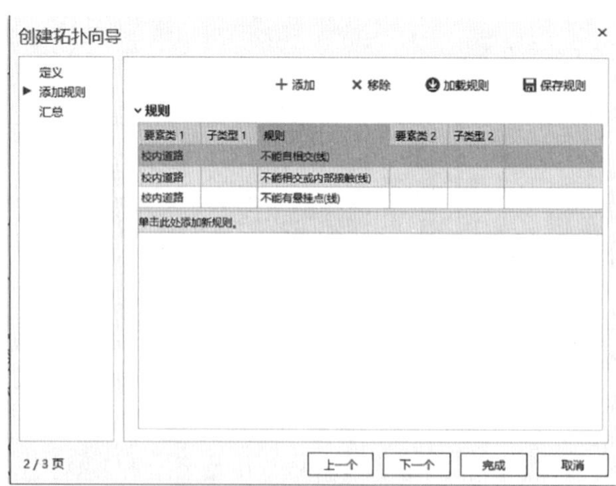

图 11.15　构建拓扑步骤二

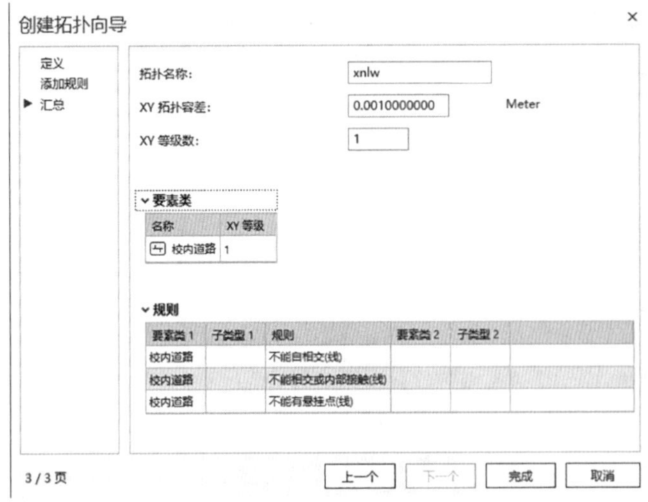

图 11.16　构建拓扑步骤三

(7)查看目录中“校内路网要素数据集”下已经构建了“xnlw”的拓扑，将其拖拽至左侧内容界面，即添加至地图(图 11.17)；选择菜单栏中的【编辑】，下拉选择“xnlw”(地理数据库)，单击【错误检查器】(图 11.18)；点击验证，可以看到出现了具体错误条目(图 11.19)；全选要素，在【错误选择器】右侧修复一栏可以看到修复方式，点击修复方式，进行错误修复(图 11.20)；【分割】主要适用于一些自相交或者内部重叠的错误，【捕捉】【修剪】【延伸】【移除重叠】【简化】主要修复有悬挂点的道路，考虑到存在断头路的情况，此项需要分别查看和修改，处理时如发现一些零碎的未被清除干净的不符合实际的道路，可以直接选择【删除】；经多次修改，除了一些悬挂点之外，其余错误均处理完毕。

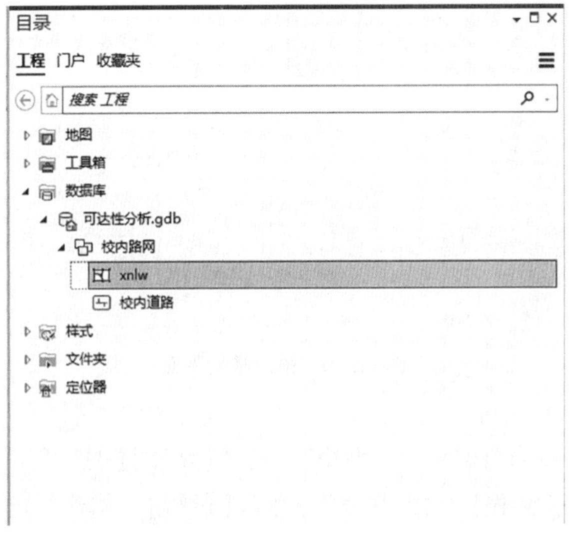

图 11.17　【目录】界面

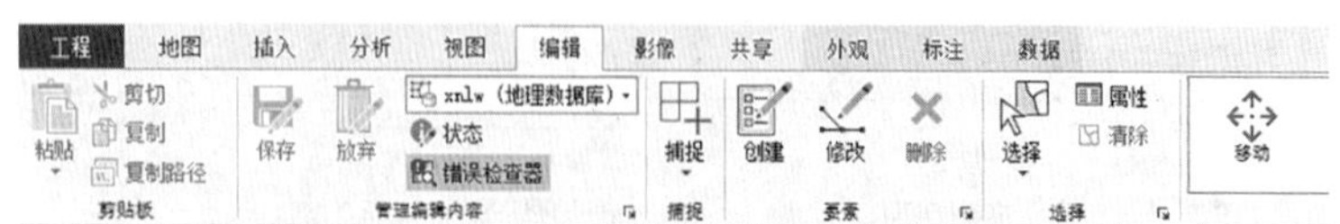

图 11.18　菜单编辑界面

图 11.19　错误验证界面

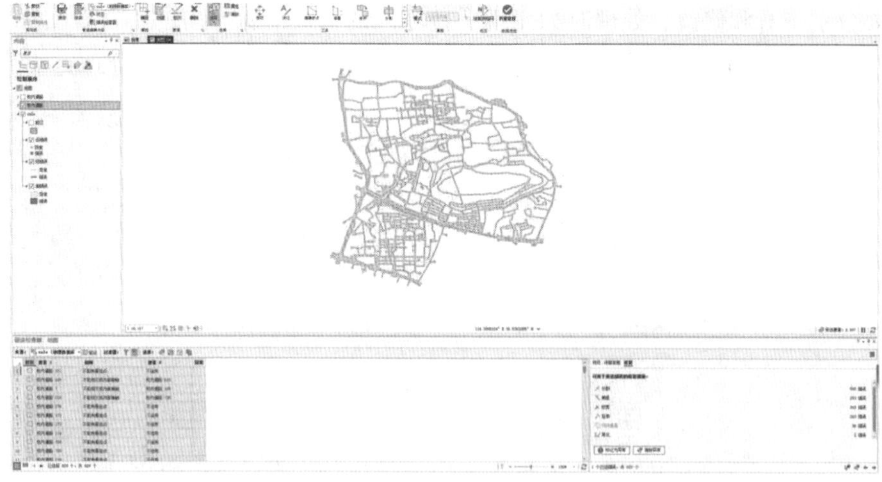

图 11.20　错误修复界面

（8）右击新建的“校内路网要素数据集”，选择【新建】【网络数据集】，【源要素类】勾选“校内道路”，选择【高程】为“无高程”，点击【运行】，构建校内交通网络数据集（图 11.21），此时仅搭建完成框架，未完成构建，右击数据集查看【属性】，“边”“交汇点”内容为 0（图 11.22）。

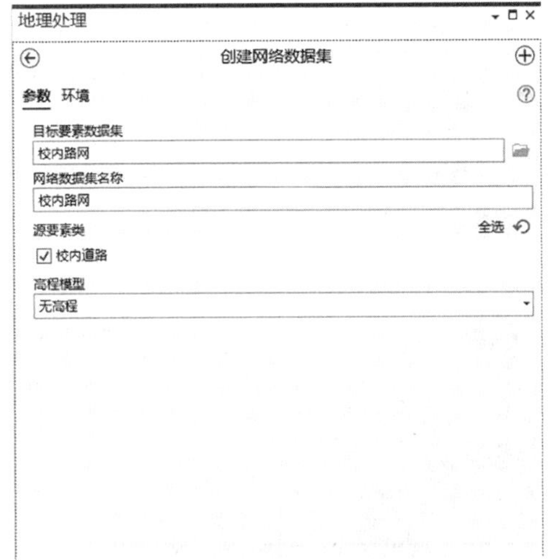

图 11.21　网络数据集生成界面

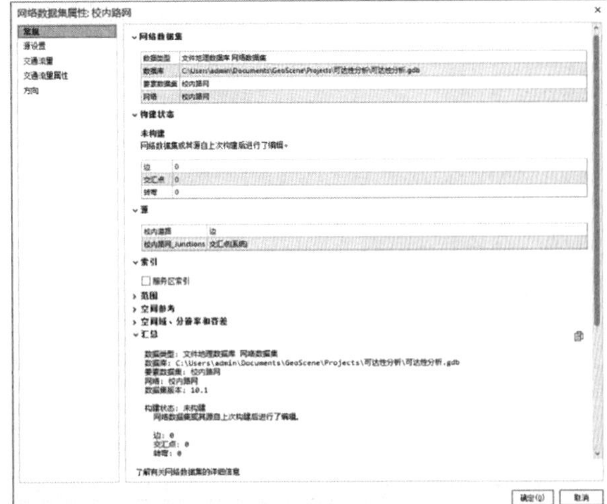

图 11.22　校内交通网络数据集属性

(9)右击新建的“校内交通网络数据集”，选择【构建】，点击【运行】完成构建(图 11.23)，并将所生成的“校内路网_Junctions”添加至地图，此时右击数据集查看【属性】，构建数据显示完整(图 11.24)。

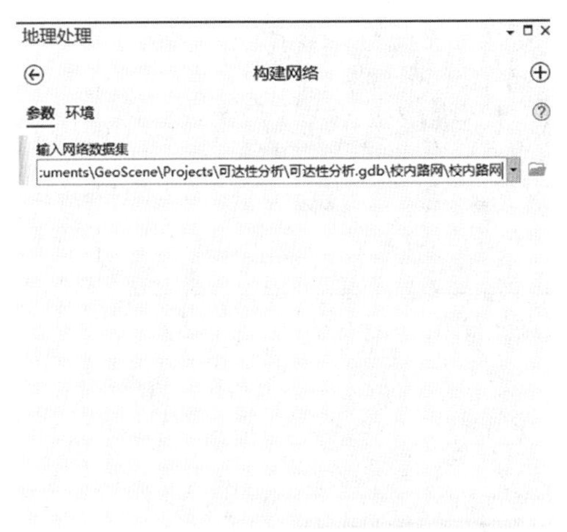

图 11.23　网络数据集构建界面

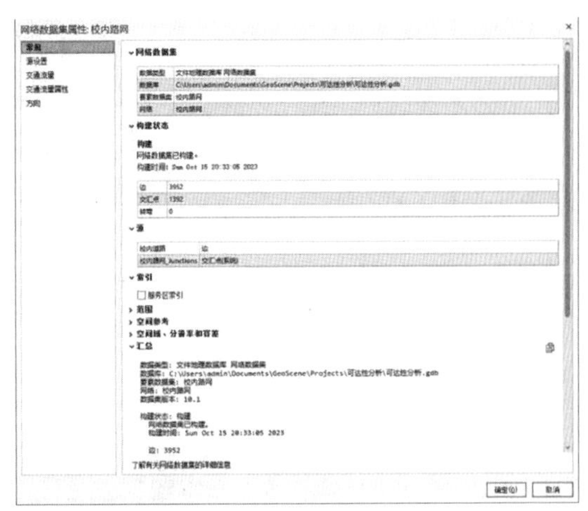

图 11.24　网络数据集构建界面

(10)右击“可达性分析.gdb”，选择【导入】【要素类(多个)】，选择【输入要素】为文件中的“校车停靠点”(图 11.25)，点击【运行】导入点位信息，并添加至地图中(图 11.26)。

(11)选择菜单栏中的【分析】【网络分析】【起始-目的地成本矩阵】(图 11.27)，启动 OD 分析工具，打开菜单栏的【OD 成本分析】界面(图 11.28)。

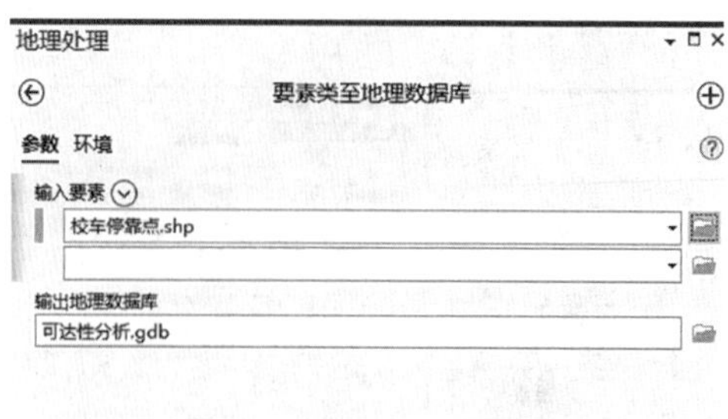

图 11.25　导入校车停靠点

图 11.26　校车停靠点分布图

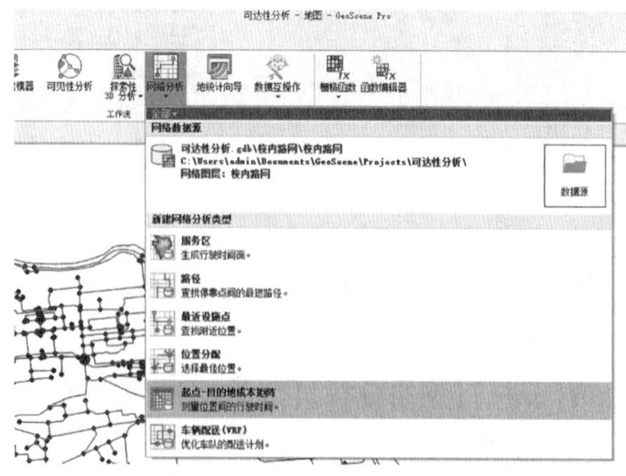

图 11.27　网络分析设置导航界面

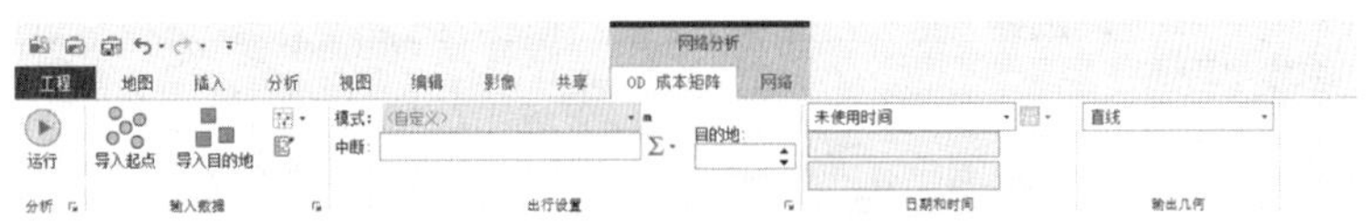

图 11.28　打开 OD 成本分析界面

(12)选中新建的 OD 成本矩阵，选择菜单栏中的“OD 成本矩阵”界面，选择“导入起点”并输入“校车停靠点”(图 11.29)，选择【导入目的地】，并输入“校内路网_Junctions”(图 11.30)。

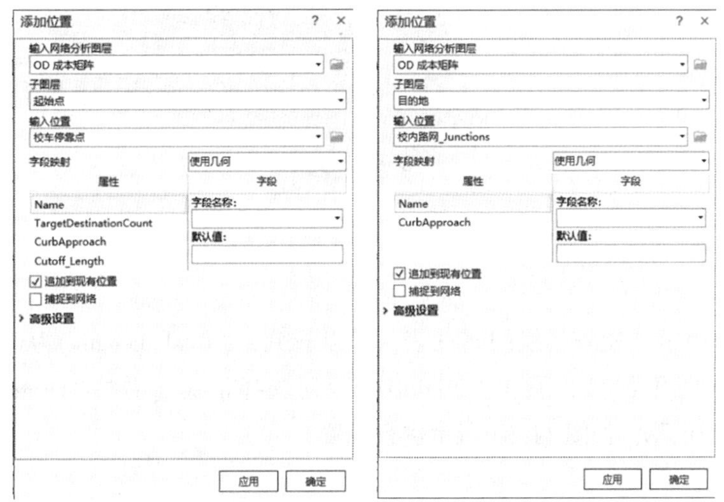

图 11.29　加载起始点　　　　图 11.30　加载目的点

(13)选择 OD 成本矩阵属性，将【出行模式】改为“步行”，【阻抗】改为“Length”，点击【运行】(图 11.31)，得到 OD 成本求解结果图(图 11.32)。

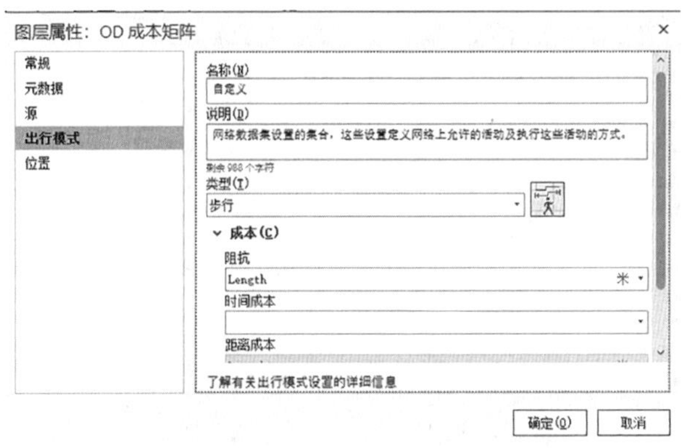

图 11.31　OD 成本矩阵图

图 11.32　OD 成本求解图

(14)打开 OD 成本矩阵的线的属性表，可以看到，“Total_Length”为通过网络数据集走的最短距离(图 11.33)，右击“OriginID”一列选择汇总，需按“OriginID”对“Total_Length”进行分类汇总，如图 11.34 所示进行设置。

线

字段：添加 计算 选择：按属性选择 缩放至 切换 清除 删除 复制

	ObjectID *	Shape *	Name	OriginID	DestinationID	DestinationRank	Total_Length	Shape_Length
1	1	折线	地点 1 - 地点 410	1	410	1	15.427568	17.894995
2	2	折线	地点 1 - 地点 369	1	369	2	42.769217	49.609563
3	3	折线	地点 1 - 地点 452	1	452	3	51.426351	59.650926
4	4	折线	地点 1 - 地点 460	1	460	4	58.668267	68.044634
5	5	折线	地点 1 - 地点 411	1	411	5	63.386587	58.824718
6	6	折线	地点 1 - 地点 334	1	334	6	79.160367	91.755705
7	7	折线	地点 1 - 地点 368	1	368	7	106.094322	89.316911
8	8	折线	地点 1 - 地点 450	1	450	8	110.033038	90.396463
9	9	折线	地点 1 - 地点 458	1	458	9	114.742069	93.967617
10	10	折线	地点 1 - 地点 474	1	474	10	115.568845	96.898911
11	11	折线	地点 1 - 地点 489	1	489	11	115.652993	116.361386
12	12	折线	地点 1 - 地点 519	1	519	12	116.567453	135.203993
13	13	折线	地点 1 - 地点 526	1	526	13	118.995629	138.02052
14	14	折线	地点 1 - 地点 495	1	495	14	124.164307	115.475412
15	15	折线	地点 1 - 地点 485	1	485	15	126.950912	118.820522
16	16	折线	地点 1 - 地点 358	1	358	16	127.265253	79.374502
17	17	折线	地点 1 - 地点 472	1	472	17	133.520634	85.996073
18	18	折线	地点 1 - 地点 424	1	424	18	134.237088	75.690076
19	19	折线	地点 1 - 地点 498	1	498	19	135.80741	127.720385
20	20	折线	地点 1 - 地点 496	1	496	20	138.775056	119.866787

图 11.33　OD 成本求解后线的属性表

图 11.34　汇总统计数据图

(15)打开可达性计算表的属性表，可以看到，“SUM_Total_Length”是对不同起始点到各个目的地的最短距离进行汇总的结果(图 11.35)，添加双精度字段可达性(图 11.36)，右击选择计算字段，表达式为“SUM_Total_Length/(目的地数量-1)”(注：括号要在英文输入法下打出)，计算可达性(图 11.37)。

线　可达性计算表

字段：添加　计算　选择：按属性选择　缩放至

	ObjectID *	OriginID	FREQUENCY	SUM_Total_Length
1	1	1	1301	1784118.112539
2	2	2	1301	1714817.891255
3	3	3	1301	1445882.197354
4	4	4	1301	1579690.52345
5	5	5	1301	1274278.75329
6	6	6	1301	1290503.420839
7	7	7	1301	1360726.651493
8	8	8	1301	1367962.368607
9	9	9	1301	1426622.512727
10	10	10	1301	1677163.515257
11	11	11	1301	2173043.319027
12	12	12	1301	2218298.714421
13	13	13	1301	2138613.998474
14	14	14	1301	1840899.978414
15	15	15	1301	1882818.453774
16	16	16	1301	1868187.055986
17	17	17	1301	1891523.049463
18	18	18	1301	1578804.559476
19	19	19	1301	1900627.181813

图 11.35　可达性计算表属性表

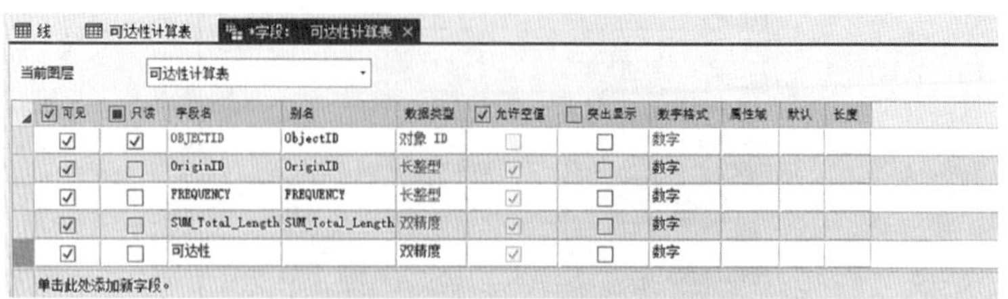

图 11.36　添加字段

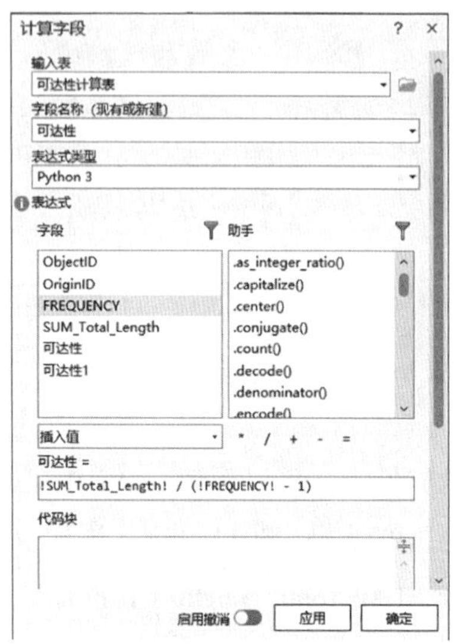

图 11.37　计算字段

(16)点击【表】【连接】【添加连接】(图 11.38)，将 OD 成本矩阵中“起始点”的“ObjectID”字段和“可达性”计算表中的“OriginID”字段连接(图 11.39)，打开“起始点”的属性表，可以看到已经有“可达性”这一字段，即连接成功(图 11.40)。

(17)点击【空间分析工具】【插值分析】【反距离权重法】(图 11.41)，参数中，【输入点要素】选择“起始点”，【z 值字段】选择“可达性”，其余可保持为默认(图 11.42)，【环境】中处理范围选择【校内道路】(图 11.43)，则可生成“校车停靠点可达性分析图”(图 11.44)。

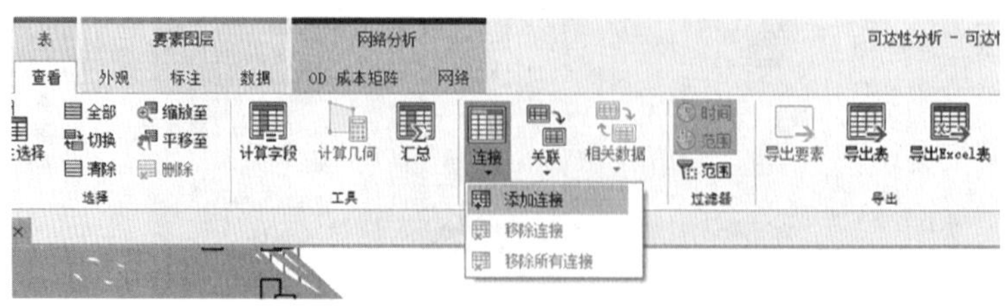

图 11.38　添加连接

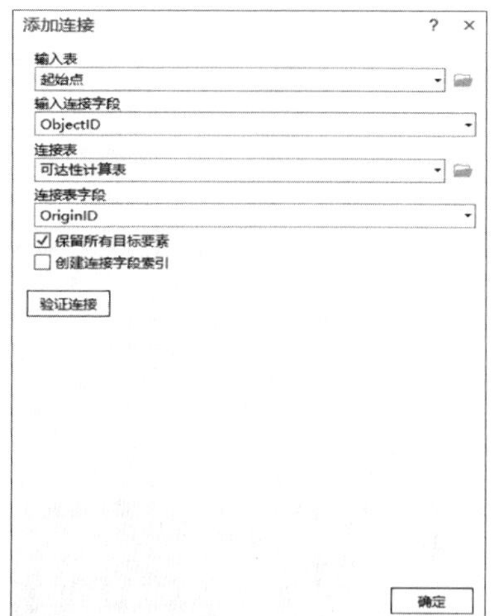

图 11.39　连接字段

线　可达性计算表　起始点

字段：添加　计算　选择：按属性选择　切换

ObjectID	Shape	Name	TargetDestinationCount	SourceID	SourceOID	PosAlong	SideOfEdge	CurbApproach	Status
1	点	地点 1	<Null>	校内道路	740	0.065093	左侧	车辆的任意一侧	确定
2	点	地点 2	<Null>	校内道路	2146	0.149701	左侧	车辆的任意一侧	确定
3	点	地点 3	<Null>	校内道路	923	0.669227	右侧	车辆的任意一侧	确定
4	点	地点 4	<Null>	校内道路	421	0.10514	左侧	车辆的任意一侧	确定
5	点	地点 5	<Null>	校内道路	1024	0.705267	左侧	车辆的任意一侧	确定
6	点	地点 6	<Null>	校内道路	563	0.822171	左侧	车辆的任意一侧	确定
7	点	地点 7	<Null>	校内道路	938	0.873065	右侧	车辆的任意一侧	确定
8	点	地点 8	<Null>	校内道路	241	0.105896	左侧	车辆的任意一侧	确定
9	点	地点 9	<Null>	校内道路	1	0.464627	左侧	车辆的任意一侧	确定
10	点	地点 10	<Null>	校内道路	846	0.141044	右侧	车辆的任意一侧	确定
11	点	地点 11	<Null>	校内道路	842	0.137834	左侧	车辆的任意一侧	确定
12	点	地点 12	<Null>	校内道路	61	0.124119	左侧	车辆的任意一侧	确定
13	点	地点 13	<Null>	校内道路	2004	1	左侧	车辆的任意一侧	确定
14	点	地点 14	<Null>	校内道路	2001	0.626184	右侧	车辆的任意一侧	确定
15	点	地点 15	<Null>	校内道路	2578	0.662458	左侧	车辆的任意一侧	确定
16	点	地点 16	<Null>	校内道路	2068	0.068908	右侧	车辆的任意一侧	确定
17	点	地点 17	<Null>	校内道路	1969	0.699858	左侧	车辆的任意一侧	确定
18	点	地点 18	<Null>	校内道路	303	1	左侧	车辆的任意一侧	确定
19	点	地点 19	<Null>	校内道路	825	0.076099	左侧	车辆的任意一侧	确定

ObjectID	SnapX	SnapY	SnapZ	DistanceToNetworkInMeters	Cutoff_Length	ObjectID	OriginID	FREQUENCY	SUM_Total_Length	可达性
1	12729695.9285	3571740.348441	0	0	<Null>	1	1	1301	1784119.112539	1372.390548
2	12729946.8887	3571758.8506	0	0.095042	<Null>	2	2	1301	1714817.891255	1319.090686
3	12729945.799488	3572115.6775	0	0	<Null>	3	3	1301	1445802.197354	1112.217075
4	12729644.792566	3571999.6409	0	0	<Null>	4	4	1301	1579090.52045	1215.146567
5	12729770.684014	3572652.494904	0	0	<Null>	5	5	1301	1274278.75329	980.214426
6	12729765.887504	3572631.084190	0	0	<Null>	6	6	1301	1290503.420839	992.694939
7	12729930.483485	3572958.543507	0	0.134409	<Null>	7	7	1301	1360726.651493	1046.712809
8	12729928.6143	3572960.6731	0	0	<Null>	8	8	1301	1367962.369607	1052.278745
9	12730199.02495	3573117.351977	0	0.095042	<Null>	9	9	1301	1426622.512727	1097.401933
10	12730672.6177	3573170.594299	0	0	<Null>	10	10	1301	1677163.515257	1290.125781
11	12731266.308338	3573083.487404	0	0	<Null>	11	11	1301	2173043.319027	1671.571784
12	12731182.2833	3573365.9283	0	0	<Null>	12	12	1301	2210298.714421	1706.383836
13	12731067.6465	3573617.0299	0	0	<Null>	13	13	1301	2138613.998474	1645.007691
14	12730686.530003	3573612.63414	0	0	<Null>	14	14	1301	1840899.978414	1416.076906
15	12730329.077989	3573690.603999	0	0	<Null>	15	15	1301	1882818.453774	1448.321888
16	12730030.13904	3573684.522806	0	0	<Null>	16	16	1301	1868167.058986	1437.066966
17	12729707.013201	3573671.942073	0	0	<Null>	17	17	1301	1891523.049463	1455.01773
18	12729727.9944	3573249.2144	0	0	<Null>	18	18	1301	1578804.559476	1214.465046
19	12730962.115409	3573044.989963	0	0	<Null>	19	19	1301	1900627.181813	1462.020909

单击以添加新行。

图 11.40　“起始点”属性表

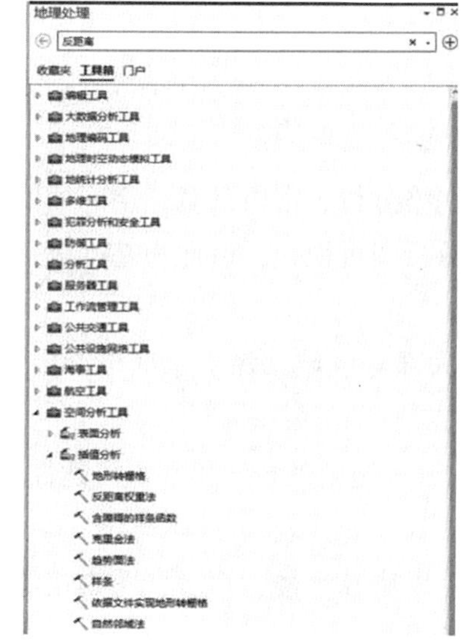

图 11.41　“反距离权重法”设置属性表

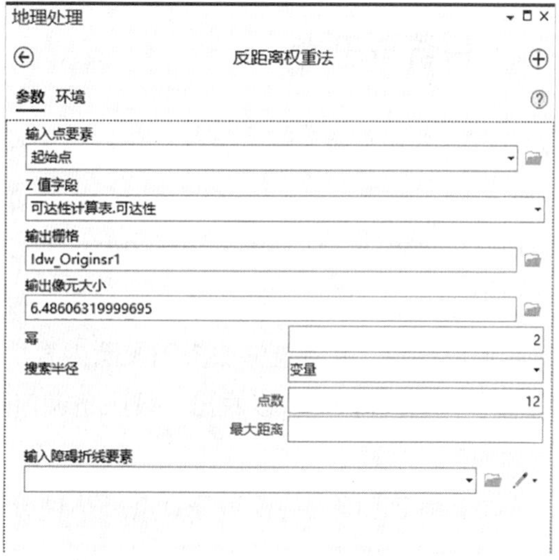

图 11.42　【反距离权重法】参数设置

图 11.43　【反距离权重法】环境设置

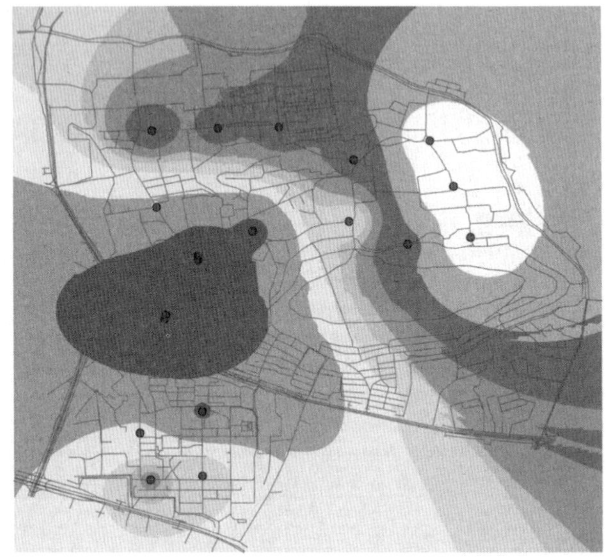

图 11.44　校车停靠点可达性分析图

七、总结与思考

本实验以武汉大学为例，通过拓扑检查及修改、网络分析、字段计算、空间插值等方法，探究校园内校车停靠的交通可达性，并将可达性分析图可视化，以此为基础进一步探究校内校车停靠点的选址是否合适等问题。

(1)通过分析可以看到校车站点基本覆盖校园内大部分区域，除了东部珞珈山区域，校车路线形成环线，基本能够服务到校园内教学区域；

(2)从可达性分析图可以看出，校园珞珈门附近自强大道上的校车停靠点可达性较高，附近交通便捷性较高；

(3)对于特定范围内的校车停靠点可达性分析，可以从教学楼、宿舍、图书馆等师生使用频率高的地点考虑和校车停靠点之间的交通便捷性分析；

(4)不同类型的道路对于交通便捷性分析有不同的影响，下一步可以考虑对路网进行分级，以不同道路的通行最短时间作为阻抗进行网络分析；

(5)基于最小阻抗的校车可达性分析较简单，只考虑路网的交通便捷性，忽略了一些出行目的和出行范围等，下一步分析可以考虑更多相关因素，探究更加合适的可达性分析方式。

◎ 本实验参考文献

[1]吴红波，郭敏，杨肖肖．基于GIS网络分析的城市公交车路网可达性[J]．北京交通大学学报，2021，45(1)：70-77.

[2]王亚妮．基于GIS网络分析的西安市城区地铁站点可达性评价[J]．西安文理学院学报(自然科学版)，2022，25(3)：106-111.

[3]韩雪，束子荷，沈丽，等．基于GIS网络分析的池州市主城区公园绿地可达性研究[J]．池州学院学报，2021，35(3)：87-91.

[4]于冲，段士凯．基于GIS的公园绿地可达性研究——以山东省费县为例[J]．未来城市设计与运营，2023(8)：29-32.

[5]马交国，鲁兴，贺宏斌，等．济南市主城区医疗服务设施可达性分析[J]．济南大学学报(自然科学版)，2023，37(4)：478-485.

[6]喻立洋，何力．基于GIS的城市公园绿地空间可达性分析——以襄阳市樊城区为例[J]．科学技术创新，2023(15)：121-124.

实验十二　某地区城镇建设适宜性评价

一、实验目的和意义

城镇建设适宜性是指国土空间中城镇居民生产生活的适宜程度，城镇建设适宜性评价是双评价中国土空间开发适宜性评价的重要组成部分，也是国土空间规划编制过程中研究分析的重要组成部分。在城镇建设适宜性分区中，识别不适宜区需要在生态保护极重要区以外的区域，在适宜性评价的基础上考虑环境安全、粮食安全和地质安全等底线要求；识别适宜区则还应根据城镇化发展阶段特征，增加人口、经济、区位、基础设施等要素。

二、实验内容

(1)巩固 GeoScene Pro 中各类分析工具的使用方法；

(2)进行土地资源、水资源、气候、环境、灾害五大要素的单项评价；

(3)通过集成评价环节将单项评价的结果进行初判和逐步修正，获得城镇建设条件等级评价。

三、实验数据

本实验相关数据见表 12.1。

表 12.1　**实验数据表**

数　据	类　型	数据格式
DEM 高程数据	栅格数据	DEM. tif
地区行政边界	面要素	行政界线 . shp
水资源总量模数	栅格数据	szyzl. tif
平均湿度	栅格数据	月均湿度元数据 . tif
平均温度	栅格数据	月均温度元数据 . tif

续表

数　　据	类　　型	数据格式
平均风速	栅格数据	风速元数据 . tif
平均静风日数	栅格数据	静风日数元数据 . tif
COD(化学需氧量)指标	栅格数据	cod. tif
NH_3-N(氨氮含量)指标	栅格数据	nh3_n. tif
地震带	面要素	地震带 . shp
地震动峰值加速度	面要素	地震动峰值加速度 . shp

四、实验流程

城镇建设适宜性评价实验分为单项评价和集成评价两个环节。其中，单项评价环节依次开展土地资源、水资源、气候、环境、灾害五大要素的单项评价；集成评价环节依次进行城镇建设条件等级初判和修正步骤，通过集成评价将各单项评价的结果进行逐步修正，最终获得城镇建设条件等级评价结果。具体实验逻辑过程如图 12. 1 所示。

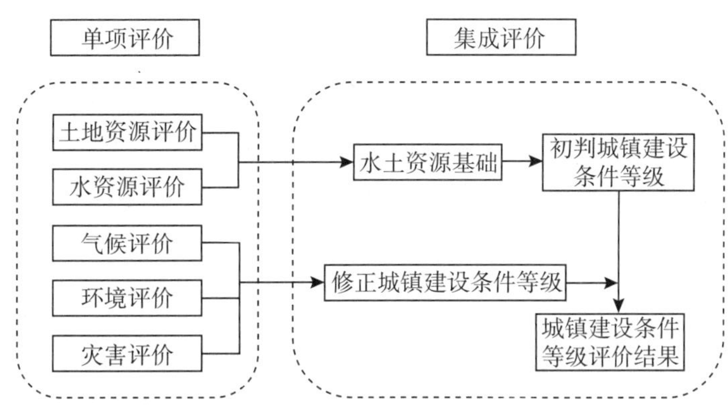

图 12. 1　实验流程图

五、操作步骤

1. 单项评价之土地资源评价

首先对地形坡度进行评价，得到初评结果；然后利用地形高程、地形起伏度等因子对初评结果进行修正，得到土地资源评价结果。

城镇建设功能指向的土地资源评价参考阈值见表 12. 2。

表 12. 2　　城镇建设功能指向的土地资源评价参考阈值表

评价因子	分级/评价参考阈值	评价值
地形坡度	≤3°	5
	3°~8°	4
	8°~15°	3
	15°~25°	2
	≥25°	1
地形高程	≥5000m	土地资源评价等级直接取最低等级 1
	3500~5000m	将坡度分级降 1 级作为土地资源评价等级
地形起伏度	>200m	将坡度分级降 2 级作为土地资源评价等级
	100~200m	将坡度分级降 1 级作为土地资源评价等级

(1)打开 GeoScene Pro，单击【新建工程】，命名为“土地资源评价”。

(2)单击导航栏中的【添加数据】，选择数据文件夹→土地资源评价文件夹中的 DEM 数据“DEM. tif”和数据文件夹→基础数据文件夹中的行政界线数据“行政界线 . shp”，点击确认，向地图中添加数据；

(3)地形坡度评价，选择【空间分析工具】【表面分析】【坡度】工具，设置参数如图 12. 2 所示，获得地形坡度数据。选择【空间分析工具】【重分类】【重分类】工具，设置参数如图 12. 3 所示，获得基于地形坡度因子的初评数据。

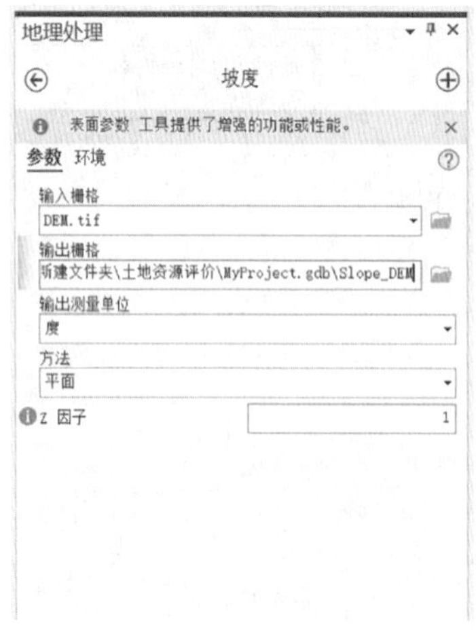

图 12. 2　坡度提取设置界面

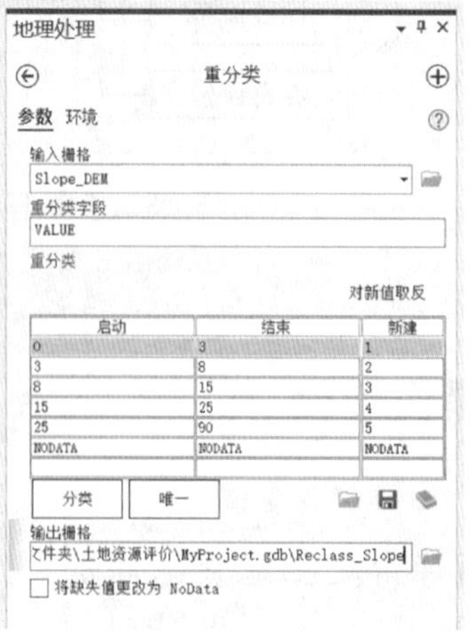

图 12. 3　坡度重分类设置界面

(4)裁剪范围，选择【空间分析工具】【提取分析】【按掩膜提取】工具，设置参数如图12.4所示，获得基于地形坡度因子的研究范围内土地资源初评结果。

(5)地形起伏度评价，选择【空间分析工具】【邻域分析】【焦点统计】工具，设置参数如图12.5所示，获得地形起伏度数据。选择【空间分析工具】【重分类】【重分类工具】，设置参数如图12.6所示，获得基于地形起伏度因子的降级修正数据。

图12.4　裁剪范围设置界面

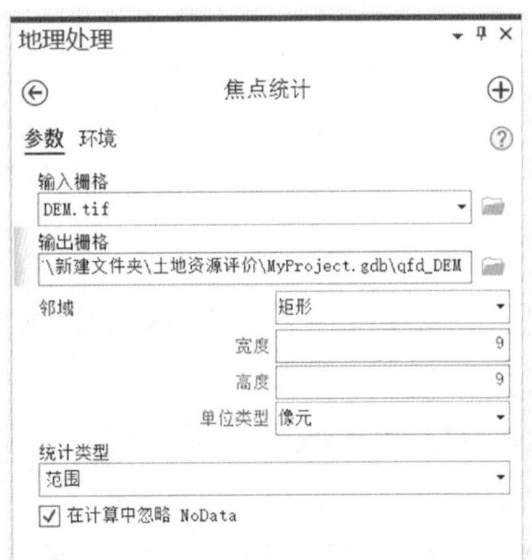

图12.5　起伏度计算设置界面

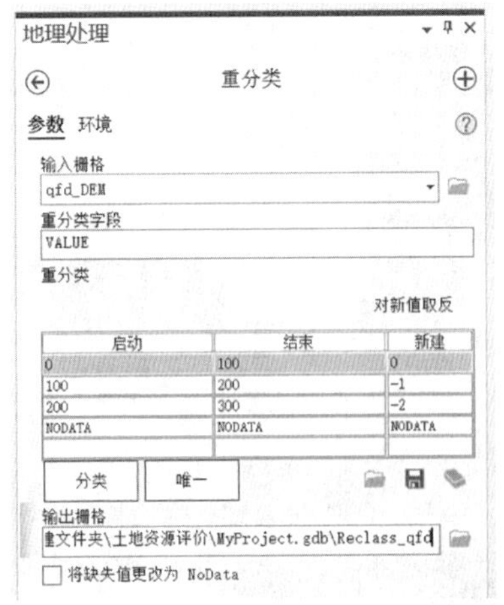

图12.6　起伏度重分类设置界面

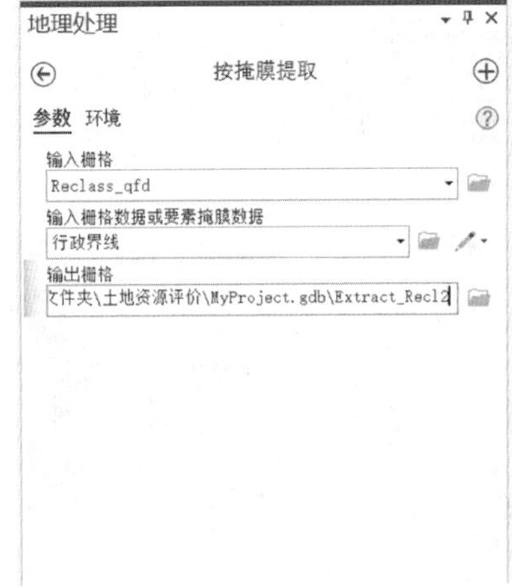

图12.7　裁剪范围设置界面

(6)裁剪范围，选择【空间分析工具】【提取分析】【按掩膜提取】工具，设置参数如图12.7所示，获得基于地形起伏度因子的研究范围内降级修正数据。

(7)修正初评结果，由于研究范围内地形高程均小于3500m，只需要用地形起伏度因子修正初评结果，选择【空间分析工具】【地图代数】【栅格计算器】工具，设置参数如图12.8所示，获得由地形起伏度对初评结果的初步修正结果。

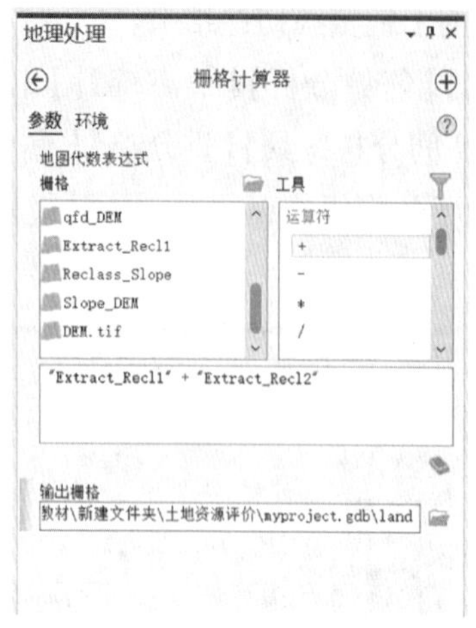

图 12.8　栅格计算器设置界面

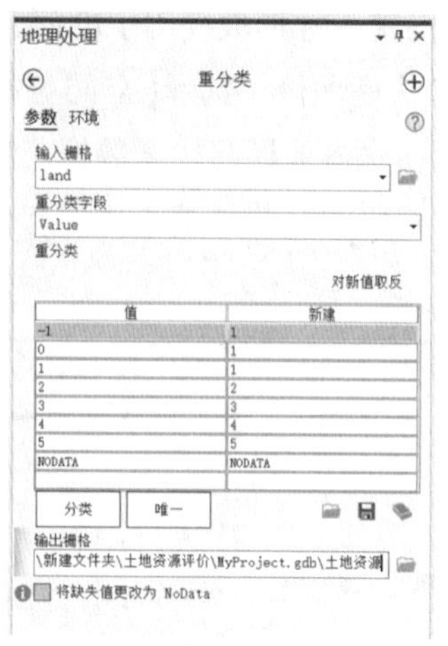

图 12.9　二次修正设置界面

(8)继续修正并获得土地资源评价结果，由于降级处理之后结果出现了小于及等于 0 的值，需要进行二次修正，将小于及等于 0 的值修正为 1。选择【空间分析工具】【重分类】【重分类】工具，设置参数如图 12.9 所示；进行符号系统设置，如图 12.10 所示；获得最终的土地资源评价结果，如图 12.11 所示。

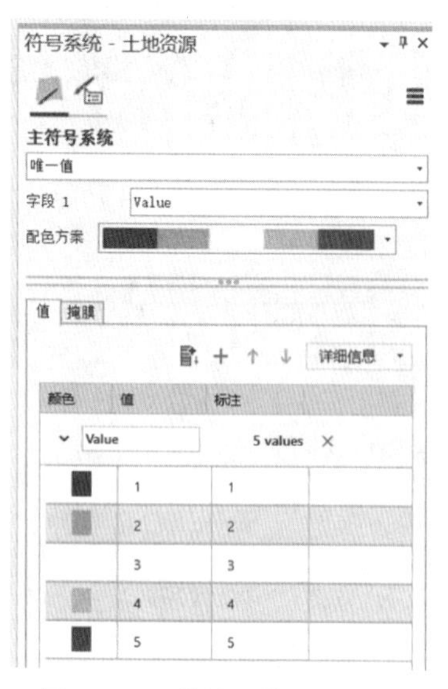

图 12.10　符号系统设置界面

图 12.11　土地资源评价结果

2. 单项评价之水资源评价

城镇指向水资源单项评价首先需要确定评价单元，市县层级可以结合地形地貌、流域水系以及行政边界等因素，确定小流域作为评价单元，确保能充分反映本地水资源流域属性和空间变化差异；然后充分调查计算确定各评价单元水资源总量；最后根据单元水资源总量除以单元面积获得的水资源总量模数进行分级。本实验采用简化方法进行水资源评价，实验数据中直接提供了水资源总量模数值(以行政单元作为评价单元)，按照参考阈值进行分级评价即可。

城镇建设功能指向的水资源评价参考阈值见表 12.3。

表 12.3　　**城镇建设功能指向的水资源评价参考阈值表**

评价因子	分级/评价参考阈值	评价值
水资源总量模数	≤5 万 m^3/km^2	1(差)
	5 万~10 万 m^3/km^2	2(较差)
	10 万~20 万 m^3/km^2	3(一般)
	20 万~50 万 m^3/km^2	4(较好)
	≥50 万 m^3/km^2	5(好)

(1)打开 GeoScene Pro，单击【新建工程】，命名为“水资源评价”。

(2)单击导航栏中的【添加数据】，选择数据文件夹→水资源评价文件夹中的水资源总量模数数据“szyzl.tif”，点击【确认】，向地图中添加数据。

(3)按照水资源总量模数因子进行水资源评价，单击选择【空间分析工具】【重分类】【重分类工具】，设置参数如图 12.12 所示，进行符号系统设置如图 12.13 所示，获得水资源评价结果如图 12.14 所示。

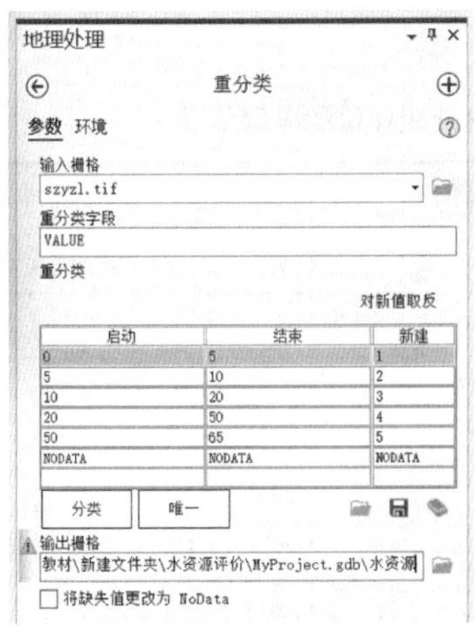

图 12.12　重分类设置界面

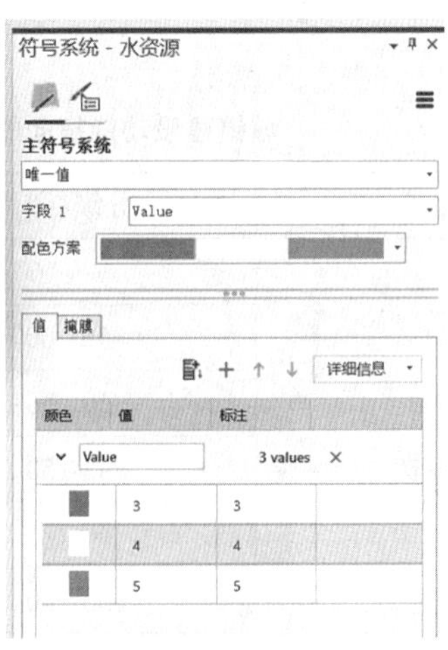

图 12.13　符号系统设置界面

图 12.14　水资源评价结果

3. 单项评价之气候评价

城镇建设功能指向的气候单项评价需要计算气候舒适度。首先基于平均温度和平均湿度计算温湿指数。温湿指数是用来表征舒适度的指标，舒适度是指人类对人居环境气候的舒适感。

温湿指数的计算公式为：

$$\mathrm{THI}=T-0.55\times(1-f)\times(T-58)$$

式中，THI 为温湿指数，T 为月均温度(华氏温度)，f 是月均空气相对湿度(%)。然后按照参考阈值(见表 12.4)进行舒适度等级划分，得到城镇指向气候评价结果。

表 12.4　**城镇建设功能指向的舒适度分级评价参考阈值表**

评价因子	分级/评价参考阈值	评价值
温湿指数	60~65	7(很舒适)
	56~60 或 65~70	6
	50~56 或 70~75	5
	45~50 或 75~80	4
	40~45 或 80~85	3
	35~40 或 85~90	2
	<35 或>90	1(很不舒适)

（1）打开 GeoScene Pro，单击【新建工程】，命名为“气候评价”。

（2）单击导航栏中的【添加数据】，选择数据文件夹→气候评价文件夹中的月均湿度及温度数据“月均湿度元数据 . tif”“月均温度元数据 . tif”，和数据文件夹→基础数据文件夹中的行政界线数据“行政界线 . shp”，点击“确认”，向地图中添加数据。

（3）计算温湿指数，单击选择【空间分析工具】【地图代数】【栅格计算器】工具，设置参数如图 12. 15 所示，将摄氏温度转换为华氏温度，单击选择【空间分析工具】【地图代数】【栅格计算器】工具，设置参数如图 12. 16 所示，获得温湿指数数据。

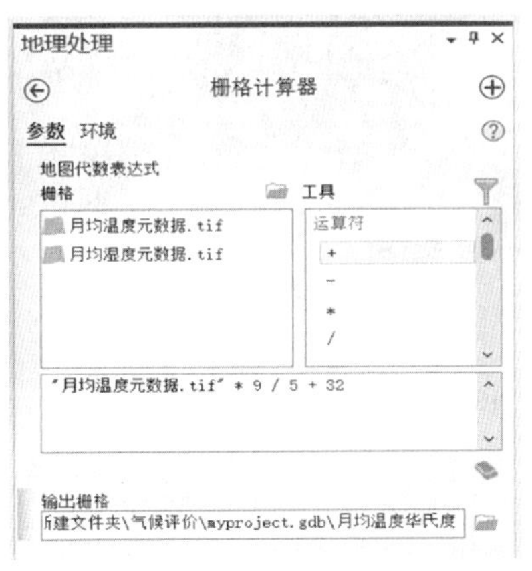

图 12. 15　换算华氏温度设置界面

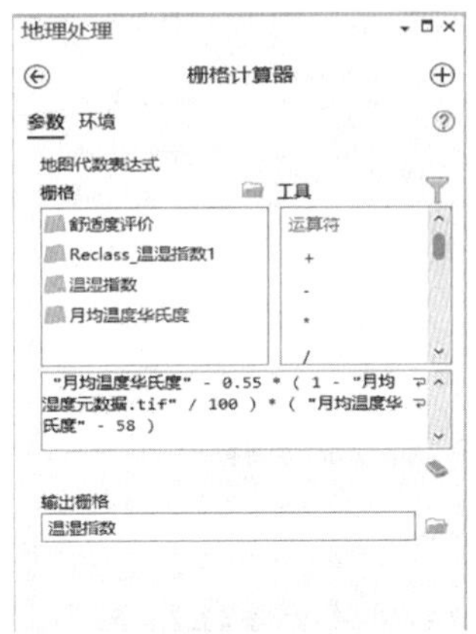

图 12. 16　计算温湿指数设置界面

（4）划分舒适度等级，单击选择【空间分析工具】【重分类】【重分类】工具，设置参数如图 12. 17 所示，获得舒适度分级数据。

（5）裁剪范围，单击选择【空间分析工具】【提取分析】【按掩膜提取】工具，设置参数如图 12. 18 所示，进行符号系统设置如图 12. 19 所示，获得气候舒适度评价结果如图 12. 20 所示。

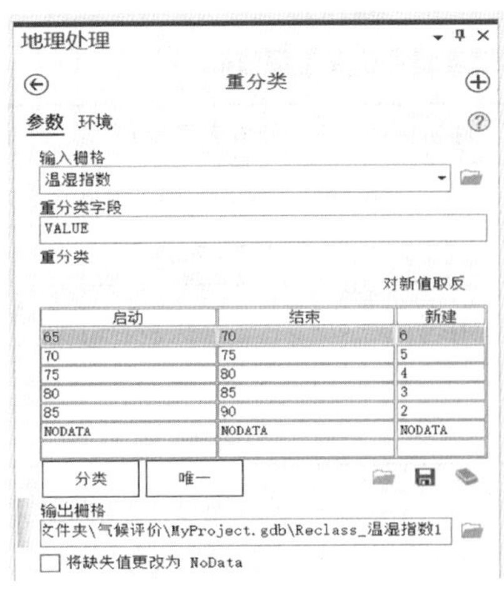

图 12. 17　划分舒适度等级设置界面

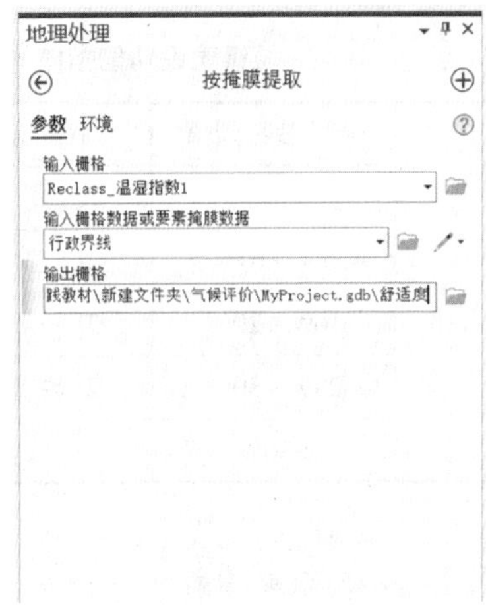

图 12. 18　裁剪范围设置界面

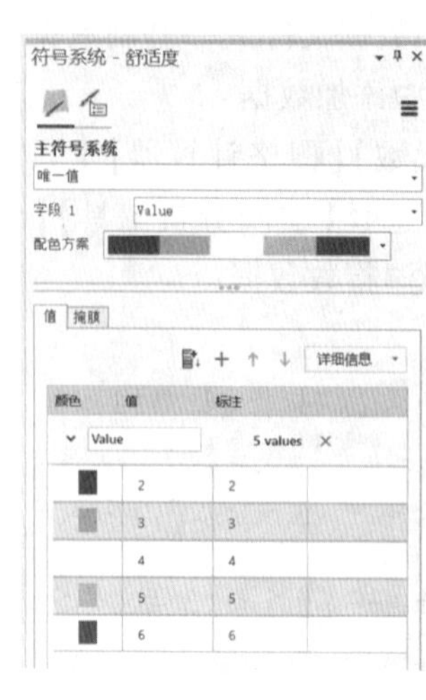

图 12.19　符号系统设置界面

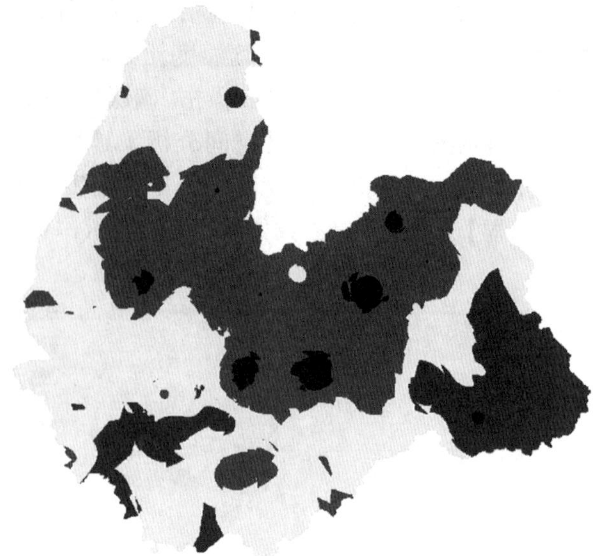

图 12.20　气候舒适度评价结果

4. 单项评价之环境评价

城镇指向环境单项评价需要计算大气环境容量和水环境容量两个指标；计算大气环境容量时，先对静风日数占比及平均风速进行分级评价，然后取静风日数占比评价和平均风速评价两项指标中相对较低的结果作为大气环境容量评价值；计算水环境容量时，先对COD(化学需氧量)和 NH_3-N(氨氮含量)两项指标进行分级评价，然后取两项指标中评价相对较低的结果作为水环境容量评价值。

城镇建设功能指向的大气环境容量评价参考阈值见表 12.5。

表 12.5　　**城镇建设功能指向的大气环境容量评价参考阈值表**

评价因子	分级参考阈值	评价值	评价因子	分级参考阈值	评价值
静风日数占比	≤5%	5(高)	平均风速	>5m/s	5(高)
	5%～10%	4(较高)		3～5m/s	4(较高)
	10%～20%	3(一般)		2～3m/s	3(一般)
	20%～30%	2(较低)		1～2m/s	2(较低)
	>30%	1(低)		≤1m/s	1(低)

水环境容量分级参考阈值见表 12.6。

表 12.6　　水环境容量分级参考阈值表

评价因子	分级参考阈值	评价值	评价因子	分级参考阈值	评价值
COD	<0.8t/a	1(低)	NH_3-N	<0.04t/a	1(低)
	0.8~2.9t/a	2(较低)		0.04~0.14t/a	2(较低)
	2.9~7.8t/a	3(一般)		0.14~0.39t/a	3(一般)
	7.8~19.2t/a	4(较高)		0.39~0.96t/a	4(较高)
	≥19.2t/a	5(高)		≥0.96t/a	5(高)

(1)打开 GeoScene Pro，单击【新建工程】，命名为“环境评价”。

(2)单击导航栏中的【添加数据】，选择数据文件夹→大气环境容量文件夹中的大气环境数据“风速元数据.tif”“静风日数元数据.tif”，数据文件夹→水环境容量文件夹中的水环境数据“cod.tif”“nh3_n.tif”，以及数据文件夹→基础数据文件夹中的行政界线数据“行政界线.shp”，点击【确认】，向地图中添加数据。

(3)静风日数占比评价：单击选择【空间分析工具】【地图代数】【栅格计算器】工具，设置参数如图 12.21 所示，计算静风日数占比；单击选择【空间分析工具】【重分类】【重分类】工具，设置参数如图 12.22 所示，获得静风日数占比分级数据；单击选择【空间分析工具】【提取分析】【按掩膜提取】工具，设置参数如图 12.23 所示，获得研究范围内静风日数占比分级数据。

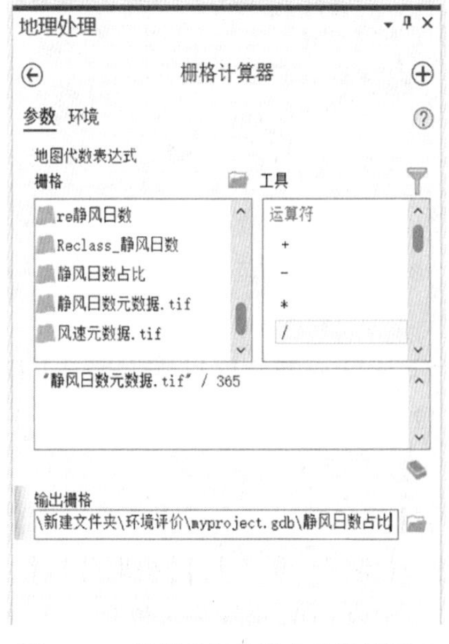

图 12.21　计算静风日数占比设置界面

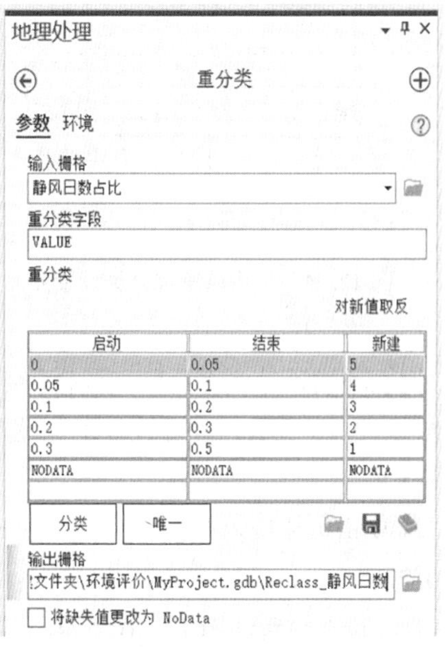

图 12.22　静风日数占比重分类设置界面

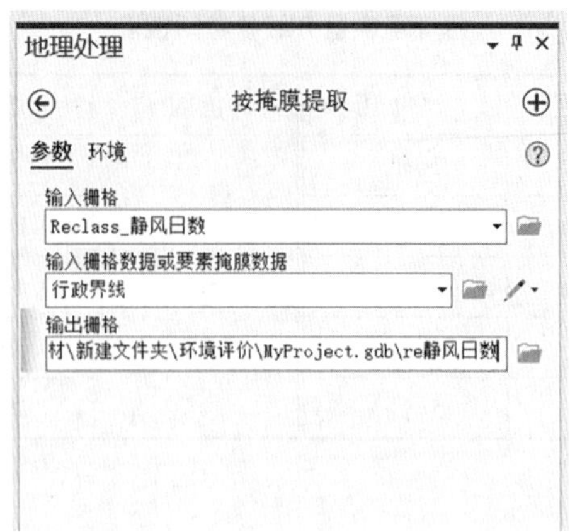

图 12.23　裁剪范围设置界面

(4)平均风速评价：单击选择【空间分析工具】【重分类】【重分类】工具，设置参数如图 12.24 所示，获得平均风速分级数据。单击选择【空间分析工具】【提取分析】【按掩膜提取】工具，设置参数如图 12.25 所示，获得研究范围内平均风速分级数据。

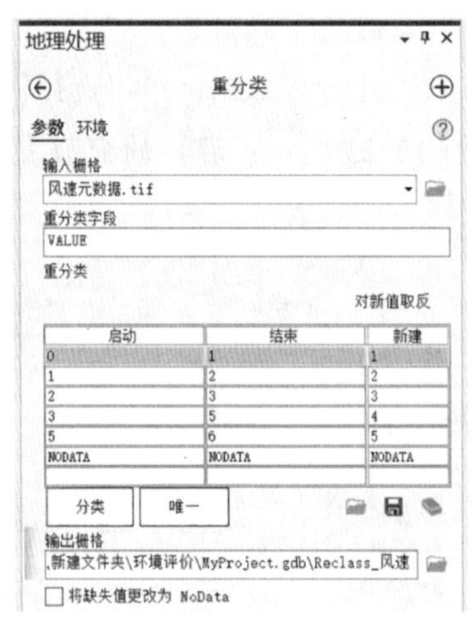

图 12.24　平均风速重分类设置界面

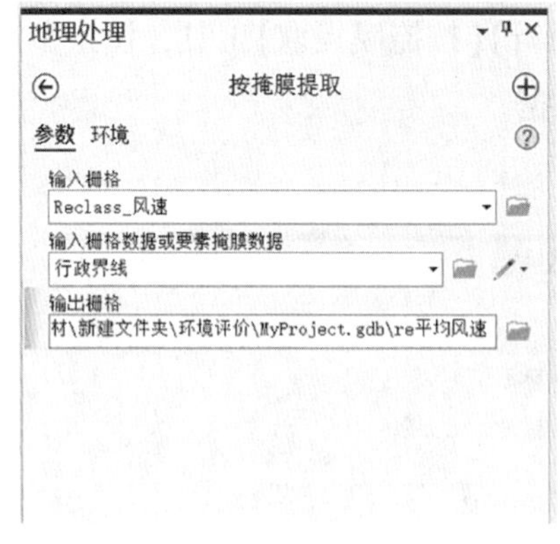

图 12.25　裁剪范围设置界面

(5)大气环境容量评价：单击选择【空间分析工具】【局部分析】【像元统计】工具，设置参数如图 12.26 所示，进行符号系统设置如图 12.27 所示，获得大气环境容量评价结果如图 12.28 所示。

(6)COD 指标评价：单击选择【空间分析工具】【重分类】【重分类】工具，设置参数如图 12.29 所示，获得 COD 指标分级数据；单击选择【空间分析工具】【提取分析】【按掩膜提取】工具，设置参数如图 12.30 所示，获得研究范围内 COD 指标分级数据。

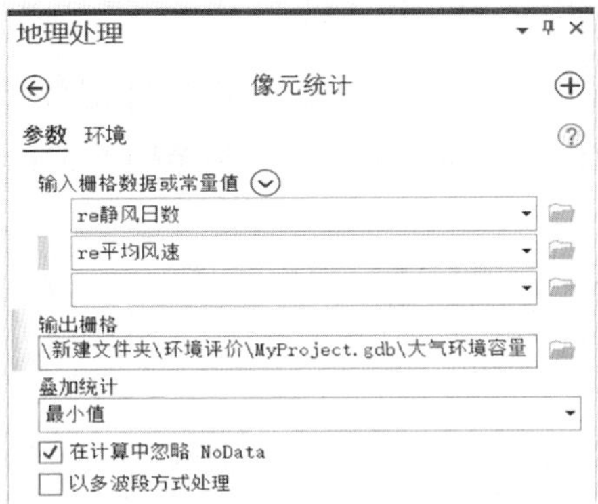

图 12.26　大气环境容量评价设置界面

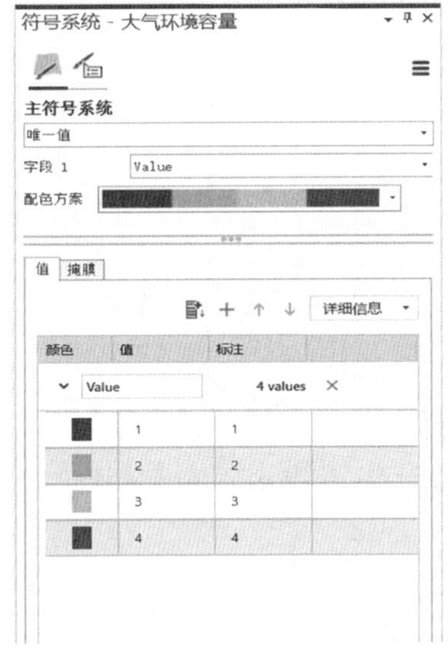

图 12.27　符号系统设置界面

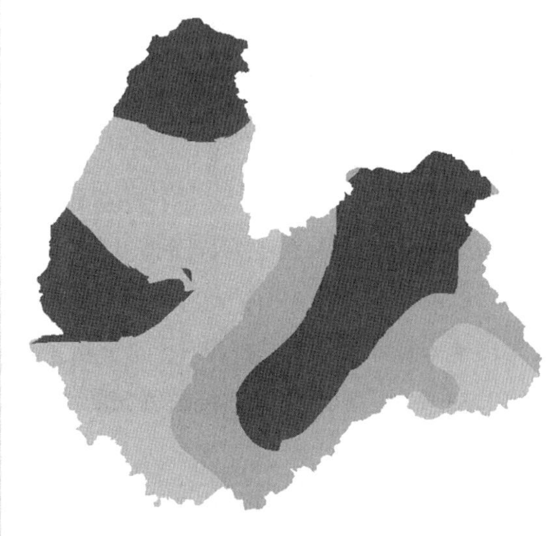

图 12.28　大气环境容量评价结果

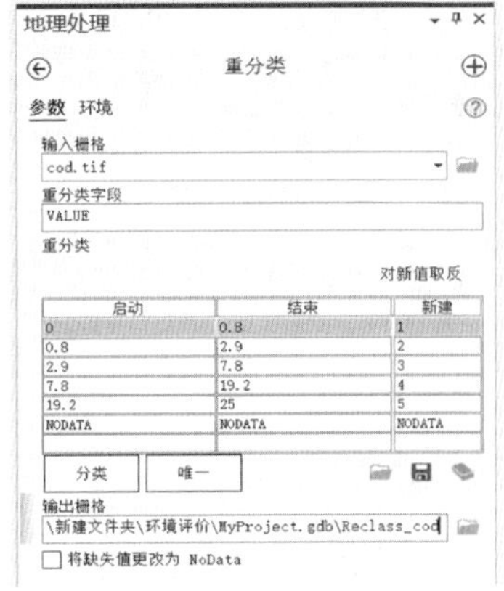

图 12.29　COD 指标重分类设置界面

图 12.30　裁剪范围设置界面

(7) NH_3-N 指标评价：单击选择【空间分析工具】【重分类】【重分类】工具，设置参数如图 12.31 所示，获得 NH_3-N 指标分级数据；单击选择【空间分析工具】【提取分析】【按掩膜提取】工具，设置参数如图 12.32 所示，获得研究范围内 NH_3-N 指标分级数据。

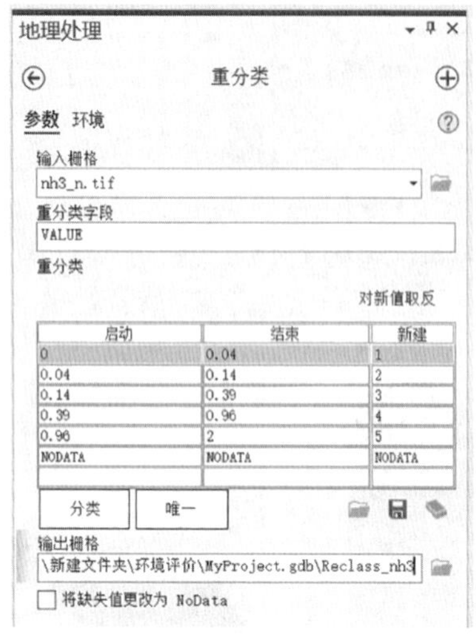

图 12.31　NH_3-N 指标重分类设置界面

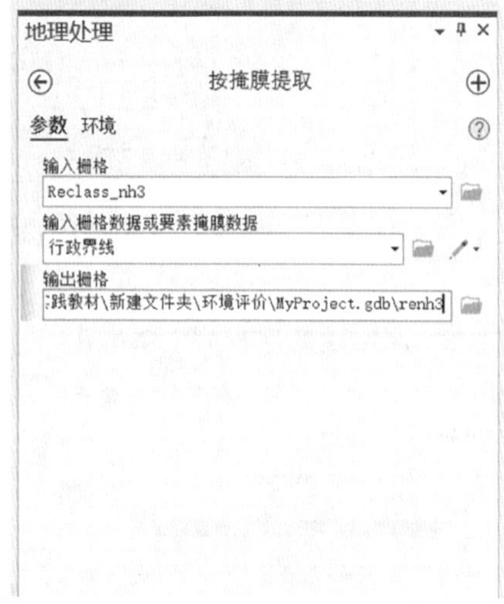

图 12.32　裁剪范围设置界面

(8) 水环境容量评价：单击选择【空间分析工具】【局部分析】【像元统计】工具，设置参数如图 12.33 所示；进行符号系统设置如图 12.34 所示；获得水环境容量评价结果如图 12.35 所示。

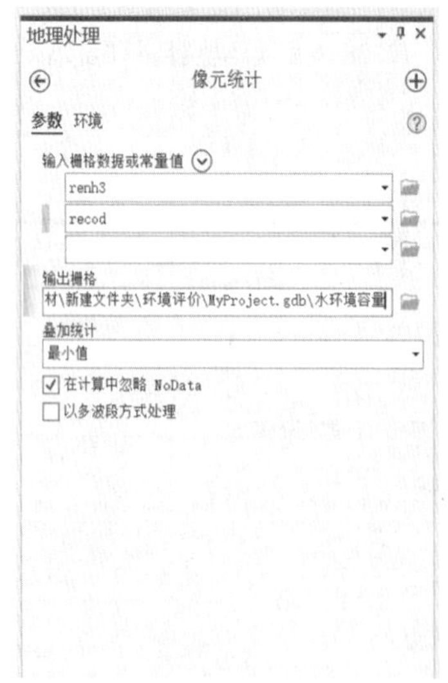

图 12.33　水环境容量评价设置界面

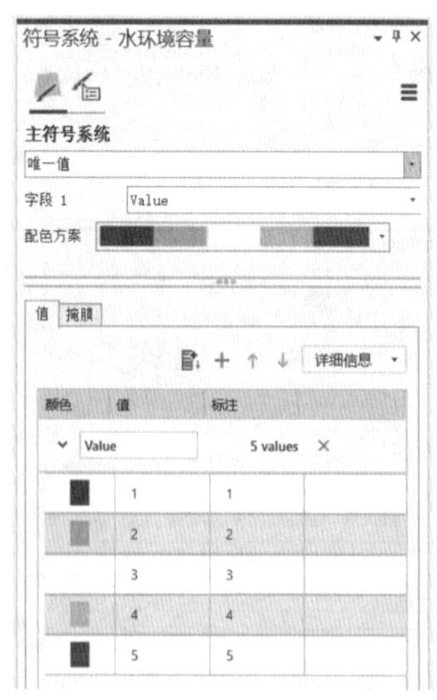

图 12.34　符号系统设置界面

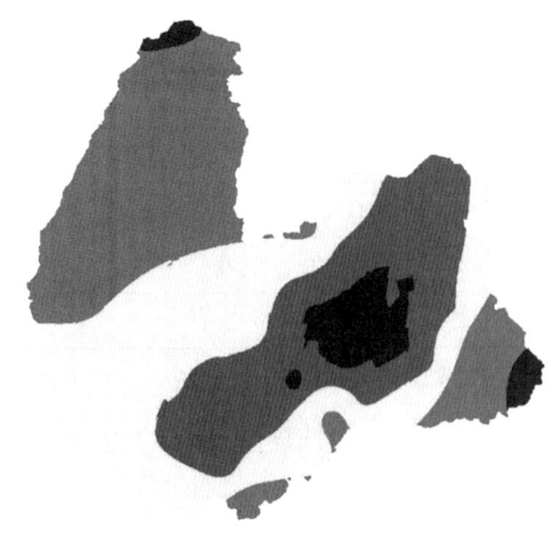

图 12.35　水环境容量评价结果

5. 单项评价之灾害评价

城镇指向灾害单项评价包括地质灾害危险性评价和风暴潮灾害危险性评价，本次实验研究范围不涉及风暴潮灾害危险，故只进行地质灾害危险性评价。

地质灾害危险性评价需要分别进行地震危险性评价、地质灾害易发性评价、地面沉降易发性评价、地面塌陷易发性评价，然后取各项指标中的最高等级作为地质灾害危险性等级。由于地质灾害易发性评价、地面沉降易发性评价、地面塌陷易发性评价这三个因子的评价方法和步骤与前文所述基本相同，本实验采用简化方法，选取地震危险性评价等级代表地质灾害危险性等级。地震危险性分析首先需要进行活动断层或地震裂缝安全距离分级，获得安全距离评价结果；然后计算地震动峰值加速度危险性等级，再利用地震动峰值加速度危险性等级对安全距离评价结果进行修正；最后获得地震危险性等级，即地质灾害危险性等级评价结果。

活动断层或地震裂缝安全距离分级参考阈值见表 12.7。

表 12.7　**活动断层或地震裂缝安全距离分级参考阈值表**

等级	分级/评价阈值	评价值
稳定	单侧 400m 以外	1(低)
次稳定	单侧 200~400m	2(较低)
次不稳定	单侧 100~200m	3(中)
不稳定	单侧 30~100m	4(较高)
极不稳定	单侧 30m 以内	5(高)

地震动峰值加速度分级参考阈值见表 12.8。

表 12.8　　地震动峰值加速度分级参考阈值表

抗震设防烈度	地震动峰值加速度	危险性等级评价值
6	0.05g	1(低)
7	0.10g、0.15g	3(中)
8	0.20g、0.30g	4(较高)
9	0.40g	5(高)

地震动峰值加速度修正活动断层危险性标准见表 12.9。

表 12.9　　地震动峰值加速度修正活动断层危险性标准表

评价因子	评价标准	评价值
地震动峰值加速度危险性等级	4(较高)	将活动断层危险性提高 1 级作为地震危险性等级
	5(高)	将活动断层危险性提高 2 级作为地震危险性等级

(1)打开 GeoScene Pro，单击【新建工程】，命名为“灾害评价”。

(2)单击导航栏中的【添加数据】，选择数据文件夹→地震危险性文件夹中的地震带数据“地震带 . shp”、地震动峰值加速度数据“地震动峰值加速度 . shp”，和数据文件夹→基础数据文件夹中的行政界线数据“行政界线 . shp”，点击【确认】，向地图中添加数据。

(3)活动断层安全距离分级：单击选择【分析工具】【邻近分析】【多环缓冲区】工具，设置参数如图 12.36 所示(其中 100000 为略大于评价范围距离断裂带最远距离的数值)，获得安全距离分级数据。

图 12.36　多环缓冲区设置界面

(4)活动断层安全距离评价：单击选择【分析工具】【叠加分析】【相交】工具，设置参数如图 12.37 所示，获得研究范围内安全距离分级数据。右键选择“安全距离评价”图层并打开属性表，单击选择【添加字段】工具，添加短整型字段“安全距离评价值”如图 12.38 所示，编辑字段如图 12.39 所示，获得活动断层安全距离评价结果。

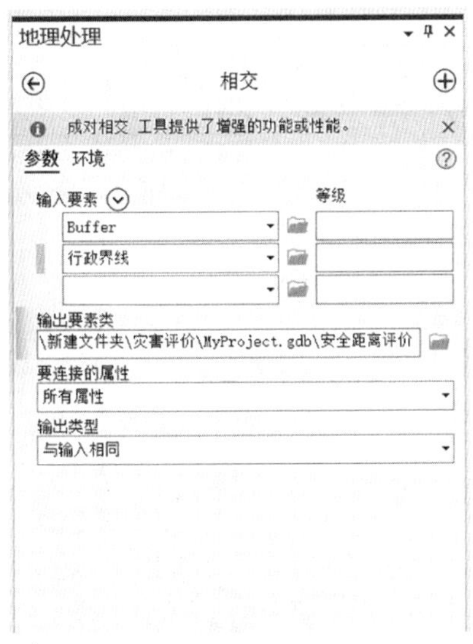

图 12.37　裁剪范围设置界面

安全距离评价　字段： 安全距离评价

当前图层　安全距离评价

可见	只读	字段名	别名	数据类型	允许空值	突出显示	数字格式	属性域	默认	长度
☑	☑	OBJECTID	OBJECTID	对象 ID	☐	☐	数字			
☑	☐	Shape	Shape	几何	☑	☐				
☑	☐	FID_行政界线	FID_行政界线	长整型	☑	☐	数字			
☑	☐	Id	Id	长整型	☑	☐	数字			
☑	☐	FID_Buffer	FID_Buffer	长整型	☑	☐	数字			
☑	☐	distance	distance	双精度	☑	☐	数字			
☑	☑	Shape_Length	Shape_Length	双精度	☑	☐	数字			
☑	☑	Shape_Area	Shape_Area	双精度	☑	☐	数字			
☑	☐	安全距离评价值	安全距离评价值	短整型	☑	☐	数字			

单击此处添加新字段。

图 12.38　添加字段设置界面

安全距离评价

字段： 添加 计算　选择： 按属性选择 缩放至 切换 清除 删除 复制

	OBJECTID *	Shape *	FID_行政界线	Id	FID_Buffer	distance	Shape_Length	Shape_Area	安全距离评价值
1	1	面	0	0	1	30	247313.571078	1576597873.570768	5
2	2	面	0	0	2	100	442283.10113	15469113.335804	4
3	3	面	0	0	3	200	442242.088687	22088137.54565	3
4	4	面	0	0	4	400	442334.26105	44146320.50818	2
5	5	面	0	0	5	100000	846062.993673	8975658978.638651	1

单击以添加新行。

图 12.39　编辑字段设置界面

(5)地震动峰值加速度危险性等级评价：单击选择【分析工具】【叠加分析】【相交】工具，设置参数如图 12.40 所示，获得研究范围内地震动峰值加速度危险性分级数据；右键选择“加速度评价”图层并打开属性表，单击选择【添加字段】工具，添加短整型字段“加速度评价值”，编辑字段(加速度为 0.05g 评价为 1；加速度为 0.1g、0.15g 评价为 3；加速度为 0.2g、0.3g 评价为 4；加速度为 0.4g 评价为 5)如图 12.41 所示，获得加速度危险性等级评价结果。

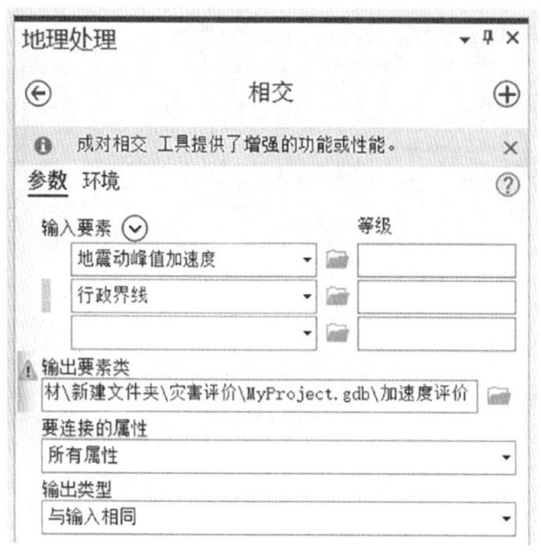

图 12.40　裁剪范围设置界面

	OBJECTID…	Shape *	FID_地震动峰值加速度	Id	g_value	加速度评价值
1	1	面	0	0	0.4	5
2	2	面	1	0	0.3	4
3	3	面	2	0	0.2	4
4	4	面	3	0	0.3	4
5	5	面	4	0	0.2	4
6	6	面	5	0	0.15	3
7	7	面	6	0	0.15	3
8	8	面	0	0	0.4	5
9	9	面	1	0	0.3	4
10	10	面	0	0	0.4	5
11	11	面	3	0	0.3	4
12	12	面	4	0	0.2	4
13	13	面	5	0	0.15	3

图 12.41　编辑字段设置界面

(6)地震危险性等级评价：单击选择【分析工具】【叠加分析】【联合】工具，设置参数如图 12.42 所示，获得包含两项评价因子评价值的联合数据；右键选择“地震危险性等级评价”图层并打开属性表，选择【添加字段】工具，添加短整型字段“地震危险性等级评价值”，编辑字段(选择加速度评价值为 5 的字段，将安全距离评价值提高 2 级作为地震危险性等级，最高等级为 5；选择加速度评价值为 4 的字段，将安全距离评价值提高 1 级作为地震危险性等级，最高等级为 5；其他地震危险性等级赋值 1)如图 12.43 所示，获得地震危险性等级评价结果。

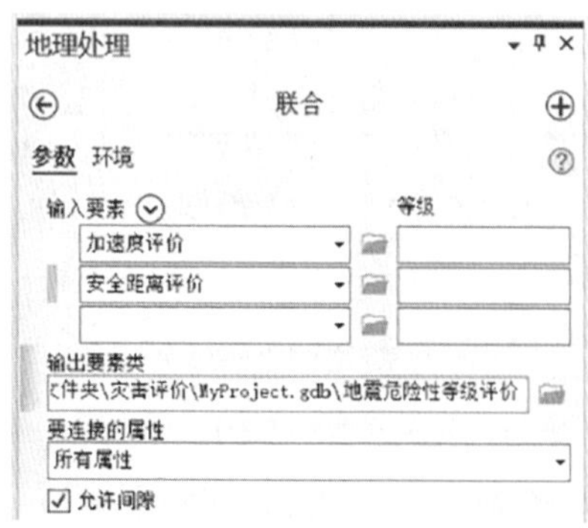

图 12.42　图层联合设置界面

	‥	…	…	‥	‥	g…	加速度评价值	安全距离评价值	地震危险性等级评价值
1	1	面	-1	0	0	0	5	5	5
2	2	面	-1	0	0	0	5	4	5
3	3	面	-1	0	0	0	5	3	5
4	4	面	-1	0	0	0	5	2	4
5	5	面	-1	0	0	0	5	1	3
6	6	面	1	0	0	0.4	5	5	5
7	7	面	1	0	0	0.4	5	4	5
8	8	面	1	0	0	0.4	5	3	5
9	9	面	1	0	0	0.4	5	2	4
10	1(	面	1	0	0	0.4	5	1	3
11	2[illegible]	面	8	0	0	0.4	5	1	3

图 12.43　编辑字段设置界面

(7)数据处理：单击选择【转换工具】【转为栅格】【面转栅格】工具，设置参数如图 12.44 所示，进行符号系统设置如图 12.45 所示，获得灾害评价结果如图 12.46 所示。

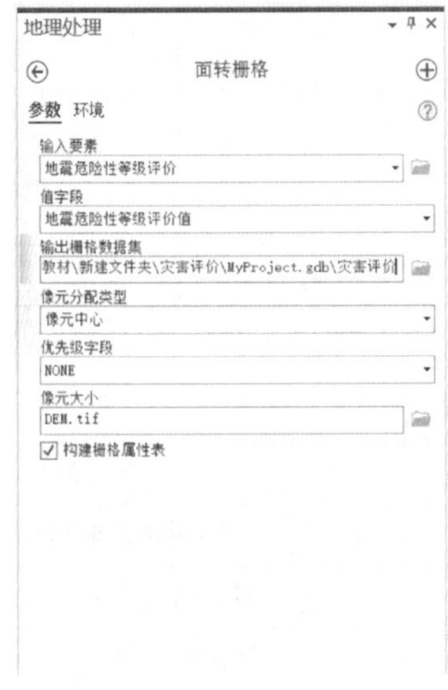

图 12.44　数据转换设置界面

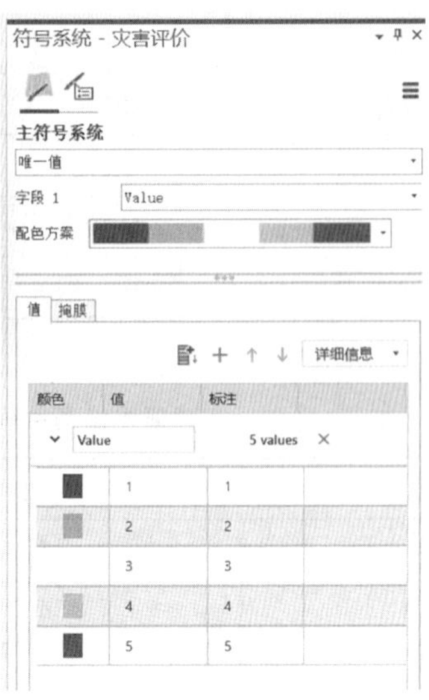

图 12.45　符号系统设置界面

图 12.46　灾害评价结果

6. 集成评价

集成评价需要先基于土地资源评价和水资源评价结果，利用判别矩阵(见表 12.10)得到城镇建设的水土资源基础，以此作为初判结果；再结合气候评价、环境评价、灾害评价等指标进行逐步修正，得到城镇建设条件等级的修正结果(见表 12.11)。

表 12.10 城镇建设指向水土资源基础判别矩阵表

水资源评价 \ 土地资源评价	5(高)	4(较高)	3(一般)	2(较低)	1(低)
5(好)	5(高)	5(高)	4(较高)	3(一般)	1(低)
4(较好)	5(高)	5(高)	4(较高)	2(较低)	1(低)
3(一般)	5(高)	4(较高)	3(一般)	2(较低)	1(低)
2(较差)	4(较高)	4(较高)	3(一般)	1(低)	1(低)
1(差)	3(一般)	3(一般)	2(较低)	1(低)	1(低)

表 12.11 城镇建设条件等级初判结果修正标准表

评价因子	评价标准	评价值
地质灾害风险评价	5	将初判结果调整为 1
	4	将初判结果下降 2 个等级
	3	将初判结果下降 1 个等级
	2(较低)、1(低)	维持初判结果，不做修正
大气环境容量评价	1(低)	将初判结果下降 1 个等级
	其他值	维持初判结果，不做修正
水环境容量评价	1(低)	将初判结果下降 1 个等级
	其他值	维持初判结果，不做修正
舒适度评价	1(很不舒适)	将初判结果下降 1 个等级
	其他值	维持初判结果，不做修正

(1)打开 GeoScene Pro，单击【新建工程】，命名为“城镇建设条件等级”。

(2)单击导航栏中的【添加数据】，依次选择前述步骤的评价结果数据“土地资源 . tif”“水资源 . tif”“舒适度评价 . tif”“大气环境容量 . tif”“水环境容量 . tif”“灾害评价 . tif”，点击【确认】，向地图中添加数据。

城镇建设指向水土资源基础判别矩阵见表 12.12。

表 12.12 城镇建设指向水土资源基础判别矩阵表(转换后)

水资源评价 \ 土地资源评价	5(高)	4(较高)	3(一般)	2(较低)	1(低)
5(好)	55 5(高)	45 5(高)	35 4(较高)	25 3(一般)	15 1(低)

续表

水资源评价 \ 土地资源评价	5(高)	4(较高)	3(一般)	2(较低)	1(低)
4(较好)	54 5(高)	44 5(高)	34 4(较高)	24 2(较低)	14 1(低)
3(一般)	53 5(高)	43 4(较高)	33 3(一般)	23 2(较低)	13 1(低)
2(较差)	52 4(较高)	42 4(较高)	32 3(一般)	22 1(低)	12 1(低)
1(差)	51 3(一般)	41 3(一般)	31 2(较低)	21 1(低)	11 1(低)

(3)水土资源基础判别：单击选择【空间分析工具】【地图代数】【栅格计算器】工具，设置参数如图 12.47 所示，通过以下计算，可将表 12.10 的二维编码转换为表 12.12 所示的一维编码，每个编码值都对应唯一的水土资源评价值；单击选择【空间分析工具】【重分类】【重分类】工具，根据表 12.12 所示设置参数如图 12.48 所示，获得城镇建设条件等级初判结果。

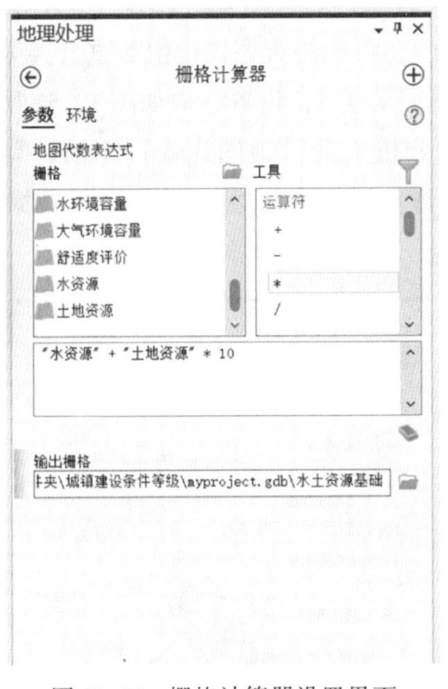

图 12.47　栅格计算器设置界面

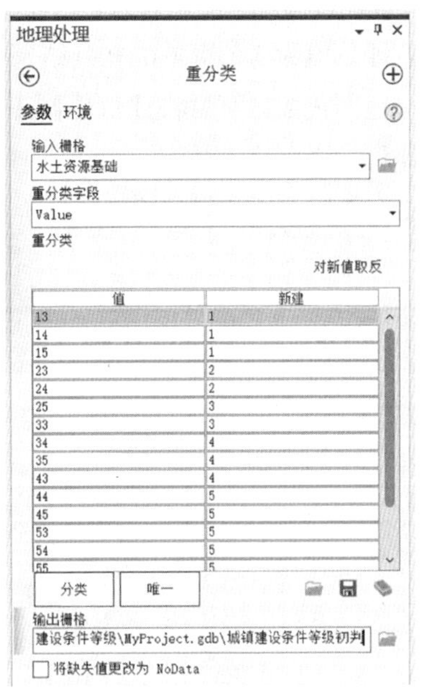

图 12.48　重新编码设置界面

(4)气候评价修正：因为在单项评价之气候评价中获得的气候舒适度评价结果中，研究范围内没有评价值为 1 的区域，所以全部维持初判结果，不做修正。

(5)环境评价修正：单击选择【空间分析工具】【重分类】【重分类】工具，分别设置参数如图 12.49、图 12.50 所示，获得基于大气环境容量评价的降级修正数据及基于水环境容量评价的降级修正数据。

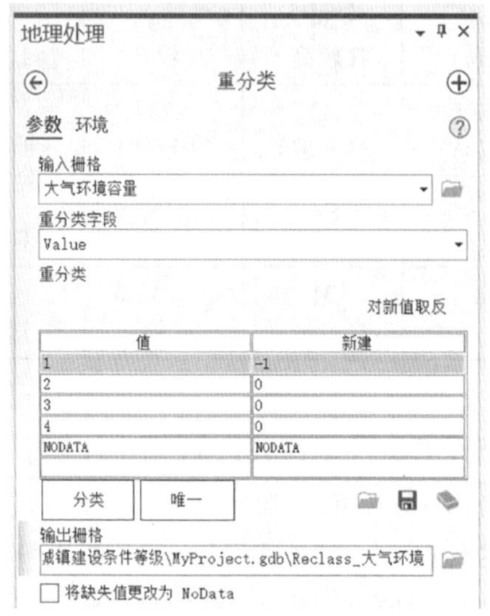

图 12.49　降级修正设置界面

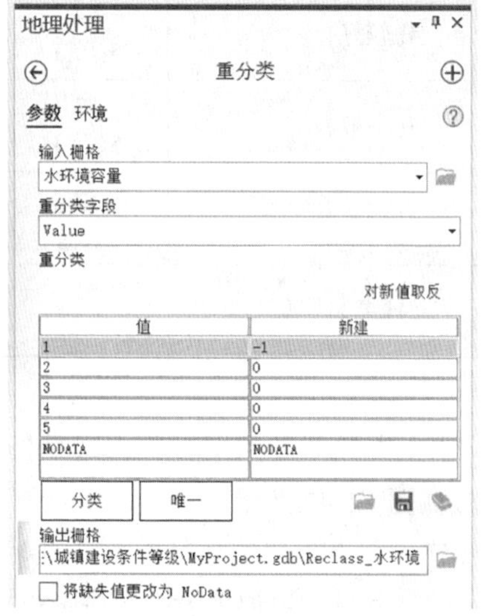

图 12.50　降级修正设置界面

(6)灾害评价修正：单击选择【空间分析工具】【重分类】【重分类】工具，为保证将所有地震灾害风险评价值为 5 的区域的初判结果调整为 1，可以将灾害评价值 5 重分类为小于-4 的负数，确保地图代数计算后将评价值修正为小于或等于 1，设置参数如图 12.51 所示，获得基于灾害评价的降级修正数据；单击选择【空间分析工具】【地图代数】【栅格计算器】工具，设置如图 12.52 所示，获得基于环境评价和灾害评价的城镇建设条件等级修正数据。

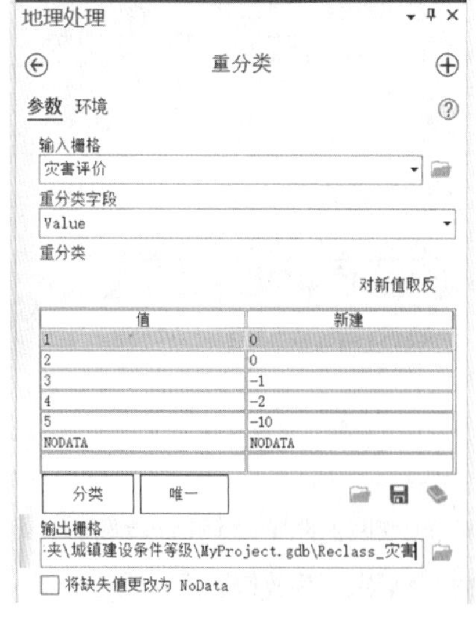

图 12.51　降级修正设置界面

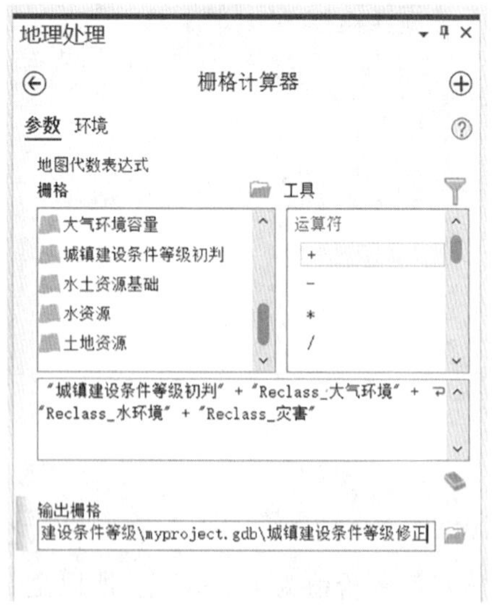

图 12.52　栅格计算器设置界面

(7)继续修正并获得城镇建设条件等级评价结果：由于降级处理之后结果出现了小于及等于0的值，需要进行二次修正。将小于及等于0的值修正为1，单击选择【空间分析工具】【重分类】【重分类】工具，设置参数如图12.53所示，进行符号系统设置如图12.54所示，获得最终的城镇建设条件等级评价结果如图12.55所示。

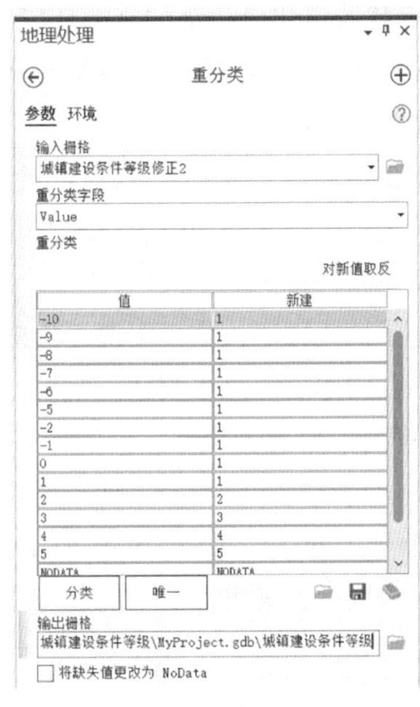

图12.53 负值修正设置界面

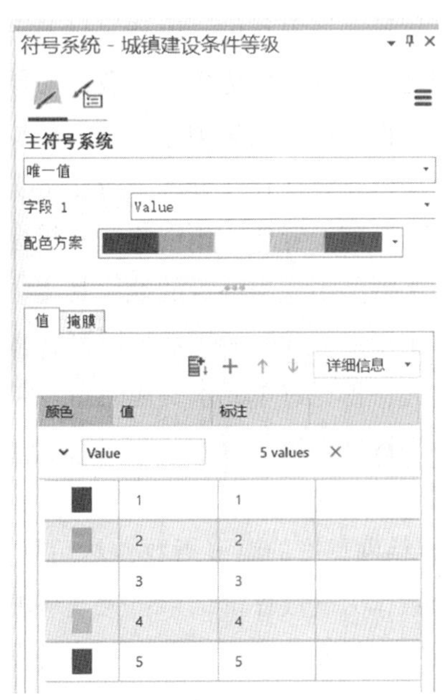

图12.54 符号系统设置界面

图12.55 城镇建设条件等级评价结果

六、总结与思考

城镇建设适宜性评价结果一般划分为适宜区、一般适宜区和不适宜区 3 种类型。通常来说，城镇建设适宜区具备承载城镇建设活动的资源环境综合条件，且地块集中连片度和区位优势度优良；城镇建设一般适宜区具备一定承载城镇建设活动的资源环境综合条件，但地块集中连片度和区位优势度一般；而城镇建设不适宜区不具备承载城镇建设活动的资源环境综合条件，或地块集中连片度和区位优势度差。

为获得城镇建设适宜性分区，应在本实验基础上增加区位条件评价，再进行地块集中连片度修正，合理设置地块集中连片度指标的评价阈值，确保应当降级的地块其集中连片度能被评价为低，不应当降级的地块其集中连片度不被评价为低。

另外，由于本实验受所用数据限制，多次使用了简化方法，如水资源评价中应先合理确定评价单元，再通过单元水资源总量及单元面积获得水资源总量模数；气候评价中应先获得评价范围区域内及邻近地区气象站点长时间序列气象观测数据，分别计算各站点 12 个月多年平均的月均温度和月均空气湿度，再分别通过空间插值和公式计算得到评价范围区域 12 个月格网尺度的温湿指数，然后划分 12 个月的舒适度等级，最后取 12 个月舒适度等级的众数作为气候评价结果；大气环境容量评价同理；灾害评价中应进行地震危险性评价、地质灾害易发性评价、地面沉降易发性评价、地面塌陷易发性评价，然后取各项指标中的最高等级作为地质灾害危险性等级；等等。后续研究可以在此基础上继续完善，获得更准确的城镇建设条件等级评价和城镇建设适宜性分区。

◎ 本实验参考文献

[1] 周婕，牛强．城乡规划 GIS 实践教程[M]．北京：中国建筑工业出版社，2017.

[2] 牛强，严雪心，侯亮．城乡规划 GIS 技术应用指南国土空间规划编制和双评价[M]．北京：中国建筑工业出版社，2020.

[3] 汤国安，杨昕．ArcGIS 地理信息系统空间分析实验教程[M]．北京：科学出版社，2012.